普通高等教育"十四五"公共课程系列教材

大 学 物 理

高永浩　张　闪　刘向民◎主编

中国铁道出版社有限公司
CHINA RAILWAY PUBLISHING HOUSE CO., LTD.

内 容 简 介

本书依据教育部高等学校物理学与天文学教学指导委员会编制的《理工科类大学物理课程教学基本要求》(2010年版)的指导思想与教学要求，为理工科大学物理课程而编写。

全书共16章，内容包括力学、热学、振动与波动、狭义相对论概述、电磁学、波动光学、量子物理简介等。全书注重体系的完整与论述的简洁，兼具教学性、实用性、科学性特色。

本书适合作为高等学校理工科非物理专业的大学物理教材。

图书在版编目（CIP）数据

大学物理 / 高永浩，张闪，刘向民主编．—北京：中国铁道出版社有限公司，2022.2（2024.7重印）
普通高等教育"十四五"公共课程系列教材
ISBN 978-7-113-28739-9

Ⅰ. ①大… Ⅱ. ①高… ②张… ③刘… Ⅲ. ①物理学-高等学校-教材 Ⅳ. ①O4

中国版本图书馆CIP数据核字（2022）第000093号

书　　名：大学物理
作　　者：高永浩　张　闪　刘向民

策　　划：李小军　　　　　　　　　编辑部电话：(010) 63549508
责任编辑：陆慧萍　徐盼欣
封面设计：刘　颖
责任校对：苗　丹
责任印制：樊启鹏

出版发行：中国铁道出版社有限公司（100054，北京市西城区右安门西街8号）
网　　址：https://www.tdpress.com/51eds/
印　　刷：北京联兴盛业印刷股份有限公司
版　　次：2022年7月第1版　2024年7月第6次印刷
开　　本：787 mm×1 092 mm　1/16　印张：17.75　字数：453千
书　　号：ISBN 978-7-113-28739-9
定　　价：49.00元

版权所有　侵权必究

凡购买铁道版图书，如有印制质量问题，请与本社教材图书营销部联系调换。电话：(010)63550836
打击盗版举报电话：(010)63549461

前 言

"大学物理"是理工科学生重要的基础课程,在人才的科学素质培养方面起着不可替代的关键作用。编者根据教育部高等学校物理学与天文学教学指导委员会编制的《理工科类大学物理课程教学基本要求》(2010年版)的思想和精神,结合理工类人才培养的特点及新时代教学改革的要求,组织编写了本书。

编者结合多年理工类物理教学实践经验,确定了本书编写的基本思路和特点:有完整的普通物理学基本内容体系;对传统章节和内容作了适当的调整和删减;简化了一些理论推导和论证过程;每章根据教学学时配有同步习题。

本书为理工科大学物理课程而编写,全书共16章,其中第1章至第8章讲授内容包括力学、热学、振动与波动、狭义相对论概述;第9章至第16章讲授内容包括电磁学、波动光学、量子物理简介。书中标注*的为选讲或略讲内容。

本书由高永浩、张闪、刘向民主编。具体参加编写的人员及分工如下:史严编写第1章、第8章;唐翰昭编写第2章;谷卓编写第3章;张彦立编写第4章、第5章;张闪编写第6章、第7章;郭宏凯编写第10章;乔治编写第11章;刘向民编写第12章、第14章和第15章;李月晴编写第13章;高永浩编写第9章、第16章,并负责全书统稿。

在本书编写过程中,参考和借鉴了不少国内外的同类优秀教材,在此向其作者表示衷心的感谢。

由于编者水平有限,书中难免有不妥和疏漏之处,敬请广大读者批评指正。

编 者

2021 年 10 月

目 录

第1章 质点运动学 ·· 1
  1.1 参考系和坐标系 质点 ································ 1
    一、运动的绝对性和相对性 ···························· 1
    二、参考系和坐标系 ································· 1
    三、质点 ·· 2
  1.2 质点运动状态的描述 ································ 2
    一、位置矢量 运动方程 ····························· 2
    二、位移 ·· 3
    三、速度 ·· 3
    四、加速度 ·· 4
    五、运动学中的两类问题 ······························ 5
  1.3 曲线运动的描述 ···································· 6
    一、运动叠加原理 ··································· 6
    二、抛体运动 ······································ 7
    三、圆周运动的描述 ································· 7
    四、任意的平面曲线运动 ······························ 11
  1.4 相对运动 ·· 12

第2章 质点动力学 ·· 15
  2.1 牛顿运动定律 ····································· 15
    一、牛顿运动定律概述 ······························· 15
    二、几种常见力 ····································· 17
    三、牛顿运动定律的应用 ······························ 18
  2.2 动量 动量守恒定律 ································· 20
    一、质点的动量定理 ································· 21
    二、质点系的动量定理 ······························· 23
    三、动量守恒定律 ··································· 23
  2.3 功与能 ·· 25
    一、功与功率 ······································ 25
    二、质点的动能定理 ································· 26
    三、保守力的功和势能 ······························· 26

2.4 功能原理　机械能守恒定律 ··· 29
　　一、质点系的动能定理 ·· 29
　　二、质点系的功能原理和机械能守恒定律 ··· 29

第3章　刚体的转动 ·· 34
3.1 刚体运动的描述 ·· 34
　　一、刚体的平动与转动 ·· 34
　　二、刚体绕定轴转动的角速度和角加速度 ··· 35
3.2 力矩　转动定律 ··· 35
　　一、力矩 ··· 35
　　二、转动定律 ·· 36
　　三、转动定律应用举例 ·· 38
3.3 角动量　角动量守恒定律 ·· 39
　　一、角动量 ··· 39
　　二、角动量定理 ·· 40
　　三、角动量守恒定律 ··· 40
3.4 刚体绕定轴转动的动能定理 ··· 42
　　一、力矩的功 ·· 42
　　二、转动动能 ·· 42
　　三、刚体定轴转动的动能定理 ·· 43

第4章　气体动理论 ·· 48
4.1 平衡态　理想气体状态方程 ··· 48
　　一、平衡态 ··· 48
　　二、状态参量 ·· 48
　　三、理想气体的状态方程 ·· 49
4.2 理想气体的压强公式 ·· 50
　　一、理想气体的微观模型 ·· 50
　　二、理想气体压强公式的推导 ·· 51
4.3 理想气体的温度公式 ·· 52
　　一、理想气体状态方程的分子形式 ··· 52
　　二、温度的微观解释 ··· 52
　　三、气体分子的方均根速率 ··· 52
4.4 能量均分定理　理想气体的内能 ··· 53
　　一、自由度 ··· 53
　　二、能量均分定理 ·· 54
　　三、理想气体内能 ·· 54
4.5 麦克斯韦气体分子速率分布律 ··· 56
　　一、测定分子速率分布的实验 ·· 56

二、速率分布函数 ··· 57
　　三、麦克斯韦速率分布律 ··· 57
　　四、分子速率的三种统计平均值 ··· 58
4.6 分子平均碰撞频率和平均自由程 ··· 60

第5章　热力学基础

5.1 准静态过程　功　热量　内能 ·· 63
　　一、准静态过程 ··· 63
　　二、内能 ··· 63
　　三、热量 ··· 64
　　四、准静态过程中的功 ·· 64
5.2 热力学第一定律及其应用 ·· 65
　　一、热力学第一定律 ··· 65
　　二、热力学第一定律的应用 ··· 65
5.3 气体的摩尔热容 ··· 67
　　一、理想气体的等体摩尔热容 ·· 68
　　二、理想气体的等压摩尔热容 ·· 68
　　三、比热容比 ··· 69
5.4 理想气体的绝热过程　*多方过程 ··· 69
　　一、绝热过程 ··· 69
　　*二、多方过程 ·· 71
5.5 循环过程　卡诺循环 ··· 73
　　一、循环过程 ··· 73
　　二、热机 ··· 73
　　三、制冷机 ·· 74
　　四、卡诺循环 ··· 74
5.6 热力学第二定律　卡诺定理 ··· 76
　　一、热力学第二定律 ··· 77
　　二、可逆过程和不可逆过程 ··· 78
　　三、卡诺定理 ··· 78
5.7 热力学第二定律的统计意义　熵 ··· 79
　　一、热力学第二定律的统计意义 ··· 79
　　*二、熵增加原理 ··· 80

第6章　机械振动

6.1 简谐振动 ··· 84
　　一、弹簧振子和简谐振动 ·· 84

二、常见的简谐振动模型 ··· 85
6.2　简谐振动的描述 ··· 87
　　一、简谐振动的速度、加速度和图像描述 ··· 87
　　二、描述简谐振动的三个特征物理量 ··· 87
6.3　简谐振动的旋转矢量图表示法 ·· 89
　　一、旋转矢量与简谐振动 ··· 89
　　二、旋转矢量图的应用 ·· 90
6.4　简谐振动的能量 ··· 94
　　一、简谐振动的能量表示式 ·· 94
　　二、简谐振动的能量曲线 ··· 95
　　三、能量守恒与简谐振动 ··· 95
6.5　简谐振动的合成 ··· 96
　　一、两个同方向同频率简谐振动的合成 ·· 96
　　二、两个同方向不同频率简谐振动的合成 ··· 98
　　*三、两个相互垂直的同频率简谐振动的合成 ····································· 99
　　*四、两个相互垂直的不同频率简谐振动的合成 ································ 100

第7章　机械波 ·· 103

7.1　机械波的基本概念 ·· 103
　　一、机械波的产生 ··· 103
　　二、波动的基本形式和传播特征 ·· 103
　　三、波速、波的频率和波长 ·· 104
　　四、波的几何描述 ··· 105
7.2　平面简谐波的波动方程及其物理意义 ·· 106
　　一、平面简谐波的波动方程 ·· 106
　　二、波动方程的物理意义 ··· 107
*7.3　波的能量 ··· 111
　　一、波动能量的传播 ·· 111
　　二、波的能量密度和能流密度 ··· 111
7.4　惠更斯原理和波的衍射 ·· 113
　　一、惠更斯原理 ·· 113
　　二、波的衍射 ··· 113
7.5　波的叠加原理与波的干涉 ··· 114
　　一、波的叠加原理 ··· 114
　　二、波的干涉 ··· 114
*7.6　驻波和半波损失 ·· 117
　　一、驻波的产生 ·· 117

二、驻波方程 ··· 118
　　三、半波损失 ··· 120

*第8章　狭义相对论概述 ··· 123

8.1　伽利略变换　经典力学时空观 ··· 123
　　一、经典力学的相对性原理 ··· 123
　　二、伽利略变换 ·· 123
　　三、经典力学时空观 ··· 124

8.2　洛伦兹变换　狭义相对论时空观 ·· 124
　　一、狭义相对论的基本假设 ··· 124
　　二、洛伦兹变换 ·· 125
　　三、狭义相对论时空观 ·· 125
　　四、狭义相对论动力学基础 ··· 127

第9章　真空中的静电场 ·· 129

9.1　电荷　库仑定律　电场强度 ··· 129
　　一、电荷 ·· 129
　　二、库仑定律 ··· 129
　　三、电场强度 ··· 130

9.2　高斯定理及其应用 ··· 136
　　一、电场线 ·· 136
　　二、电场强度通量 ·· 136
　　三、高斯定理 ··· 137
　　四、高斯定理的应用 ··· 139

9.3　静电场的环路定理　电势能 ··· 143
　　一、静电场力做功 ·· 143
　　二、静电场的环路定理 ·· 144
　　三、电势能 ·· 144

9.4　电势　等势面　电势梯度 ··· 145
　　一、电势 ·· 145
　　二、等势面 ·· 148
　　*三、电势梯度 ·· 148

第10章　静电场中的导体　电容 ·· 154

10.1　静电场中的导体 ·· 154
　　一、静电场中的导体与静电平衡 ··· 154
　　二、空腔导体和静电屏蔽 ··· 159
　　三、静电屏蔽 ··· 160

10.2 电容　电容器 ·· 163
　　一、孤立导体的电容 ··· 163
　　二、电容器 ·· 164
　　三、电容器的并联和串联 ·· 166
*10.3 静电场的能量 ·· 167

第 11 章　电流与磁场 ··· 171

11.1 电流　电动势 ·· 171
　　一、电流　电流密度 ·· 171
　　二、电源　电动势 ·· 173
11.2 电流的磁场 ·· 174
　　一、电流的磁效应 ·· 174
　　二、磁场　磁感应强度 ··· 175
　　三、毕奥-萨伐尔定律 ··· 175
　　四、毕奥-萨伐尔定律的应用 ··· 176
　　*五、运动电荷的磁场 ·· 178
11.3 磁通量　磁场的高斯定理 ·· 179
　　一、磁感应线 ··· 179
　　二、磁通量　磁场的高斯定理 ··· 179
11.4 安培环路定理 ·· 180
11.5 磁场对载流导线的作用 ··· 185
　　一、安培定律 ··· 185
　　二、两平行长直载流导线间的相互作用 ··· 186
　　三、磁场对载流线圈的作用 ·· 188
　　*四、磁力的功 ·· 189
11.6 带电粒子在磁场中的运动 ·· 189
　　一、洛伦兹力 ··· 189
　　二、带电粒子在匀强磁场中的运动 ·· 190
　　三、霍尔效应 ··· 191

第 12 章　电磁感应 ··· 199

12.1 法拉第电磁感应定律　楞次定律 ·· 199
　　一、电磁感应现象 ·· 199
　　二、楞次定律 ··· 200
　　三、法拉第电磁感应定律 ·· 201
12.2 动生电动势 ·· 203
　　一、动生电动势的产生机制 ·· 203
　　二、动生电动势的计算 ··· 204

         三、洛伦兹力与动生电动势伴随的能量转换 ············· 205
　12.3　感生电动势　感生电场 ··· 206
         一、感生电场 ·· 206
         二、感生电场和感生电动势的计算 ···································· 207
         三、涡电流 ·· 208
　12.4　自感和互感 ··· 210
         一、自感 ·· 210
         二、互感 ·· 212
　*12.5　磁场的能量 ··· 214
         一、自感线圈的储能 ·· 214
         二、磁场能量的计算 ·· 215

第 13 章　光的干涉 ··· 220
　13.1　光源　光的相干性 ·· 220
         一、光源及发光机制 ·· 220
         二、光的相干性 ··· 221
　13.2　杨氏双缝干涉实验及其他常见干涉实验装置 ············· 221
         一、杨氏双缝干涉实验 ·· 221
         二、菲涅耳双镜实验 ·· 223
         三、劳埃德镜实验 ·· 223
　13.3　光程和光程差 ··· 224
         一、光程和光程差的计算 ·· 224
         二、透镜不引起附加光程差 ·· 225
         三、反射光的附加光程差 ·· 226
　13.4　薄膜干涉 ··· 227
         一、薄膜干涉的光程差 ·· 227
         二、等倾干涉 ·· 229
　13.5　劈尖　牛顿环　迈克耳孙干涉仪 ································ 230
         一、劈尖 ·· 230
         *二、牛顿环 ·· 232
         *三、迈克耳孙干涉仪 ·· 233

第 14 章　光的衍射 ··· 237
　14.1　光的衍射现象　惠更斯-菲涅耳原理 ·························· 237
         一、光的衍射现象 ·· 237
         二、惠更斯-菲涅耳原理 ·· 237
         三、衍射的分类 ··· 238
　14.2　单缝的夫琅禾费衍射 ·· 239
         一、实验装置和衍射图样 ·· 239

二、菲涅耳半波带法和条纹分布规律 ………………………………………… 239
14.3 光栅衍射 ………………………………………………………………… 243
　　一、多缝衍射 ……………………………………………………………… 243
　　二、光栅 …………………………………………………………………… 244
　　三、光栅衍射的计算 ……………………………………………………… 244
　　四、光栅光谱 ……………………………………………………………… 247
*14.4 圆孔衍射　光学仪器的分辨本领 ……………………………………… 249
　　一、圆孔衍射 ……………………………………………………………… 249
　　二、光学仪器的分辨本领 ………………………………………………… 249

第 15 章　光的偏振 …………………………………………………………… 254

15.1 光的偏振状态 …………………………………………………………… 254
　　一、线偏振光 ……………………………………………………………… 254
　　二、自然光 ………………………………………………………………… 255
　　三、部分偏振光 …………………………………………………………… 255
　　*四、圆偏振光和椭圆偏振光 …………………………………………… 256
15.2 偏振片　起偏和检偏　马吕斯定律 …………………………………… 256
　　一、偏振片 ………………………………………………………………… 256
　　二、起偏和检偏 …………………………………………………………… 256
　　三、马吕斯定律 …………………………………………………………… 257
　　四、应用 …………………………………………………………………… 258
15.3 光在反射和折射时的偏振 ……………………………………………… 259

*第 16 章　量子物理简介 …………………………………………………… 262

16.1 黑体辐射　普朗克能量子假说 ………………………………………… 262
　　一、黑体辐射 ……………………………………………………………… 262
　　二、普朗克能量子假说 …………………………………………………… 263
16.2 光电效应　光的波粒二象性 …………………………………………… 263
　　一、光电效应 ……………………………………………………………… 263
　　二、光的波粒二象性 ……………………………………………………… 264
16.3 巴耳末公式　氢原子的玻尔理论 ……………………………………… 264
　　一、巴耳末公式 …………………………………………………………… 264
　　二、氢原子的玻尔理论 …………………………………………………… 265
16.4 德布罗意波　不确定关系 ……………………………………………… 266
　　一、德布罗意波 …………………………………………………………… 266
　　二、不确定关系 …………………………………………………………… 267

附录　教材内容与思政元素的融合 …………………………………………… 269

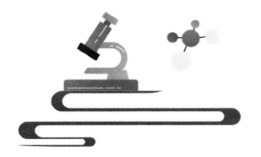

第1章
质点运动学

物体的位置随时间而变化是人们最熟悉的一种运动,称为机械运动,它是物质运动中最普遍、最基本的运动形式。机械运动的描述属于力学中的运动学范畴,其中质点运动学又最为基本。本章内容包括三部分:首先认识运动的相对性并建立质点模型;然后就质点的一般运动引入位置矢量、位移、速度和加速度等描述质点运动的基本概念,并通过两类问题指出运动学的核心是运动方程;最后运用上述基本概念讨论抛体运动和圆周运动等具体问题。

1.1 参考系和坐标系 质点

一、运动的绝对性和相对性

宇宙中的一切物体始终处于不断运动、不断变化的状态之中。运动是物质的固有属性和存在方式。宇宙中没有不运动的物质,也没有脱离物质的运动,所以说运动是永恒的、绝对的。虽然运动具有绝对性,但是对于同一个物体而言,由于所选的参照物不同,对其运动的描述可能会不同,所以说运动又具有相对性。

二、参考系和坐标系

为了描述物体的具体运动状态,而被选做参考的物体或系统,称为参考系。参考系的选择主要取决于研究的问题,以方便为基本原则。例如:在研究地面上物体的运动时,通常以地面为参考系;在研究地球的公转运动时,通常以太阳为参考系。

物理学是一门定量的科学,为了对物体的运动状态进行定量描述,需要在参考系上建立合适的坐标系。坐标系的选取也取决于问题的性质,以研究方便为原则。常见的坐标系有直角坐标系、极坐标系和自然坐标系等,如图1-1所示。

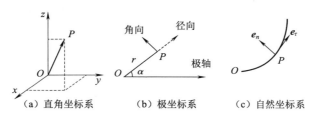

图1-1 几种常见的坐标系

三、质点

质点是一个只有质量,没有大小和形状的点,是一个理想化的物理模型。当实际物体在一个物理问题中可以忽略它的大小和形状,只需要考虑质量时,它就可以看作一个质点。由几个质点组成的系统称为质点系。

物体能否看作质点,取决于具体物理问题,而不是质量的大小。例如:在研究地球公转时,因为公转轨道尺度远大于地球自身尺度,所以地球可以看作一个质点;在研究地球自转时,地球不可以看作质点。

1.2 质点运动状态的描述

一、位置矢量 运动方程

1. 位置矢量

描述质点的运动状态,首先需要确定质点的位置。由此引入描述质点位置的物理量——位置矢量,简称位矢,记为 $\boldsymbol{r}$。

如图 1-2 所示,t 时刻质点处于空间中的 P 点。从原点 O 向点 P 作有向线段 $\overrightarrow{OP}$,并令 $\boldsymbol{r}=\overrightarrow{OP}$,矢量 $\boldsymbol{r}$ 即为该时刻质点的位置矢量。在直角坐标系中,P 点的位置还可以用三个坐标 x、y、z 来确定,所以位矢 $\boldsymbol{r}$ 可以表示为

$$\boldsymbol{r} = x\boldsymbol{i} + y\boldsymbol{j} + z\boldsymbol{k} \tag{1-1}$$

式中,$\boldsymbol{i}$、$\boldsymbol{j}$、$\boldsymbol{k}$ 分别是三个坐标轴方向的单位矢量。

位矢 $\boldsymbol{r}$ 的大小为

$$r = |\boldsymbol{r}| = \sqrt{x^2 + y^2 + z^2} \tag{1-2a}$$

方向用方向余弦表示为

$$\cos\alpha = \frac{x}{r}, \quad \cos\beta = \frac{y}{r}, \quad \cos\gamma = \frac{z}{r} \tag{1-2b}$$

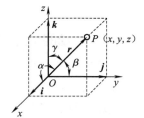

图 1-2 直角坐标系下质点的位置矢量

式中,α、β、γ 分别为位矢 $\boldsymbol{r}$ 与 x、y、z 三个坐标轴的夹角。

位置矢量在量值上表示长度,在国际单位制中的单位名称为米,符号为 m。

2. 运动方程

质点是运动的,要描述任意时刻质点的位置,需要引入运动方程的概念,运动方程表示为 $\boldsymbol{r} = \boldsymbol{r}(t)$。例如:在直角坐标系中,运动方程可以表示为

$$\boldsymbol{r} = x(t)\boldsymbol{i} + y(t)\boldsymbol{j} + z(t)\boldsymbol{k} \tag{1-3}$$

运动方程还可以写成如下参数形式

$$\begin{cases} x = x(t) \\ y = y(t) \\ z = z(t) \end{cases} \tag{1-4}$$

已知质点运动方程的参数形式,通过消去时间参数 t,可以得到质点运动的轨迹方程。

例 1-1 已知质点的运动方程为 $r = 2ti + (2 - t^2)j$,求:

(1)质点的轨迹方程;

(2)$t = 0$ s 和 $t = 2$ s 时质点的位置矢量。

解 (1)将运动方程写成参数形式

$$\begin{cases} x = 2t \\ y = 2 - t^2 \end{cases}$$

消去参数 t 得到轨迹方程

$$y = 2 - \frac{x^2}{4}$$

所以,质点的运动轨迹为抛物线。

(2)$t = 0$ s 时,质点的位矢为

$$r(0) = 2j$$

$t = 2$ s 时,质点的位矢为

$$r(2) = 4i - 2j$$

二、位移

描述质点位置变化的物理量称为位移,记为 Δr。

如图 1-3 所示,t 时刻质点位于 A 点,位矢为 r_A,经过 Δt 时间质点到达 B 点,位矢为 r_B,位置的变化即位移为 Δr。

按照矢量运算法则,位移可写作

$$\Delta r = r_B - r_A \tag{1-5}$$

在直角坐标系下,可以表示为

$$\Delta r = (x_B - x_A)i + (y_B - y_A)j + (z_B - z_A)k$$
$$= \Delta x i + \Delta y j + \Delta z k$$

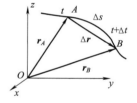

图 1-3 质点的位移矢量

需要注意的是,位移的大小一般不等于路程。如图 1-3 所示,质点从 A 点到 B 点做曲线运动的弧长为路程 Δs,但位移为 Δr,显然,一般情况下 $|\Delta r| \neq \Delta s$。但是,在时间趋近于零时,二者的大小相等,即 $|\mathrm{d}r| = \mathrm{d}s$。

位移在量值上表示长度,在国际单位制中的单位名称为米,符号为 m。

三、速度

为了描述质点运动的快慢,需要引入速度的概念。

1. 平均速度

平均速度可以粗略描述一段时间之内质点运动的快慢,记为 $\bar{v}$,是一个矢量。

如图 1-3 所示,经过 Δt 时间,质点的位移为 Δr,平均速度 $\bar{v}$ 定义为位移与时间的比值,即

$$\bar{v} = \frac{\Delta r}{\Delta t} = \frac{\Delta x}{\Delta t}i + \frac{\Delta y}{\Delta t}j + \frac{\Delta z}{\Delta t}k \tag{1-6}$$

平均速度 $\bar{v}$ 的大小为

$$|\bar{v}| = \left|\frac{\Delta r}{\Delta t}\right| = \frac{|\Delta r|}{\Delta t} \tag{1-7}$$

平均速度 $\bar{v}$ 的方向为由 A 点指向 B 点。

2. 瞬时速度

若想精确知道质点某一时刻的运动快慢,需要引入瞬时速度的概念。瞬时速度记为 $\boldsymbol{v}$,是一个矢量,如无特别说明,瞬时速度可简称为速度。

当 $\Delta t \to 0$ 时,平均速度的极限定义为质点的瞬时速度,即

$$\boldsymbol{v} = \lim_{\Delta t \to 0} \frac{\Delta \boldsymbol{r}}{\Delta t} = \frac{\mathrm{d}\boldsymbol{r}}{\mathrm{d}t} \tag{1-8}$$

由上式可知,瞬时速度是位置矢量对时间的一阶导数。在直角坐标系下,瞬时速度还可以写为

$$\boldsymbol{v} = \frac{\mathrm{d}\boldsymbol{r}}{\mathrm{d}t} = \frac{\mathrm{d}x}{\mathrm{d}t}\boldsymbol{i} + \frac{\mathrm{d}y}{\mathrm{d}t}\boldsymbol{j} + \frac{\mathrm{d}z}{\mathrm{d}t}\boldsymbol{k} = v_x \boldsymbol{i} + v_y \boldsymbol{j} + v_z \boldsymbol{k} \tag{1-9}$$

瞬时速度的大小为

$$|\boldsymbol{v}| = \left|\frac{\mathrm{d}\boldsymbol{r}}{\mathrm{d}t}\right| = \sqrt{v_x^2 + v_y^2 + v_z^2}$$

瞬时速度的方向沿质点运动轨迹的切线,并指向质点前进的方向。

3. 平均速率和瞬时速率

一段时间之内,质点运动的路程 Δs 和时间 Δt 的比值,定义为平均速率,记为 $\bar{v}$。

$$\bar{v} = \frac{\Delta s}{\Delta t} \tag{1-10}$$

需要说明的是,路程 Δs 是一个标量,所以平均速率也是一个标量,只有大小,没有方向。

值得注意的是,平均速率 $\bar{v}$ 一般不等于平均速度 $|\bar{\boldsymbol{v}}|$ 的大小。分析图 1-3 中质点由 A 点经曲线运动到 B 点的过程,并比较式(1-7)和式(1-10)两式可得,因为路程 Δs 和位移大小 $|\Delta \boldsymbol{r}|$ 不相等,所以平均速率不等于平均速度的大小。请读者思考什么情况下二者相等。

当 $\Delta t \to 0$ 时,平均速率的极限就是瞬时速率,瞬时速率记为 v,即

$$v = \lim_{\Delta t \to 0} \frac{\Delta s}{\Delta t} = \frac{\mathrm{d}s}{\mathrm{d}t} \tag{1-11}$$

因为当 $\Delta t \to 0$ 时,$\mathrm{d}s = |\mathrm{d}\boldsymbol{r}|$,即质点运动的元路程等于元位移的大小,比较式(1-8)和式(1-11)两式可知,瞬时速率等于瞬时速度的大小,即 $v = |\boldsymbol{v}|$。

在国际单位制中,速度的单位名称为米每秒,符号为 m/s。

四、加速度

为了反映质点运动速度变化的快慢,引入加速度的概念。

1. 平均加速度

平均加速度可以粗略描述一段时间之内质点运动速度变化的快慢,记为 $\bar{\boldsymbol{a}}$,是一个矢量,定义为速度的变化量与时间的比值,即

$$\bar{\boldsymbol{a}} = \frac{\Delta \boldsymbol{v}}{\Delta t} \tag{1-12}$$

式中,$\Delta \boldsymbol{v}$ 是速度的增量,如图 1-4 所示,它和初速度 $\boldsymbol{v}_A$、末速度 $\boldsymbol{v}_B$ 之间满足矢量合成运算法则,即

$$\Delta \boldsymbol{v} = \boldsymbol{v}_B - \boldsymbol{v}_A$$

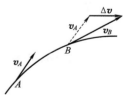

图 1-4 速度的变化量

2. 瞬时加速度

为了精确描述某一瞬间质点速度变化的快慢,需要引入瞬时加速度

的概念。瞬时加速度记为 $\boldsymbol{a}$，是一个矢量，如无特别说明，瞬时加速度可简称为加速度。

当 $\Delta t \to 0$ 时，平均加速度的极限定义为质点的瞬时加速度，即

$$\boldsymbol{a} = \lim_{\Delta t \to 0} \frac{\Delta \boldsymbol{v}}{\Delta t} = \frac{\mathrm{d}\boldsymbol{v}}{\mathrm{d}t} \tag{1-13}$$

由式(1-13)可知，瞬时加速度是速度对时间的一阶导数。在直角坐标系下，瞬时加速度还可以写为

$$\boldsymbol{a} = \frac{\mathrm{d}\boldsymbol{v}}{\mathrm{d}t} = \frac{\mathrm{d}v_x}{\mathrm{d}t}\boldsymbol{i} + \frac{\mathrm{d}v_y}{\mathrm{d}t}\boldsymbol{j} + \frac{\mathrm{d}v_z}{\mathrm{d}t}\boldsymbol{k} = a_x\boldsymbol{i} + a_y\boldsymbol{j} + a_z\boldsymbol{k} \tag{1-14}$$

瞬时加速度的大小为

$$|\boldsymbol{a}| = \left|\frac{\mathrm{d}\boldsymbol{v}}{\mathrm{d}t}\right| = \sqrt{a_x^2 + a_y^2 + a_z^2}$$

瞬时加速度的方向一般不是速度的方向。当质点做曲线运动时，加速度方向指向曲线凹的一侧；当质点做直线运动时，加速度的方向与速度的方向相同或者相反。

在国际单位制中，加速度的单位名称为米每二次方秒，符号为 $\mathrm{m/s^2}$。

五、运动学中的两类问题

1. 已知运动方程求速度、加速度

根据位矢、速度和加速度的定义式(1-1)、式(1-9)和式(1-14)，运用高等数学求导的方法，可以由运动方程求得速度，由速度求得加速度。

例 1-2 已知质点的运动方程为 $\boldsymbol{r} = 5t\boldsymbol{i} + 15t^2\boldsymbol{j} - 10\boldsymbol{k}$，求质点在 $t = 1$ s 时的速度和加速度。

解 (1) 先由定义式(1-9)求速度矢量表达式

$$\boldsymbol{v} = \frac{\mathrm{d}\boldsymbol{r}}{\mathrm{d}t} = 5\boldsymbol{i} + 30t\boldsymbol{j}$$

将 $t = 1$ s 代入上式，可得

$$\boldsymbol{v}(1) = 5\boldsymbol{i} + 30\boldsymbol{j}$$

速度大小为

$$v = |\boldsymbol{v}| = \sqrt{5^2 + 30^2} = 30.41 \text{ m/s}$$

速度方向可由方向余弦表示为

$$\cos\alpha = 0.164, \quad \cos\beta = 0.987, \quad \cos\gamma = 0$$

(2) 先由定义式(1-14)求加速度矢量表达式

$$\boldsymbol{a} = \frac{\mathrm{d}\boldsymbol{v}}{\mathrm{d}t} = 30\boldsymbol{j}$$

将 $t = 1$ s 代入上式，可得

$$\boldsymbol{a}(1) = 30\boldsymbol{j}$$

加速度大小为

$$a = |\boldsymbol{a}| = 30 \text{ m/s}^2$$

加速度的方向为沿 y 轴正方向。

2. 已知加速度求速度、已知速度求运动方程

根据速度和加速度的定义式(1-9)和式(1-14)，运用高等数学积分的方法，在已知初始条件的情况下，可以由加速度求得速度，由速度求得运动方程。

例 1-3 质点做匀加速直线运动,加速度为 a ,已知 $t=0$ 时 $x=x_0, v=v_0$,求质点在任意时刻的速度表达式和运动方程。

解 做一维直线运动的质点,可以简化为标量法研究,用正负号表示方向。

根据加速度定义式

$$a = \frac{dv}{dt}$$

将上式变形为

$$dv = adt$$

两边同时对 t 积分

$$\int_{v_0}^{v} dv = \int_{0}^{t} adt$$

得到

$$v = v_0 + at$$

上式为匀加速直线运动的速度公式。

根据速度定义式

$$v = \frac{dx}{dt}$$

将上式变形为

$$dx = vdt$$

两边同时对 t 积分

$$\int_{x_0}^{x} dx = \int_{0}^{t} vdt = \int_{0}^{t} (v_0 + at) dt$$

得到

$$x = x_0 + v_0 t + \frac{1}{2} at^2$$

上式为匀加速直线运动的运动方程。

此外,由加速度公式可得

$$a = \frac{dv}{dt} = \frac{dv}{dt} \cdot 1 = \frac{dv}{dt} \cdot \frac{dx}{dx} = \frac{dx}{dt} \cdot \frac{dv}{dx} = v \frac{dv}{dx}$$

将上式变形为

$$adx = vdv$$

两边同时对 x 积分

$$\int_{x_0}^{x} adx = \int_{v_0}^{v} vdv$$

得到

$$v^2 - v_0^2 = 2a(x - x_0)$$

上式为匀加速直线运动的又一常用公式。

1.3 曲线运动的描述

一、运动叠加原理

当物体同时参与两个或多个运动时,其总的运动是各个独立运动的合成结果,这就是运动叠加原理或运动的独立性原理。

图 1-5 是用频闪相机拍摄的同时开始做平抛运动和自由落体运动的两个小球的图像。可以看出,做平抛与自由落体运动的两小球在竖直方向的运动相同,由此可见,被水平抛出的小球,水平方向的运动对其竖直方向的运动没有影响,所以平抛运动可以看作竖直方向和水平方向两种运动的叠加。

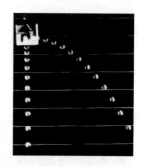

图 1-5 运动叠加原理的演示

二、抛体运动

将物体以与水平面成某一角度的初速度抛射出去,若不考虑空气阻力,物体将做抛体运动。抛体运动是一种较为简单和常见的平面曲线运动。

如图 1-6 所示,某物体以初速度 v_0 沿与水平 x 轴成 θ 角方向被抛出,取初始时刻物体位置为坐标原点,竖直向上为 y 轴。已知重力加速度为 g,忽略空气阻力。研究其在任意时刻的速度表达式和运动方程。

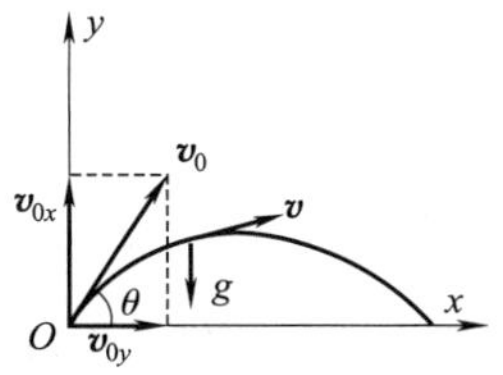

这属于运动学第二类问题,可以用积分方法求解;也属于运动叠加原理问题,可以用运动叠加的思想进行讨论。

物体在做抛体运动过程中,水平加速度为零,竖直加速度为 g,即

$$a_x = 0, \quad a_y = -g$$

利用初始条件

$$x = 0, \quad v_{0x} = v_0 \cos \theta$$
$$y = 0, \quad v_{0y} = v_0 \sin \theta$$

图 1-6 抛体运动

由加速度定义式(1-14)积分,可求得物体任意时刻的速度分量式为

$$v_x = v_0 \cos \theta$$
$$v_y = v_0 \sin \theta - gt$$

速度矢量表达式为

$$\boldsymbol{v} = v_0 \cos \theta \boldsymbol{i} + (v_0 \sin \theta - gt)\boldsymbol{j}$$

由速度定义式(1-9),利用速度分量式,可求得物体运动方程的分量表达式为

$$x = v_0 \cos \theta t$$
$$y = v_0 \sin \theta t - \frac{1}{2} g t^2$$

运动方程的矢量形式为

$$\boldsymbol{r} = (v_0 t \cos \theta)\boldsymbol{i} + \left(v_0 t \sin \theta - \frac{1}{2} g t^2\right)\boldsymbol{j} \tag{1-15}$$

从运动方程的分量表达式中消去参数 t,可以得到轨迹方程

$$y = x \tan \theta - \frac{g}{2 v_0^2 \cos^2 \theta} x^2$$

上式表明,在忽略空气阻力情况下,物体的运动轨迹为抛物线。

下面通过运动方程分析抛体运动中的运动叠加原理。

由式(1-15)可以看出,抛体运动可以看作物体同时参与水平方向的匀速直线运动和竖直方向的竖直上抛运动,实际是二者的叠加合成。式(1-15)可以变形为

$$\boldsymbol{r} = (v_0 \cos \theta \boldsymbol{i} + v_0 \sin \theta \boldsymbol{j}) t - \frac{1}{2} g t^2 \boldsymbol{j} = \boldsymbol{v}_0 t - \frac{1}{2} g t^2 \boldsymbol{j} \tag{1-16}$$

由式(1-16)看出,抛体运动还可以看作物体同时参与沿初速度方向的匀速直线运动和竖直方向的自由落体运动的叠加合成。

三、圆周运动的描述

质点沿着圆周轨道进行的运动称为圆周运动。它是一种较为简单和常见的平面曲线运

动。研究圆周运动可以用线量描述法，所用物理量有位置、位置变化、速度和加速度；也可以用角量描述法，所用物理量有角位置、角位移、角速度和角加速度。

1. 自然坐标系

当质点做轨迹确定的曲线运动时，常使用自然坐标系进行描述。

自然坐标系的原点可以选在曲线上的任一点，以 t 时刻质点距原点的路程 s 作为质点的位置坐标，s 又称自然坐标，规定坐标增加的方向为正方向，于是 s 可正可负。自然坐标系的坐标轴固着在运动质点上，如图1-7所示，若质点位于 P 点处，一个坐标轴沿该点处轨迹的切线，方向指向自然坐标 s 增加的方向，切向坐标轴的单位矢量记为 e_τ；另一个坐标轴沿该点轨迹的法线并指向曲线凹的一侧，法向坐标轴的单位矢量记为 e_n。任意矢量可沿这一对坐标轴作正交分解，其分量分别称为切向分量和法向分量。

2. 线量描述法

（1）位置和位置变化。

已知质点做圆周运动，由 A 点运动到 B 点，如图1-8所示，研究其位置和位置变化。

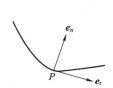
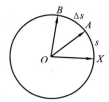

图1-7　自然坐标系　　　　图1-8　圆周运动的位置和位移

取 X 点为自然坐标系的原点，质点在 A 点的位置坐标为 s，由 A 点运动到 B 点的位置变化为 Δs，在 B 点的位置坐标为 $s+\Delta s$，当 $\Delta t \to 0$ 时，$\Delta s \to \mathrm{d}s$。

（2）速度。

在自然坐标系中，速度的方向始终沿曲线切线，方向与 e_τ 相同或相反，可以用正负号表示，简化为标量法研究，类似于一维直线运动情形。

由定义可得圆周运动的速率为

$$v = \frac{\mathrm{d}s}{\mathrm{d}t} \tag{1-17}$$

或写作矢量形式

$$\boldsymbol{v} = \frac{\mathrm{d}s}{\mathrm{d}t}\boldsymbol{e}_\tau = v\boldsymbol{e}_\tau \tag{1-18}$$

（3）加速度。

速度的变化可以分为速度大小变化和速度方向变化两种情况，所以加速度也应该包含以上两种情况引起的加速度。改变速度大小的加速度称为切向加速度，记为 $\boldsymbol{a}_\tau$；改变速度方向的加速度称为法向加速度，记为 $\boldsymbol{a}_n$；若速度的大小和方向均发生改变，则加速度既有切向分量，又有法向分量，即

$$\boldsymbol{a} = \boldsymbol{a}_n + \boldsymbol{a}_\tau \tag{1-19}$$

下面讨论圆周运动中加速度的表达式。

如图1-9所示，质点在 A 点时的速度为 $\boldsymbol{v}_1$，在 B 点时的速度为 $\boldsymbol{v}_2$，速度的变化为

$$\Delta \boldsymbol{v} = \boldsymbol{v}_2 - \boldsymbol{v}_1 = \Delta \boldsymbol{v}_\tau + \Delta \boldsymbol{v}_n$$

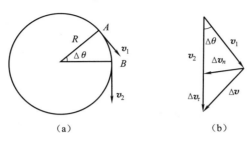

图 1-9 圆周运动的加速度

平均加速度为

$$\overline{\boldsymbol{a}} = \frac{\Delta \boldsymbol{v}}{\Delta t} = \frac{\boldsymbol{v}_2 - \boldsymbol{v}_1}{\Delta t} = \frac{\Delta \boldsymbol{v}_\tau + \Delta \boldsymbol{v}_n}{\Delta t}$$

瞬时加速度为

$$\begin{aligned}\boldsymbol{a} &= \lim_{\Delta t \to 0}\frac{\Delta \boldsymbol{v}}{\Delta t} = \lim_{\Delta t \to 0}\frac{\Delta \boldsymbol{v}_\tau}{\Delta t} + \lim_{\Delta t \to 0}\frac{\Delta \boldsymbol{v}_n}{\Delta t} \\ &= \frac{\mathrm{d}v}{\mathrm{d}t}\boldsymbol{e}_\tau + \frac{v\mathrm{d}\theta}{\mathrm{d}t}\boldsymbol{e}_n \\ &= \frac{\mathrm{d}v}{\mathrm{d}t}\boldsymbol{e}_\tau + \frac{v}{R}\cdot\frac{\mathrm{d}(R\theta)}{\mathrm{d}t}\boldsymbol{e}_n = \frac{\mathrm{d}v}{\mathrm{d}t}\boldsymbol{e}_\tau + \frac{v^2}{R}\boldsymbol{e}_n\end{aligned} \quad (1\text{-}20)$$

上式即为圆周运动的加速度表达式,式中第一项为切向加速度,即

$$\boldsymbol{a}_\tau = \frac{\mathrm{d}v}{\mathrm{d}t}\boldsymbol{e}_\tau \quad (1\text{-}21)$$

其方向沿圆周的切线方向,作用是改变速度的大小;
第二项是法向加速度,即

$$\boldsymbol{a}_n = \frac{v^2}{R}\boldsymbol{e}_n \quad (1\text{-}22)$$

其方向指向圆心,又称向心加速度,作用是改变速度的方向。

切向加速度 $\boldsymbol{a}_\tau$ 与法向加速度 $\boldsymbol{a}_n$ 分别为加速度 $\boldsymbol{a}$ 在自然坐标系上沿切向和法向的分量,它们的关系如图 1-10 所示,所以加速度 $\boldsymbol{a}$ 的大小为

$$a = \sqrt{a_\tau^2 + a_n^2} \quad (1\text{-}23)$$

3. 角量描述法

对于做圆周运动的质点或者转动的物体,用角量描述较为方便。

(1)角位置和角位移。

如图 1-11 所示,质点在半径为 R 的圆周上运动,t 时刻在 A 点,$t + \Delta t$ 时刻运动到 B 点。取极轴 OX 作为参考轴,逆时针转过的角度为正值。A 点的角位置为 θ,由 A 点到 B 点的角位移为 $\Delta\theta$,则 B 点的角位置为 $\theta + \Delta\theta$。

国际单位制中,角位置与角位移的单位均为弧度(rad)。

图1-10 加速度与切向加速度、
法向加速度的方向关系

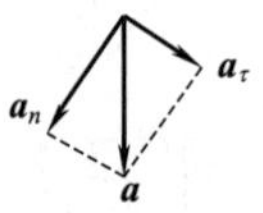

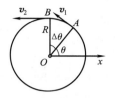
图1-11 圆周运动的
角量描述法

（2）角速度。

质点由 A 点运动到 B 点过程中角位移 $\Delta\theta$ 与所用时间 Δt 之比，称为质点对 O 点的平均角速度，记为 $\bar{\omega}$，即

$$\bar{\omega} = \frac{\Delta\theta}{\Delta t} \quad (1-24)$$

由式（1-24）可知，平均角速度可以粗略描述质点围绕圆心转动的快慢。

当 $\Delta t \to 0$ 时，平均角速度的极限称为瞬时角速度，简称角速度，记为 ω 即

$$\omega = \lim_{\Delta t \to 0} \frac{\Delta\theta}{\Delta t} = \frac{\mathrm{d}\theta}{\mathrm{d}t} \quad (1-25)$$

由式（1-25）可知，角速度可以精确描述某时刻质点围绕圆心转动的快慢。

也可以将角速度定义为矢量，规定其方向与转动方向之间满足右手螺旋关系，与圆平面垂直。对于做圆周运动的质点，其角速度沿圆周的法线方向，只有两种可能的方向，与一维直线运动类似，可以将其简化为标量，方向用正负号表示。

在国际单位制中，角速度的单位名称为弧度每秒，符号为 rad/s。

（3）角加速度。

质点由 A 点运动到 B 点过程中角速度的变化量 $\Delta\omega$ 与所用时间 Δt 之比，称为质点对 O 点的平均角加速度，记为 $\bar{\beta}$，即

$$\bar{\beta} = \frac{\Delta\omega}{\Delta t} \quad (1-26)$$

由式（1-26）可知，平均角加速度可以粗略描述质点角速度变化的快慢。

当 $\Delta t \to 0$ 时，平均角加速度的极限称为瞬时角加速度，简称角加速度，记为 β，即

$$\beta = \lim_{\Delta t \to 0} \frac{\Delta\omega}{\Delta t} = \frac{\mathrm{d}\omega}{\mathrm{d}t} \quad (1-27)$$

由式（1-27）可知，角加速度可以精确描述某时刻质点角速度变化的快慢。

由于质点做圆周运动的角加速度的方向也只有两种可能，即与角速度同向或反向，所以可以将其简化为标量，方向用正负号表示。

在国际单位制中，角加速度的单位是弧度每二次方秒（$\mathrm{rad/s^2}$）。

4. 角量与线量的关系

既然可以同时用角量和线量来描述质点的圆周运动，那么二者之间一定存在联系。由图1-12中的几何关系并结合相关定义式，可知角量与线量的关系为

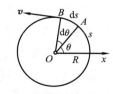
图1-12 角量与线量
的关系

$$\begin{cases} s = \theta R \\ \mathrm{d}s = R\mathrm{d}\theta \\ v = \dfrac{\mathrm{d}s}{\mathrm{d}t} = \dfrac{\mathrm{d}\theta}{\mathrm{d}t}R = \omega R \\ a_\tau = \dfrac{\mathrm{d}v}{\mathrm{d}t} = \dfrac{\mathrm{d}\omega}{\mathrm{d}t}R = \beta R \\ a_n = \dfrac{v^2}{R} = \omega^2 R \end{cases} \qquad (1\text{-}28)$$

四、任意的平面曲线运动

一个任意的平面曲线运动,可以看作由一系列的小段圆周运动组成。

如图 1-13 所示,曲线上的任一点都对应一个曲率圆。曲线弯曲程度小的位置曲率半径较大,曲线弯曲程度大的位置曲率半径较小。如果将曲线分割成无限多长度趋于零的小段,每一小段都可看作一个曲率圆的一部分。因此,一个任意的平面曲线运动可看作由无限多小段圆周运动组成的。

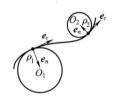

图 1-13 任意的平面曲线运动

根据圆周运动在自然坐标系中的线量描述法,质点做任意曲线运动的加速度可以表示为

$$\boldsymbol{a} = \boldsymbol{a}_\tau + \boldsymbol{a}_n = \frac{\mathrm{d}v}{\mathrm{d}t}\boldsymbol{e}_\tau + \frac{v^2}{\rho}\boldsymbol{e}_n \qquad (1\text{-}29)$$

式中,v 是质点运动的速率;ρ 是质点所在位置处曲线的曲率半径。

例 1-4 某发动机在工作时,主轴边缘的某点做圆周运动。已知运动方程为

$$\theta = t^3 + 4t + 3\,(\mathrm{SI})$$

求:(1) $t = 2$ s 时该点的角速度、角加速度的大小;

(2) 若主轴半径为 20 cm,$t = 1$ s 时该点的速度、加速度的大小。

解 (1) 由角速度的定义式可得

$$\omega = \frac{\mathrm{d}\theta}{\mathrm{d}t} = 3t^2 + 4$$

由角加速度的定义式可得

$$\beta = \frac{\mathrm{d}\omega}{\mathrm{d}t} = 6t$$

把 $t = 2$ s 代入以上两式,可得

$$\omega(2) = 16\ \mathrm{rad/s}$$
$$\beta(2) = 12\ \mathrm{rad/s^2}$$

(2) 根据角量与线量的关系,可得

$$v = \omega R = (3t^2 + 4)R$$
$$a_\tau = \beta R = 6tR$$
$$a_n = \omega^2 R = (3t^2 + 4)^2 R$$

把 $t = 1$ s,$R = 0.2$ m 代入以上三式,可得

$$v = 1.4\ \mathrm{m/s}$$

$$a_\tau = 1.2 \text{ rad/s}^2$$
$$a_n = 9.8 \text{ rad/s}^2$$

根据加速度与切向加速度、法向加速度的关系,可得

$$a = \sqrt{a_\tau^2 + a_n^2} \approx 9.87 \text{ rad/s}^2$$

例 1-5 已知某质点做半径为 R 的圆周运动,其速率为 $v = A + Bt$,A、B 是常量,t 为时间,$t = 0$ 时质点在 P 点。求当它运行一周回到 P 点时,该质点的切向加速度及法向加速度的大小。

解 根据切向加速度的公式,可得

$$a_\tau = \frac{dv}{dt} = \frac{d(A + Bt)}{dt} = B$$

可以看出切向加速度是一个常量,这种情况下质点在切向的运动规律类似于匀加速直线运动。

把 $t = 0$ 代入 $v = A + Bt$,可得质点运动的初始速率为 A。

利用路程公式 $s = v_0 t + \frac{1}{2} a_\tau t^2$,可得运行一周的时间为

$$t = \frac{-A + \sqrt{A^2 + 4\pi BR}}{B}$$

根据法向加速度的公式,可得

$$a_n = \frac{v^2}{R} = \frac{(A + Bt)^2}{R} = \frac{A^2}{R} + 4\pi B$$

例 1-6 一个质点做斜抛运动,已知初速度 v_0 与水平方向成 θ 角,重力加速度为 g。求该质点运动到曲线最高点时对应的曲线曲率半径。

解 在最高点时,曲线运动的法向加速度等于重力加速度,且此时只有水平速度。根据曲线运动的法向加速度公式,可得

$$a_n = \frac{v^2}{\rho} = \frac{(v_0 \cos\theta)^2}{\rho} = g$$

解得曲率半径

$$\rho = \frac{(v_0 \cos\theta)^2}{g}$$

1.4 相对运动

质点运动的描述是相对的,若选取不同的参考系,则描述质点运动的形式不同。下面研究某一质点相对于两个不同参考系的运动情况。

如图 1-14 所示,两个参考系分别固定于两个坐标系 $Oxyz$ 和 $O'x'y'z'$ 上,质点 P 相对于 O 的位矢为 $\boldsymbol{r}$,相对于 O' 的位矢为 $\boldsymbol{r}'$,O' 相对于 O 的位矢为 $\boldsymbol{r}_0$,则质点在两个参考系的位置关系为

$$\boldsymbol{r} = \boldsymbol{r}_0 + \boldsymbol{r}' \tag{1-30}$$

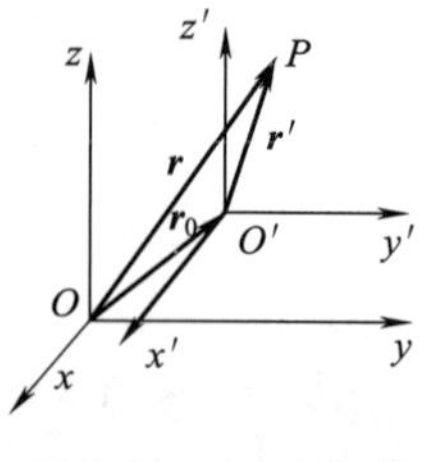

上式对时间求导,可得速度关系为

图 1-14 相对运动

$$v = v_0 + v' \tag{1-31}$$

式中,v 和 v' 分别为质点 P 相对于 O 和 O' 的速度,v_0 为 O' 相对于 O 的速度。

同理,可得加速度关系为

$$a = a_0 + a' \tag{1-32}$$

式中,a 和 a' 分别为质点 P 相对于 O 和 O' 的加速度,a_0 为 O' 相对于 O 的加速度。

本 章 习 题

(一)运动状态的描述

1.1 下列说法中,正确的是(　　)。
A. 一物体若速率恒定,则速度一定没有变化
B. 一物体若速度不变,但仍可有变化的速率
C. 一物体若具有恒定的加速度,则其速度不可能为零
D. 一物体若具有沿 x 轴正方向的加速度,其速度有可能沿 x 轴的负方向

1.2 某质点的运动方程为 $x = 3t - 5t^3 + 6 (\text{SI})$,则该质点做(　　)。
A. 匀加速直线运动,加速度为正值
B. 匀加速直线运动,加速度为负值
C. 变加速直线运动,加速度为正值
D. 变加速直线运动,加速度为负值

1.3 运动质点在某瞬时位于位矢 $r = (x, y)$ 端点处,其速度大小为(　　)。

A. $\dfrac{dr}{dt}$ 　　B. $\dfrac{d\boldsymbol{r}}{dt}$ 　　C. $\dfrac{d|\boldsymbol{r}|}{dt}$ 　　D. $\sqrt{\left(\dfrac{dx}{dt}\right)^2 + \left(\dfrac{dy}{dt}\right)^2}$

1.4 某物体的 $\dfrac{dv}{dt} = -kv^2 t$,$k = $ 恒量,$t = 0$ 时,$v = v_0$,则任意时刻速度 v 与时间 t 的关系为(　　)。

A. $v = \dfrac{1}{2}kt^2 + v_0$ 　　　　　　B. $v = -\dfrac{1}{2}kt^2 + v_0$

C. $\dfrac{1}{v} = \dfrac{1}{v_0} + \dfrac{1}{2}kt^2$ 　　　　　　D. $\dfrac{1}{v} = \dfrac{1}{v_0} + 2kt^2$

1.5 某质点运动方程 $\boldsymbol{r} = R\cos(\omega t)\boldsymbol{i} + R\sin(\omega t)\boldsymbol{j}$($R$、$\omega$ 为常数)(SI),则质点

$\dfrac{d\boldsymbol{r}}{dt} = $ _____;

$\dfrac{d\boldsymbol{v}}{dt} = $ _____;

$\dfrac{dv}{dt} = $ _____。

1.6 两辆车 A 和 B 在笔直的公路上同向行驶,它们从同一起始线上同时出发,并且由出发点开始计时,行驶的距离 x 与行驶时间 t 的函数关系式为

$$x_A = 4t + t^2, \quad x_B = 2t^2 + 2t^3 (\text{SI})$$

则:(1)它们刚离开出发点时,行驶在前面的车是_____;

(2) 出发后,两辆车行驶距离相同的时刻是_____;

(3) 出发后,B 车相对 A 车速度为零的时刻是_____。

1.7 一质点沿 x 轴运动,其加速度为 $a = 4t$ (SI),已知 $t = 0$ 时,质点位于 $x_0 = 10$ m 处,初速度 $v_0 = 0$。试求其位置和时间的关系式。

1.8 一质点初始时从原点开始以速度 v_0 沿 x 轴正向运动,设运动过程中质点的加速度 $a = -kx^2$,求质点运动的最大距离。

(二) 曲线运动的描述

1.9 对于沿曲线运动的物体,以下几种说法中正确的是( )。

A. 切向加速度必不为零

B. 法向加速度必不为零

C. 由于速度沿切线方向,法向分速度必为零,因此法向加速度必为零

D. 若物体做匀速率运动,其总加速度必为零

1.10 一物体从某一确定的高度以初速度 v_0 水平抛出,已知它落地时的速率为 v_t,则它的运动时间是( )。

A. $\dfrac{v_t - v_0}{g}$ B. $\dfrac{v_t - v_0}{2g}$ C. $\dfrac{\sqrt{v_t^2 - v_0^2}}{g}$ D. $\dfrac{v_t^2 - v_0^2}{2g}$

1.11 质点作半径为 R 的变速圆周运动时的加速度大小为(v 表示任一时刻质点的速率)( )。

A. $\dfrac{dv}{dt}$ B. $\dfrac{v^2}{R}$ C. $\dfrac{dv}{dt} + \dfrac{v^2}{R}$ D. $\left[\left(\dfrac{dv}{dt}\right)^2 + \left(\dfrac{v^4}{R^2}\right)\right]^{1/2}$

1.12 物体做斜抛运动,初速度 v_0 与水平方向夹角 θ,则物体运动至最高点时,该点的曲率半径 $\rho = $_____。

1.13 质点做半径 $R = 0.1$ m 的圆周运动,其运动方程 $\theta = \dfrac{\pi}{4} + \dfrac{t^2}{2}$,则质点在任一时刻的 $a_n = $_____;$a_t = $_____。

1.14 质点以 π m/s 的匀速率做半径为 5 m 的圆周运动,则该质点在 5 s 内:

(1) 位移的大小是_____;

(2) 经过的路程是_____。

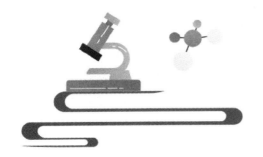

第 2 章 质点动力学

第 1 章仅解决了如何描述质点运动的问题,没有涉及质点运动状态改变的原因。而质点运动状态的改变与物体之间的相互作用有关,这是以牛顿定律为基础的质点动力学要解决的问题。本章将首先阐述牛顿运动定律的内容,然后给出牛顿定律在质点运动方面的应用。

2.1 牛顿运动定律

一、牛顿运动定律概述

1687 年,牛顿发表了《自然哲学之数学原理》。在该书中,牛顿总结了他的力学研究成果,提出了运动三定律。这标志着经典力学体系的初步建立。

1. 牛顿第一定律

任何物体都要保持其静止或匀速直线运动状态,直到外力迫使它改变运动状态为止。

牛顿第一定律包含了惯性和力两个重要概念。

(1) 惯性。物体保持原来运动状态不变的性质称为惯性。任何物体都有惯性,惯性是物体的固有属性。牛顿第一定律又称惯性定律。

由第 1 章 1.1 节可知,只有相对一定参考系来描述物体的运动才有意义,所以牛顿第一定律还定义了一类被称为惯性系的特殊参考系。只有在惯性系中观察,一个不受力或处于受力平衡状态下的物体才会保持静止或匀速直线运动的状态不变。一个参考系是否是惯性参考系只能通过实验来确定。实验指出,在研究一般力学问题时,地面参考系和太阳系都可以视为惯性系。

(2) 力。要改变物体的运动状态,就必须对物体施加外力作用。这阐明了"力"的含义,即力是使物体改变运动状态的原因,或是使物体获得加速度的原因。

实际上,任何物体都不可能完全不受外力作用,但若其所受合外力为零,即物体受力平衡时,物体仍将保持静止或匀速直线运动状态不变。所以,也可以将牛顿第一定律认为是处于受力平衡时物体的运动规律。

2. 牛顿第二定律

物体所获得的加速度 a 的大小,与所受合外力 F 的大小成正比,与物体的质量 m 成反比,加速度的方向与合外力的方向相同。写成等式为

$$F = kma \qquad (2-1)$$

系数 k 与所选的单位制有关,适当地选用各量的单位,可使 $k=1$。即其数学表达式为

$$F = ma \tag{2-2}$$

上式又常称为质点动力学的基本方程。

在应用牛顿第二定律时,应注意以下几点:

(1)牛顿第二定律只适用于质点的运动。牛顿第二定律实际上给出的是物体做平动运动时的规律,不涉及转动及物体各部分之间的相对运动,所以物体的运动可以看作质点的运动。

(2)牛顿第二定律定义了质量。物体的质量是把加在物体上的力和所引起的加速度联系起来的一种固有特性。联系牛顿第一定律,物体的惯性还体现在迫使物体运动状态改变的难易程度上,而物体运动状态的改变即是由物体的加速度引起的,所以质量也是物体惯性的定量表现,也称惯性质量。

(3)牛顿第二定律表示的合外力与加速度之间的关系是瞬时关系。也就是说,加速度只在外力作用时才产生,外力改变时,加速度也随之改变;当合外力为零时,物体的加速度也为零,物体保持既有的运动状态不变。所以说,力是改变物体运动状态的原因,而不是保持物体运动状态的原因。

(4)力的叠加原理或力的独立性原理。当几个力同时作用于物体时,其合力对物体产生的加速度等于每个力单独作用时产生加速度的矢量和。即

$$F = \sum_i F_i = \sum_i ma_i = m\sum_i a_i = ma \tag{2-3}$$

(5)实际应用中,常常会用到式(2-2)的分量式。在直角坐标系中式(2-2)的分量式为

$$F_x = ma_x = m\frac{dv_x}{dt}, \quad F_y = ma_y = m\frac{dv_y}{dt}, \quad F_z = ma_z = m\frac{dv_z}{dt} \tag{2-4}$$

在处理曲线运动问题时,还常用到沿切线方向和法线方向的分量式

$$F_\tau = ma_\tau = m\frac{dv}{dt}, \quad F_n = ma_n = m\frac{v^2}{\rho} \tag{2-5}$$

3. 牛顿第三定律

人们在日常生活中认识到,甲物体对乙物体施加作用力的同时,乙物体对甲物体也施加一作用力,即力的作用是相互的,不存在只施力的物体,也不存在只受力的物体。常把物体间的相互作用力中的一个称为作用力,把另一个力称为反作用力,反之亦可。

牛顿指出,两个物体之间的作用力 F 和反作用力 F' 沿同一直线,大小相等,方向相反,分别作用在两个物体上。这就是牛顿第三定律。其数学表达式为

$$F = -F' \tag{2-6}$$

正确理解牛顿第三定律,对分析物体受力情况是很重要的。分析时须注意以下几点:

(1)作用力和反作用力是矛盾的两个方面。它们互以对方为自己存在的条件,同时产生,同时消失,任何一方都不能孤立地存在。例如:钢丝绳起吊重物时,钢丝绳对重物有作用力,同时重物对钢丝绳有反作用力;一旦钢丝绳松脱,那么,它对重物就没有作用力了,同时重物对它也就没有反作用力了。

(2)作用力和反作用力是分别作用在两个物体上的,因此不能相互抵消。例如:用手推车,手对车的作用力作用在车上,而车对手的反作用力则作用在手上。这两个力虽然大小相等、方向相反且在同一直线上,但它们作用在不同的物体上,所以不可能相互抵消。

(3)作用力和反作用力总是属于同种性质的力。例如:作用力是万有引力,那么反作用力也一定是万有引力。

4.牛顿三定律的关系

牛顿三定律各自独立,但又是一个有逻辑关系的整体。牛顿第一定律指出任何物体都有惯性,牛顿定律只能在惯性系中应用;牛顿第二定律给出外力改变物体运动状态而产生加速度的定量关系;牛顿第三定律则指出力的作用是相互的,为正确分析物体受力提供了依据。

5.牛顿运动定律的适用范围

(1)牛顿定律仅适用于质点,定律中所指的物体均为质点。

(2)牛顿定律仅适用于惯性系,在非惯性系中不适用。

(3)牛顿定律仅适用于低速运动物体,对接近光速的高速运动物体需要应用相对论力学,牛顿力学是相对论力学的低速近似。

(4)牛顿定律仅适用于宏观物体,在微观领域需要应用量子力学,牛顿力学是量子力学的宏观近似。

值得注意的是,经典力学还基于以下基本假设:空间是绝对的,和空间内的物质无关;时间是连续的、均匀流逝的、无穷无尽的;时间和空间无关;时间和物体的运动状态无关;物体的质量和物体的运动状态无关。

二、几种常见力

要应用牛顿定律解决问题,首先要正确分析物体受力情况。在日常生活和工程技术中经常遇到的力有万有引力、弹性力、摩擦力等。下面简单介绍这些力的知识。

1.万有引力

任何两个物体之间都存在相互吸引力。按照万有引力定律,质量分别为 m_1 和 m_2 的两个质点相距为 r 时,它们之间的万有引力大小为

$$F = G\frac{m_1 m_2}{r^2} \tag{2-7}$$

式中,$G = 6.672 \times 10^{-11}$ N·m²/kg² 称为万有引力常量。由于引力常量的数量级很小,所以一般物体间的引力极其微弱,但对于两个物体都是天体(或者其中一个是天体)的情况,这种引力却是支配它们运动的主导因素。

通常把地球对其表面附近物体的万有引力称为重力(忽略地球自转),在重力作用下,物体具有的加速度称为重力加速度,用 g 表示。根据牛顿第二定律重力加速度的大小为

$$g = G\frac{M_{地}}{r^2} \tag{2-8}$$

由于地球表面附近物体与地球中心的距离 r 与地球半径 $R_{地}$ 相差很小,所以式(2-8)中 r 可以直接用 $R_{地}$ 代替。

2.弹性力

当两个物体相互接触并发生形变,物体内部会产生一种企图恢复原来形状的力,称为弹性力。弹性力产生的前提条件是弹性形变。弹性力的大小取决于形变的程度。弹性力的表现形式有很多种,常见的弹性力有弹簧被拉伸或压缩时产生的弹簧弹性力,绳索被拉紧时产生的张力,重物放在支撑面上产生的正压力(作用于支撑面)和支持力(作用于物体上)等。

3.摩擦力

两个相互接触的物体沿接触面相对滑动,或者有相对滑动的趋势时,在接触面之间会产生

一对阻止相对运动的力,称为摩擦力。其中,有相对滑动时产生的摩擦力称为滑动摩擦力,仅有相对滑动趋势时产生的摩擦力称为静摩擦力。

静摩擦力沿接触面作用并与相对运动趋势方向相反。其大小视外力的大小而定,介于零和最大静摩擦力 f_s 之间。实验证明,最大静摩擦力正比于正压力 N

$$f_s = \mu_s N \tag{2-9}$$

式中,μ_s 称为静摩擦因数,它与接触面的材料和表面状况有关。

滑动摩擦力沿接触面作用并与相对运动方向相反。实验证明,滑动摩擦力的大小 f_k 也与正压力 N 成正比

$$f_k = \mu_k N \tag{2-10}$$

式中,μ_k 称为滑动摩擦因数。

三、牛顿运动定律的应用

牛顿运动定律是物体做机械运动(平动和转动)所遵循的基本定律,在日常生活、工程建设和宇宙探索中有着广泛的应用。通常的力学问题可以分为两类:一类是已知力求运动;另一类是已知运动求力。但在实际问题中常常两者兼有。

应用牛顿第二定律求解力学问题时,一般按下列步骤进行:

(1)根据问题的需要和计算方便,选取研究对象。
(2)把研究对象从与之相联系的其他物体中"隔离"出来进行受力分析,画出受力图。
(3)分析研究对象的运动状态,涉及多个物体时还要找出它们运动之间的联系。
(4)选择适当的坐标系,由牛顿第二定律列出方程并求解。
(5)对结果进行分析、讨论,给出解的物理意义及适用范围等。

注意:求解时最好先用符号得出结果,而后再带入数据进行运算,这样既简单明了,又可避免数字的重复运算和运算误差。

下面通过几则典型例题介绍质点动力学问题的一般解法。

例 2-1 设电梯中有一质量可以忽略的滑轮,在滑轮两侧用轻绳悬挂着质量分别为 m_1 和 m_2 的重物 A 和 B,如图 2-1 所示。已知 $m_1 > m_2$。当电梯(1)匀速上升;(2)匀加速上升时,求绳中的张力和物体 A 相对于电梯的加速度。

解 以地面为参考系,物体 A 和 B 为研究对象,分别进行受力分析,如图 2-2 所示。

物体在竖直方向运动,建立坐标系 Oy。

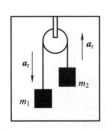

图 2-1 例 2-1 模型图

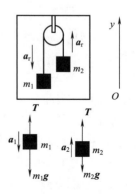

图 2-2 例 2-1 受力分析图

(1) 电梯匀速上升,物体对电梯的加速度等于它们对地面的加速度,大小有 $a_1 = a_2 = a_r$。A 的加速度为负,B 的加速度为正,根据牛顿第二定律,对 A 和 B 分别得到

$$T - m_1 g = -m_1 a_r$$
$$T - m_2 g = m_2 a_r$$

上两式消去 T,得到:

$$a_r = \frac{m_1 - m_2}{m_1 + m_2} g$$

将 a_r 代入上面任一式求 T,得到

$$T = \frac{2m_1 m_2}{m_1 + m_2} g$$

(2) 电梯以加速度 a 上升时,A 对地的加速度 $a_1 = a - a_r$,B 对地的加速度为 $a_2 = a + a_r$,根据牛顿第二定律,对 A 和 B 分别得到

$$T - m_1 g = m_1 (a - a_r)$$
$$T - m_2 g = m_2 (a + a_r)$$

解此方程组得到

$$a_r = \frac{m_1 - m_2}{m_1 + m_2} (a + g)$$
$$T = \frac{2m_1 m_2}{m_1 + m_2} (a + g)$$

讨论:
① 由(2)的结果,令 $a = 0$,即得到(1)的结果。
② 由(2)的结果,电梯加速下降时,$a < 0$,得到

$$a_r = \frac{m_1 - m_2}{m_1 + m_2} (g - a)$$

例 2-2 一个质量为 m、悬线长度为 l 的摆锤,挂在架子上,架子固定在小车上,如图 2-3(a)所示。求在下列情况下悬线的方向(用摆的悬线与竖直方向所成的角 θ 表示)和线中的张力:
(1) 如图 2-3(b)所示,小车沿水平方向以加速度 a_1 做匀加速直线运动。
(2) 如图 2-3(c)所示,小车以加速度 a_2 沿斜面(斜面与水平面成 α 角)向上做匀加速直线运动。

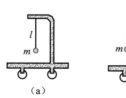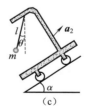

图 2-3 例 2-2 图

解 (1) 以小球为研究对象,当小车沿水平方向做匀加速运动时,分析受力如图 2-4 所示。

在竖直方向小球加速度为零,水平方向的加速度为 a。建立图 2-4 所示坐标系。
利用牛顿第二定律,列方程:

x 方向:$T_1\sin\theta = ma_1$
y 方向:$T_1\cos\theta - mg = 0$

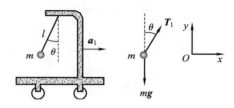

图 2-4　例 2-2 第 1 问受力分析图

解方程组,得到
$$T_1 = m\sqrt{g^2 + a_1^2}$$
$$\theta = \arctan\frac{a_1}{g}$$

(2)以小球为研究对象,当小车沿斜面做匀加速运动时,分析受力如图 2-5 所示。

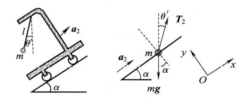

图 2-5　例 2-2 第 2 问受力分析图

小球的加速度沿斜面向上,垂直于斜面处于平衡状态,建立图 2-5 所示坐标系,重力与轴的夹角为 α。

利用牛顿第二定律,列方程:

x 方向:　　　　　　$T_2\sin(\alpha + \theta') - mg\sin\alpha = ma_2$
y 方向:　　　　　　$T_2\cos(\alpha + \theta') - mg\cos\alpha = 0$

求解上面方程组,得到
$$T_2 = m\sqrt{(g\sin\alpha + a_2)^2 + g^2\cos^2\alpha}$$
$$= m\sqrt{2ga_2\sin\alpha + a_2^2 + g^2}$$

$$\tan(\alpha + \theta') = \frac{g\sin\alpha + a_2}{g\cos\alpha} \Rightarrow \theta' = \arctan\frac{g\sin\alpha + a_2}{g\cos\alpha} - \alpha$$

讨论:如果 $\alpha = 0, a_1 = a_2$,则实际上是小车在水平方向做匀加速直线运动;如果 $\alpha = 0$,则加速度为零,悬线保持在竖直方向。

2.2　动量　动量守恒定律

在上一节中,关于牛顿第二定律,主要讨论了力的瞬时作用效果。但实际问题中往往遇到的是力持续作用在物体上的问题,这就涉及力和运动的过程关系。要解决这类问题,需要用到牛顿第二定律的积分形式。本节通过对牛顿第二定律的时间积分引入动量、冲量的概念,并在此基础上讨论质点和质点系的动量定理以及动量守恒定律。

一、质点的动量定理

考虑力对时间积累的效果。由牛顿第二定律的微分形式

$$\overline{F} = ma = m\frac{\mathrm{d}v}{\mathrm{d}t} = \frac{\mathrm{d}}{\mathrm{d}t}(mv) = \frac{\mathrm{d}p}{\mathrm{d}t} \tag{2-11}$$

式中,$p = mv$,称为质点的动量。上式可写成

$$\mathrm{d}p = F\mathrm{d}t \tag{2-12}$$

式中,$F\mathrm{d}t$ 称为 $\mathrm{d}t$ 时间内合外力的冲量。设合外力由时刻 t_1 持续作用到时刻 t_2,将式(2-12)对时间进行积分

$$\int_{t_1}^{t_2} F\mathrm{d}t = p_2 - p_1 \tag{2-13}$$

式(2-13)左侧积分表示在 t_1 到 t_2 这段时间内合外力的冲量,用 I 表示。式(2-13)的物理意义是:在一段时间内,合外力作用在质点上的冲量,等于质点在此时间内动量的增量,这就是质点的动量定理。

下面对质点动量定理作几点说明。

(1)冲量 $I = \int_{t_1}^{t_2} F\mathrm{d}t$ 是力矢量的时间积分,因此冲量 I 是矢量。冲量的方向与动量增量的方向相同。

(2)式(2-13)是质点动量定理的矢量表示式,在直角坐标系中的分量式为

$$\begin{aligned} I_x &= \int_{t_1}^{t_2} F_x \mathrm{d}t = mv_{2x} - mv_{1x} \\ I_y &= \int_{t_1}^{t_2} F_y \mathrm{d}t = mv_{2y} - mv_{1y} \\ I_z &= \int_{t_1}^{t_2} F_z \mathrm{d}t = mv_{2z} - mv_{1z} \end{aligned} \tag{2-14}$$

(3)动量定理是过程量(冲量)和状态量(动量)的关系,实际应用中经常通过求动量增量获得冲量。例如:在碰撞、打击(宏观)、散射(微观)一类问题中,力的作用时间很短或力随时间变化很快,无法知其细节,可通过求动量增量获得冲量,进而获得作用力——平均冲力。平均冲力计算如下:

$$\overline{F} = \frac{1}{\Delta t}\int_{t_1}^{t_2} F\mathrm{d}t = \frac{1}{\Delta t}(p_2 - p_1) \tag{2-15}$$

(4)动量定理是对牛顿第二定律时间积分得到的,所以也只适用于惯性系。应用式(2-13)时,动量中的速度需在惯性系中给出。

例 2-3 质量为 2.5 g 的乒乓球以 10 m/s 的速率飞来,被板推挡后,以 20 m/s 的速率飞出。设两速度在垂直于板面的同一平面内,且它们与板面法线的夹角分别为 45°和 30°。若撞击时间为 0.01 s,求板施于球的平均冲力的大小和方向。

解 (1)分量法求解。

取乒乓球为研究对象,由于作用时间很短,忽略重力影响。设挡板对球的冲力为 F,由质点动量定理有

$$I = \int F \cdot dt = mv_2 - mv_1$$

取图 2-6 所示平面直角坐标系,上式的分量式为

$$I_x = \int F_x dt = mv_2\cos 30° - (-mv_1)\cos 45° = \overline{F}_x \Delta t$$

$$I_y = \int F_y dt = mv_2\sin 30° - mv_1\sin 45° = \overline{F}_y \Delta t$$

将已知条件 $\Delta t = 0.01$ s, $v_1 = 10$ m/s, $v_2 = 20$ m/s, $m = 2.5$ g 代入上式得

$$\overline{F}_x = 6.1 \text{ N}$$
$$\overline{F}_y = 0.7 \text{ N}$$
$$F = \sqrt{\overline{F}_x^2 + \overline{F}_y^2} = 6.14 \text{ N}$$
$$I_x = 0.061 \text{ N} \cdot \text{s}$$
$$I_y = 0.007 \text{ N} \cdot \text{s}$$
$$I = \sqrt{I_x^2 + I_y^2} = 6.14 \times 10^{-2} \text{ N} \cdot \text{s}$$
$$\tan \alpha = \frac{I_y}{I_x} = 0.1148$$
$$\alpha = 6.54°$$

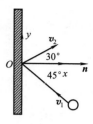

图 2-6 例 2-3 模型分析图

α 为 I 与 x 轴的夹角。

(2)矢量法。

如图 2-7 所示,由乒乓球的始末态动量 $p_1 = mv_1$ 和 $p_2 = mv_2$,根据动量定理和矢量合成做出冲量 I,且有

$$|I| = \sqrt{m^2v_1^2 + m^2v_2^2 - 2m^2v_1v_2\cos 105°} = 6.14 \times 10^{-2} \text{ N} \cdot \text{s}$$

$$\frac{mv_2}{\sin \theta} = \frac{\overline{F}\Delta t}{\sin 105°}$$

$$\sin \theta = 0.7866$$

$$\theta = 51.86°$$

图 2-7 例 2-3 动量矢量分析图

I 与 x 轴的夹角为

$$\alpha = 51.86° - 45° = 6.86°$$

例 2-4 如图 2-8 所示,质量为 $m = 3$ t 的重锤,从高度 $h = 1.5$ m 处自由落到受锻压的工件上,工件发生形变。求重锤对工件分别作用 $t = 0.1$ s 和 $t = 0.01$ s 时工件受到的平均冲力。

解 以重锤为研究对象,分析受力,受力分析如图 2-9 所示。

锤对工件的冲力变化范围很大,采用平均冲力计算,其反作用力为平均支持力 $\overline{N}$。在竖直方向利用动量定理,取竖直向上为正方向。

图 2-8 例 2-4 模型图

$$(\overline{N} - mg)t = mv - mv_0$$

初状态动量为 $-m\sqrt{2gh}$，末状态动量为 0，得到

$$(\overline{N} - mg)t = m\sqrt{2gh}$$

解得

$$\overline{N} = mg + m\sqrt{2gh}/t$$

代入 m、h、t 的值，求得

$$\overline{N}_1 = 3 \times 10^3 \times (9.8 + \sqrt{2 \times 9.8 \times 1.5}/0.1) = 1.92 \times 10^5 \text{ N}$$

$$\overline{N}_2 = 3 \times 10^3 \times (9.8 + \sqrt{2 \times 9.8 \times 1.5}/0.01) = 1.9 \times 10^6 \text{ N}$$

所以，两者情况下工件受到重锤的平均冲力大小分别等于 $\overline{N}_1$ 和 $\overline{N}_2$，方向向下。

注意：在实际问题中如果有限大小的力（如重力）与冲力同时作用，因冲力很大，作用时间又很短，故有限大小的力的冲量就可忽略不计。

二、质点系的动量定理

由有相互作用的两个或两个以上质点组成的系统称为质点系。质点系内各质点之间的相互作用力称为内力；质点系外的其他物体对系统内质点的作用力称为外力。

先讨论由两个质点组成的系统。如图 2-10 所示，两质点的质量分别为 m_1 和 m_2，系统所受外力为 $\boldsymbol{F}_1$ 和 $\boldsymbol{F}_2$，内力为 $\boldsymbol{f}_1$ 和 $\boldsymbol{f}_2$。对 m_1 和 m_2 分别应用质点的动量定理，得

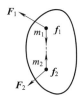

图 2-10 质点系受力分析

$$\int_{t_1}^{t_2}(\boldsymbol{F}_1 + \boldsymbol{f}_1)\mathrm{d}t = m_1\boldsymbol{v}_1 - m_1\boldsymbol{v}_{10} = \boldsymbol{p}_{1\text{末}} - \boldsymbol{p}_{1\text{初}} \tag{2-16}$$

$$\int_{t_1}^{t_2}(\boldsymbol{F}_2 + \boldsymbol{f}_2)\mathrm{d}t = m_2\boldsymbol{v}_2 - m_2\boldsymbol{v}_{20} = \boldsymbol{p}_{2\text{末}} - \boldsymbol{p}_{2\text{初}} \tag{2-17}$$

两式相加有

$$\int_{t_1}^{t_2}(\boldsymbol{F}_1 + \boldsymbol{F}_2)\mathrm{d}t = m_1\boldsymbol{v}_1 - m_1\boldsymbol{v}_{10} + m_2\boldsymbol{v}_2 - m_2\boldsymbol{v}_{20} = \boldsymbol{p}_\text{末} - \boldsymbol{p}_\text{初} \tag{2-18}$$

将这一结果推广到多个质点组成的系统，则有

$$\int_{t_1}^{t_2}\left(\sum_{i=1}^{n}\boldsymbol{F}_{i\text{外}}\right)\mathrm{d}t = \sum_{i=1}^{n}m_i\boldsymbol{v}_i - \sum_{i=1}^{n}m_i\boldsymbol{v}_{i0} = \boldsymbol{p}_\text{末} - \boldsymbol{p}_\text{初} \tag{2-19}$$

上式表明，作用于系统的合外力的冲量等于系统总动量的增量，这就是质点系的动量定理。

需要说明的是，只有外力才对系统的动量有贡献，系统的内力不会改变整个系统的总动量。因为系统的内力总是成对出现，每对内力均为作用力和反作用力的关系，在相同的作用时间内，它们的冲量相互抵消，因而对系统总动量无贡献，但可实现系统内各质点之间的动量转移。

三、动量守恒定律

如果质点系的合外力为零，即 $\left(\sum_{i=1}^{n}\boldsymbol{F}_{i\text{外}}\right) = 0$，则

$$\int_{t_1}^{t_2}\left(\sum_{i=1}^{n}\boldsymbol{F}_{i\text{外}}\right)\mathrm{d}t = \boldsymbol{p}_\text{末} - \boldsymbol{p}_\text{初} = 0$$

即当系统所受合外力为零时,系统的总动量将保持不变。这就是动量守恒定律。

应用动量守恒定律时应注意以下几点:

(1)动量守恒的条件是系统所受的合外力为零。在有的问题中,系统所受的合外力并不为零,但与系统的内力相比较,外力远远小于系统的内力,如碰撞、打击、爆炸这类问题,这时外力对系统动量变化的影响很小,可以忽略不计,因此可近似认为系统的动量是守恒的。

(2)动量守恒定律在直角坐标系中的分量式为

$$\left(\sum_{i=1}^{n} F_{ix}\right) = 0, p_x = 常量 \quad (2-20)$$

$$\left(\sum_{i=1}^{n} F_{iy}\right) = 0, p_y = 常量 \quad (2-21)$$

$$\left(\sum_{i=1}^{n} F_{iz}\right) = 0, p_z = 常量 \quad (2-22)$$

上式表明,当系统所受合外力在某一方向上的分量为零时,则系统在该方向上动量的分量守恒。

(3)动量守恒定律是由动量定理导出的,所以它也只适用于惯性系。

(4)动量守恒定律并不依靠牛顿运动定律。动量守恒定律比牛顿运动定律更加基本,更加普遍。近代科学实验和理论都表明,在自然界中,大到天体间的相互作用,小到质子、中子、电子等微观粒子间的相互作用,动量守恒定律均能适用。它与能量守恒定律一样,是自然界中最普遍、最基本的定律之一。

例 2-5 如图 2-11 所示,炮车质量为 m_1,炮弹质量为 m_2,炮筒长为 l,仰角为 α,炮弹出口速度为 v_0(相对于炮车),且水平地面光滑。求:(1)炮车反冲速度 v;(2)炮弹到达出口时,炮车移动的距离 d。

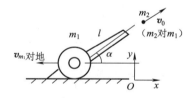

图 2-11 例 2-5 模型图

解 (1)以炮车和炮弹为质点系,系统在水平方向所受外力为零,所以系统水平方向动量守恒。图 2-11 所示坐标,以地面为参考系,水平分动量守恒式为

$$0 = m_2 v_x + m_1(-v)$$

考虑相对运动的速度关系

$$v_x = v_0 \cos \alpha - v$$

代入守恒式得

$$v = \left(\frac{m_2}{m_1 + m_2}\right) v_0 \cos \alpha$$

(2)在过程中的任一时刻 t 都满足水平动量守恒条件,所以有

$$m_2 v_x(t) - m_1 v(t) = 0$$

上式两边对 t 积分

$$m_2\int v_x(t) - m_1\int v(t) = 0$$
$$m_2 d_2 - m_1 d = 0$$

其中 $d_2 = l\cos\alpha - d$，代入上式得

$$d = \left(\frac{m_2}{m_1 + m_2}\right)l\cos\alpha$$

2.3 功与能

本节通过对牛顿第二定律的空间积分引入功、动能和势能等概念，并在此基础上讨论质点和质点系的动能定理以及机械能守恒定律。

一、功与功率

1. 功

如图 2-12 所示，一质点在变力 $\boldsymbol{F}$ 作用下沿曲线路径由 A 运动到 B，在曲线路径上的不同点，力的大小、方向以及力与位移方向的夹角都可能不同。为计算 $\boldsymbol{F}$ 做的功，可将路径分成很多足够小的线段，每一小段可近似为一直线段，这些小段称为元位移。在每一元位移上，力 $\boldsymbol{F}$ 变化极其微小，可近似为恒力，其做功称为元功，以 $\mathrm{d}A$ 表示。

图 2-12 变力做功示意图

因此，有

$$\mathrm{d}A = \boldsymbol{F} \cdot \mathrm{d}\boldsymbol{r}$$

整个过程中变力 $\boldsymbol{F}$ 所做的功等于力在每一段元位移上所做元功的代数和，即

$$A = \int_A^B \boldsymbol{F} \cdot \mathrm{d}\boldsymbol{r} \tag{2-23}$$

$$A = \int_A^B \boldsymbol{F} \cdot \mathrm{d}\boldsymbol{r} = \int_A^B F\cos\theta |\mathrm{d}\boldsymbol{r}| \tag{2-24}$$

上式为变力做功的表达式。

当质点同时受到若干力 $\boldsymbol{F}_1, \boldsymbol{F}_2, \cdots, \boldsymbol{F}_n$ 的作用时，由力的叠加原理，合力 $\boldsymbol{F}$ 对质点所做的功等于每个分力所做功的代数和，即

$$A = \int \sum \boldsymbol{F}_i \cdot \mathrm{d}\boldsymbol{r} = \sum \int \boldsymbol{F}_i \cdot \mathrm{d}\boldsymbol{r} = \sum_i A_i \tag{2-25}$$

国际单位制中，力的单位名称为牛[顿]，符号为 N，位移的单位名称为米，符号为 m，功的单位名称为焦[耳]，符号为 J，$1\,\mathrm{J} = 1\,\mathrm{N \cdot m}$。

2. 功率

在生产实践中，重要的是知道功对时间的变化率。我们把力在单位时间内所做的功定义为功率，用 P 表示，则有：

平均功率

$$\overline{P} = \frac{\Delta A}{\Delta t} \tag{2-26}$$

瞬时功率

$$P = \lim_{\Delta t \to 0} \frac{\Delta A}{\Delta t} = \frac{\mathrm{d}A}{\mathrm{d}t} = \boldsymbol{F} \cdot \frac{\mathrm{d}\boldsymbol{r}}{\mathrm{d}t} = \boldsymbol{F} \cdot \boldsymbol{v} \tag{2-27}$$

即力对质点的瞬时功率等于作用力与质点在该时刻速度的标积。据此可以理解功率一定的汽车在爬坡时减慢运行速度的原因。国际单位制中,功率的单位名称为瓦[特],符号为 W。

二、质点的动能定理

力对物体做功,物体的运动状态也会发生变化,它们之间存在什么关系呢?

设质量为 m 的物体在合外力 $\boldsymbol{F}$ 的作用下,沿曲线自 A 点运动到 B 点,速度由 v_1 变化为 v_2,在曲线上任一点,力 $\boldsymbol{F}$ 在位移元 $\mathrm{d}\boldsymbol{r}$ 上做的元功为

$$\mathrm{d}A = F\cos\theta |\mathrm{d}\boldsymbol{r}| \tag{2-28}$$

由牛顿第二定律及切向加速度的定义

$$F\cos\theta = ma_\tau = m\frac{\mathrm{d}v}{\mathrm{d}t}$$

所以

$$\mathrm{d}A = F\cos\theta |\mathrm{d}\boldsymbol{r}| = m\frac{\mathrm{d}v}{\mathrm{d}t}\mathrm{d}s = mv\mathrm{d}v$$

上式中应用了关系 $|\mathrm{d}\boldsymbol{r}| = \mathrm{d}s$ 和 $v = \frac{\mathrm{d}s}{\mathrm{d}t}$。质点由 A 点运动到 B 点,合外力做的总功为

$$A = \int \mathrm{d}A = \int_{v_1}^{v_2} mv\mathrm{d}v$$

积分得

$$A = \frac{1}{2}mv_2^2 - \frac{1}{2}mv_1^2 \tag{2-29}$$

可见,合外力对质点做功使得 $\frac{1}{2}mv^2$ 这个量发生了变化,这个量是由各时刻质点的运动状态决定的,具有能量量纲,我们把 $\frac{1}{2}mv^2$ 称为质点的动能,用 E_k 表示。式(2-29)表明:合外力对质点所做的功等于质点动能的增量,这就是质点的动能定理。

动能定理是在牛顿运动定律的基础上得出的,所以它只适用于惯性系。在不同的惯性系中,质点的位移和速度是不同的,因此功和动能均依赖于惯性系的选取。

三、保守力的功和势能

下面从重力、弹性力以及摩擦力等力做功的特点出发,引出保守力和非保守力的概念,然后介绍重力势能和弹性势能。

1. 保守力的功

(1)万有引力做功。

设质量为 m 的物体在质量为 M 的某天体施加的万有引力作用下由 a 运动到 b,如图 2-13 所示。取 M 处为坐标原点,在任意位置处,万有引力为

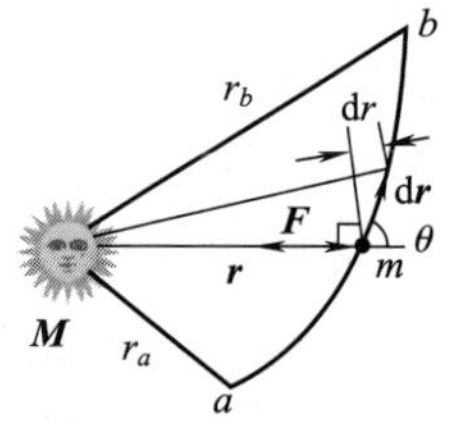

图 2-13　万有引力做功

$$F = -\frac{GMm}{r^3}r$$

方向指向天体中心。在 dr 这一元位移内,万有引力所做的元功为

$$dA = F \cdot dr = -\frac{GMm}{r^3}r \cdot dr$$

由图可知,$r \cdot dr = r|dr|\cos\theta = rdr$。

物体从 a 运动到 b,万有引力做的功为

$$\begin{aligned} A &= \int_a^b F \cdot dr = \int_a^b -\frac{GMm}{r^3}r \cdot dr \\ &= \int_{r_a}^{r_b} -\frac{GMm}{r^2}dr = \frac{GMm}{r_b} - \frac{GMm}{r_a} \\ &= \left(-\frac{GMm}{r_a}\right) - \left(-\frac{GMm}{r_b}\right) \end{aligned} \quad (2\text{-}30)$$

由结果可知,万有引力对物体所做的功只与物体的始末位置有关。

(2)重力做功。

设质量为 m 的物体在重力作用下沿图 2-14 所示的曲线由 A 点运动到 B 点。重力所做的功为

$$\begin{aligned} A_G &= \int_A^B m\boldsymbol{g} \cdot d\boldsymbol{r} \\ &= \int_A^B (-mg)\boldsymbol{k} \cdot (dx\boldsymbol{i} + dy\boldsymbol{j} + dz\boldsymbol{k}) \\ &= \int_{z_A}^{z_B} -mgdz \\ &= mgz_A - mgz_B \end{aligned} \quad (2\text{-}31)$$

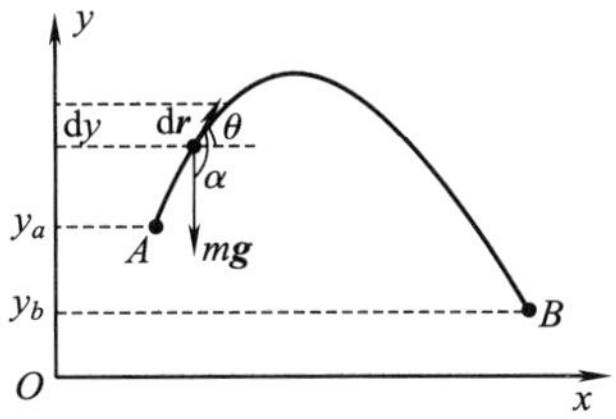

图 2-14 重力做功

可见,重力做功也只与物体的始末位置有关,与所经历的路径无关。

(3)弹性力做功。

设有一个水平放置的弹簧,劲度系数为 k,一端固定,另一端系一物体,求物体从 A 移动到 B 的过程中弹性力做的功。

以物体平衡位置为原点 O,取 x 轴如图 2-15 所示,物体在任意位置时,弹性力可以表示为

$$F = -kx$$

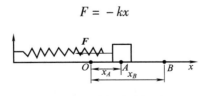

图 2-15 弹簧弹力做功

物体从 A 移动到 B 的过程中,弹性力做的功

$$A = \int_{x_A}^{x_B} -kx\,dx$$

$$= \frac{1}{2}kx_A^2 - \frac{1}{2}kx_B^2 \tag{2-32}$$

$$= -\left(\frac{1}{2}kx_B^2 - \frac{1}{2}kx_A^2\right)$$

可见,弹性力做的功也只与物体的始末位置有关。

(4) 保守力和非保守力。

由前面对功的计算,我们发现万有引力、重力和弹性力做功只与物体的始末位置有关,与物体所经历的路径无关。这类力称为保守力。

还有一类力做功与物体运动所经过的路径有关,这类力称为非保守力。例如:常见的摩擦力做功就与路径有关,路径越长,摩擦力做的功也越大,所以摩擦力是非保守力。

由于保守力做功与路径无关,保守力沿任意闭合路径一周所做的功必为零。用数学式表示为

$$A_{保} = \oint_L \boldsymbol{F}_{保} \cdot d\boldsymbol{r} = 0 \tag{2-33}$$

上式为反映保守力做功特点的数学表示式,这一结论也可看作保守力的另一种定义,保守力的这两种定义是完全等效的。

2. 势能

从前面关于万有引力、重力、弹性力做功的讨论中,我们知道这些保守力做功只与物体的始末位置有关,为此,可以引入势能的概念。我们把与物体位置有关的能量称为物体的势能,用符号 E_p 表示。

势能概念的引入是以物体处于保守力场这一事实为依据的,由于保守力做功只取决于始末位置,所以才存在仅由位置决定的势能函数。对于非保守力,不存在势能的概念。另外,势能是相对的,只有选定了势能零点,才能确定某一点的势能值。我们规定,物体在某点所具有的势能等于将物体从该点移至势能零点保守力所做的功。势能零点可根据问题需要任意选择,但两位置之间的势能差是确定的,与势能零点的选择无关。

力学中常见的势能有引力势能、重力势能、弹性势能,由对应的三种力做功的讨论可知,三种势能的表达式分别为

$$E_p = mgz \tag{2-34}$$

$$E_p = -G\frac{m_1 m_2}{r} \tag{2-35}$$

$$E_p = \frac{1}{2}kx^2 \tag{2-36}$$

上式可统一写成

$$A = -(E_{p2} - E_{p1}) = -\Delta E_p \tag{2-37}$$

上式表明,保守力的功等于相应势能增量的负值。

在国际单位制中,势能和功具有相同的单位和量纲,单位名称为焦[耳],符号为 J。

2.4 功能原理 机械能守恒定律

一、质点系的动能定理

下面把质点的动能定理推广到质点系的情况。

设质点系由多个质点组成,其中第 i 个质点质量为 m_i,在某一过程中初状态速率为 v_{i1},末状态速率为 v_{i2}。由质点动能定理

$$A_i = \frac{1}{2}m_i v_{i2}^2 - \frac{1}{2}m_i v_{i1}^2 = E_{ki} - E_{ki0} \tag{2-38}$$

式中,A_i 表示作用于该质点的所有力所做的功,包括来自质点系外的外力和来自质点系内的内力,故上式可写成

$$A_{i外} + A_{i内} = E_{ki2} - E_{ki1} \tag{2-39}$$

对质点系每一个质点都可写出这样的方程,把所有方程相加

$$\sum_n A_{i外} + \sum_n A_{i内} = \sum_n E_{ki2} - \sum_n E_{ki1} = E_{k2} - E_{k1} \tag{2-40}$$

式中,方程左边第一项是外力对质点系所做的总功,第二项为质点系内力对质点所做的总功;方程右边为质点系末态总动能与初态总动能之差。上式表明,质点系动能的增量等于作用于质点系的外力和内力对质点系所做的总功。这就是质点系的动能定理。

二、质点系的功能原理和机械能守恒定律

1. 质点系的功能原理

考虑到内力中既有保守力,也有非保守力,因此内力做的功 $A_{内}$ 可以分为保守内力做的功 $A_{保内}$ 和非保守内力做的功 $A_{非保内}$ 两部分。由质点系的动能原理有

$$A_{外} + A_{保内} + A_{非保内} = E_{k2} - E_{k1} \tag{2-41}$$

由保守力的功等于相应势能增量的负值有

$$A_{保内} = -(E_{p2} - E_{p1})$$

将上式代入式(2-41)可得

$$A_{外} + A_{非保内} = (E_{k2} + E_{p2}) - (E_{k1} + E_{p1}) \tag{2-42}$$

定义系统的动能和势能之和为系统的机械能,用 E 表示,即 $E = E_k + E_p$。若用 E_1、E_2 分别表示系统初态和末态时的机械能,则

$$A_{外} + A_{非保内} = E_2 - E_1 \tag{2-43}$$

上式表明,外力和非保守内力做功的总和等于系统机械能的增量。这一结论就是质点系的功能原理。

功能原理全面概括了力学中的功和能量之间的关系。由于动能定理的基础是牛顿运动定律,故功能原理也只适用于惯性系。

2. 机械能守恒定律

若在质点系运动过程中,只有保守内力做功,也就是外力的功和非保守内力的功都是零或可以忽略不计,即 $A_{外} + A_{非保内} = 0$,则由功能原理有

$$E_2 = E_1 \tag{2-44}$$

这就是说,当外力和非保守内力都不做功或所做的总功为零时,系统内各质点动能和势能可以相互转换,但系统的机械能保持不变,这就是机械能守恒定律。

在机械运动范围内,所涉及的能量只有动能和势能。由于物质运动形式的多样性,我们还将遇到其他形式的能量,如热能、电能、原子能等。如果系统内有非保守力做功,则系统的机械能必将发生变化。但在机械能增加或减少的同时,必然有等值的其他形式能量在减少和增加。考虑到诸如此类的现象,人们从大量的事实中总结出了更为普遍的能量守恒定律,即:对于一个不受外界作用的孤立系统,能量可以由一种形式转变为另一种形式,但系统的总能量保持不变。

例 2-6 质量为 m_1 的木块静止在光滑的水平面上。质量为 m_2、速率为 v 的子弹沿水平方向打入木块并陷在其中。试计算相对于地面木块对子弹所做的功 W_1 及子弹对木块所做的功 W_2。

解 因水平面光滑,子弹沿水平方向打入木块过程中水平方向动量守恒,即

$$m_2 v = (m_1 + m_2) v_{共}$$

子弹陷在木块中的共同速度

$$v_{共} = \frac{m_2 v}{m_1 + m_2}$$

根据动能定理,木块对子弹所做的功

$$W_1 = \frac{1}{2} m_2 v_{共}^2 - \frac{1}{2} m_2 v^2 = \frac{1}{2} m_2 \left(\frac{m_2 v}{m_1 + m_2}\right)^2 - \frac{1}{2} m_2 v^2 = -\frac{m_2 m_1 (m_1 + 2 m_2)}{2 (m_1 + m_2)^2} v^2$$

子弹对木块做的功

$$W_2 = \frac{1}{2} m_1 v_{共}^2 - 0 = \frac{m_1 m_2}{2 (m_1 + m_2)^2} v^2$$

本 章 习 题

(一) 牛顿运动定律

2.1 在升降机的天花板上拴一轻绳,其下端系一重物。当升降机以加速度 a 上升时,绳中张力恰好是绳所能承受最大张力的一半。则升降机以加速度( )上升时绳子刚好被拉断(物体相对于升降机静止)。

A. $2a$ B. $2(a+g)$ C. $2a+g$ D. $a+g$

2.2 如图 2-16 所示,一小珠可在半径为 R 的光滑圆环上滑动。圆环绕竖直轴以角速度 w 匀速转动时,小珠偏离竖直轴静止。则小珠所在处环半径与竖直轴的夹角应是( )。

A. $\theta = \frac{\pi}{2}$

B. $\theta = \arccos\left(\frac{g}{R\omega^2}\right)$

C. $\theta = \arctan\left(\frac{g}{R\omega^2}\right)$

D. 无法判定

图 2-16 题 2.2

2.3 如图 2-17 所示，质量分别为 m_1 和 m_2 的两滑块 A 和 B，通过一弹簧水平连接后置于水平桌面上，滑块与桌面间的滑动摩擦因数均为 μ，系统在水平拉力 F 作用下匀速运动，如突然撤销拉力，在撤销瞬间，二者的加速度 a_A 和 a_B 分别为（　　）。

A. $a_A = 0, a_B = 0$

B. $a_A > 0, a_B < 0$

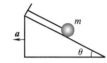

图 2-17　题 2.3

C. $a_A < 0, a_B > 0$

D. $a_A < 0, a_B = 0$

2.4 一物体质量为 m，沿 x 轴运动。其速率大小 $v = kx$；则物体受到的作用力 $F = $ ＿＿＿＿＿＿＿＿；当物体从 x_1 运动至 x_2 位置时所需时间 $\Delta t = $ ＿＿＿＿＿＿＿＿。

2.5 一条公路的某处有一水平弯道，弯道半径为 50 m，若一辆汽车车轮与地面的静摩擦因数为 0.6，则此车在弯道处行驶的最大安全速率为＿＿＿＿＿＿＿＿ m/s。（$g = 9.8$ m/s²）

2.6 质量为 m 的小球挂在倾角 $\theta = 30°$ 的光滑斜面上，问：

（1）当斜面以加速度 $a = \dfrac{1}{3}g$ 沿图 2-18 所示方向运动时，求绳中张力及小球对斜面的压力；

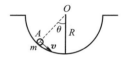

图 2-18　题 2.6

（2）当 a 至少多大时，小球给予斜面的压力为零？

2.7 如图 2-19 所示，质量为 m 的钢球 A 沿着中心在 O、半径为 R 的光滑半圆形槽下滑。当 A 滑到图示的位置时，其速率为 v，钢球中心与 O 的连线 OA 和竖直方向成 θ 角，求这时钢球对槽的压力和钢球的切向加速度。

图 2-19　题 2.7

（二）动量　动量定理

2.8 炮弹水平飞行中突然炸裂成两块，其中一块做自由下落运动，则另一块着地点（　　）。

A. 比原来更远　　　　　　　　B. 比原来更近

C. 和原来一样　　　　　　　　D. 条件不足不能判定

2.9 质量为 m 的质点，以不变速率 v 沿图 2-20 中正三角形 ABC 的水平光滑轨道运动。质点越过 A 角时，轨道作用于质点的冲量的大小为（　　）。

A. mv　　　　　　　　　　　B. $\sqrt{2}\,mv$

C. $\sqrt{3}\,mv$　　　　　　　　　D. $2mv$

图 2-20　题 2.9

2.10 一质点的质量 $m = 2$ kg，其动量 $p = 4x^{1/2}$，x 是距坐标原点的距离。则质点受到的作用力 $F = $ ＿＿＿＿＿＿＿＿，$a = $ ＿＿＿＿＿＿＿＿。

2.11 如图 2-21 所示，一圆锥摆，摆球质量为 m，绳长为 l，与竖直方向夹角 θ。摆球在水平面内做匀速率圆周运动，则在摆球运行一周过程中绳的张力给予摆球冲量的大小＿＿＿＿＿＿＿＿、方向＿＿＿＿＿＿＿＿；重力给予摆球冲量的大小＿＿＿＿＿＿＿＿、方向＿＿＿＿＿＿＿＿。

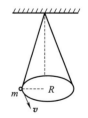

图 2-21　题 2.11

2.12 质量 $m = 1$ kg 的物体受到的作用力 $F = 6t + 3$(SI)，物体由静止开始沿直线运动，在 0～20 s 的时间内，物体受到冲量的大小 $I = $ ＿＿＿＿＿＿＿＿；物体的末速度 $v = $ ＿＿＿＿＿＿＿＿。

2.13 如图2-22所示,质量为 m_1 的滑块正沿着光滑水平地面向右滑动。一质量为 m_2 的小球水平向右飞行,以速率 v_1(对地)与滑块斜面相碰,碰后竖直向上弹起,速率为 v_2(对地)。若碰撞时间为 Δt,试计算此过程中滑块对地的平均作用力和滑块速度增量的大小。

2.14 如图2-23所示,质量为 $m_1 = 1.5$ kg 的物体,用一根长为 $l = 1.25$ m 的细绳悬挂在天花板上。今有一质量为 $m_2 = 10$ g 的子弹以 $v_0 = 500$ m/s 的水平速度射穿物体,刚穿出物体时子弹的速度大小 $v = 30$ m/s,设穿透时间极短。求:

(1) 子弹刚穿出时绳中张力的大小;
(2) 子弹在穿透过程中所受的冲量。

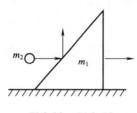

图2-22 题2.13

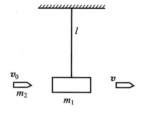

图2-23 题2.14

(三) 功与能

2.15 一质点沿圆周运动,有一力 $\boldsymbol{F} = F_0(x\boldsymbol{i} + y\boldsymbol{j})$ 作用于质点。该质点从坐标原点运动到 $(0, 2R)$ 的过程中,力 $\boldsymbol{F}$ 对质点做功(   )。

A. $F_0 R^2$ B. $2F_0 R^2$ C. $3F_0 R^2$ D. $F_0 R$

2.16 一质量为 m 的物体,位于轻弹簧上方 h 高处。该物体由静止开始落在弹簧上,弹簧劲度系数为 k,不计空气阻力,则该物体可获得的最大动能 E_k 为(   )。

A. mgh B. $mgh - \dfrac{m^2 g^2}{2k}$ C. $mgh - \dfrac{m^2 g^2}{h}$ D. $mgh + \dfrac{m^2 g^2}{2k}$

2.17 质量分别是 m_1 和 m_2 的小球,用轻弹簧连接(见图2-24)。m_1 靠在墙上,水平面光滑。用力 F 推压 m_2 使弹簧压缩,当力 F 突然撤去后,在弹簧恢复原长的过程中(   )。

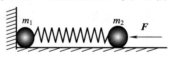

图2-24 题2.17

A. m_1 和 m_2 与弹簧组成的系统动量守恒
B. m_1 和 m_2 组成的系统机械能守恒、动量也守恒
C. m_1 和 m_2 与弹簧组成的系统动量不守恒、机械能守恒
D. m_1 和 m_2 组成的系统动量和机械能均不守恒

2.18 一质点质量 $m = 3$ kg,其运动方程 $x = 3t - 4t^2 + t^3$ (SI),则力在 $0 \sim 4$ s 的时间内对物体做的功 $A = $ _____;$t = 1$ s 时力的功率 $P = $ _____。

2.19 一保守力 $\boldsymbol{F} = (-Ax + Bx^2)\boldsymbol{i}$,$A$、$B$ 是常量。若取 $x = 0$ 为势能零点,则该系统的势能 $E_p = $ _____;质点在该力作用下从 $x = 2$ m 到 $x = 3$ m 的过程中 $\Delta E_p = $ _____。

2.20 如图 2-25 所示,在光滑的水平桌面上有一静止的质量为 m_B 的物体,在 B 上(B 足够长)有一物体 A,质量 m_A。今有一小球从左边水平射向 A 并被 A 弹回,A 获得速度 v_A(相对水平桌面),若 AB 间摩擦系数为 m,当 AB 以共同速度运动时,求 A 在 B 上滑行的距离。

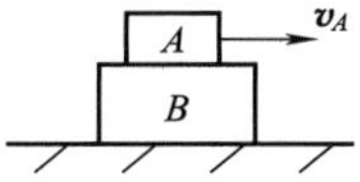

图 2-25 题 2.20

2.21 质量为 m_1 的木块静止在光滑的水平面上。质量为 m_2、速率为 v 的子弹沿水平方向打入木块并陷在其中,试计算相对于地面木块对子弹所做的功 W_1 及子弹对木块所做的功 W_2。

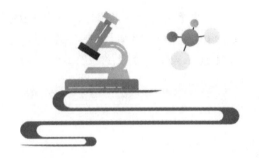

第 3 章 刚体的转动

在前两章中,我们把物体视作质点进行研究。但在很多情况下,物体的大小或形状对运动有着重要影响,以至于不能再把物体视为质点。一般来说,物体在外力和运动影响下形状和大小是要发生变化的。但如果在研究物体运动时,把形状、大小以及它们的变化都考虑在内,将使问题变得非常复杂。值得庆幸的是,很多情况下,物体在受力和运动中的形变很小。为便于研究,忽略物体的形变,认为物体在任何情况下形状和大小都不发生变化,这种理想化的模型称为刚体。

刚体也可以看作由许多相对距离保持恒定不变的质点构成的特殊质点系,因此可以在质点的运动规律基础上来加以研究,从而使牛顿力学的研究范围从质点向刚体拓展开来。本章将着重讨论刚体绕固定轴的转动,其主要内容有力矩、角速度、角加速度、转动惯量、角动量、转动动能等物理量,以及转动定律、角动量守恒定律和转动动能定理等。

3.1 刚体运动的描述

一、刚体的平动与转动

刚体最基本的运动形式是平动和绕固定轴的转动,刚体的任何运动都可以看作这两种基本运动的合成。

1. 平动

如图 3-1(a)所示,在刚体上的任意两点之间取一参考线,当刚体运动时,这一参考线总是保持平行,亦即刚体中所有点的运动轨迹均相同,刚体的这种运动就称为平动(如电梯的升降等)。显然,刚体的平动可以看作质点的运动。

2. 转动

如图 3-1(b)所示,当刚体上各点都绕同一个直线轴做圆周转动时,称为刚体的转动,这条直线称为转轴。若转轴的位置和方向固定不动,则称刚体为定轴转动,如车床上工件的转动。若转轴的位置或方向是随时间而改变的,则称刚体做非定轴转动,如行驶中汽车轮胎的转动。本章只讨论刚体的定轴运动。

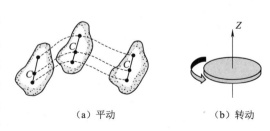

图 3-1 刚体的平动与转动

二、刚体绕定轴转动的角速度和角加速度

在刚体绕定轴转动过程中,任意垂直于转轴的平面称为转动平面,转轴与转动平面的交点称为转动中心。刚体定轴转动时刚体上所有的点都在各自的转动平面内绕转轴做角速度及角加速度相同的圆周运动。但由于各点的位置不同,它们绕轴转动的半径、线速度、线加速度和位移却不尽相同。因此,我们可以借鉴圆周运动中角量的描述方法来描述刚体的运动。

1. 角速度

如图 3-2 所示,在任意转动平面内过转动中心 O 取一参考线设为 Ox 轴,由原点 O 到转动平面上任一点 P 作位矢 r。刚体的方位由 r 与 Ox 轴的夹角 θ 来确定,角 θ 也称角坐标。为描述刚体的转动快慢及转轴的方位,定义角速度 $\boldsymbol{\omega}$。$\boldsymbol{\omega}$ 是矢量,其大小等于 $\left|\dfrac{\mathrm{d}\theta}{\mathrm{d}t}\right|$,方向遵循右手定则:右手大拇指伸直,四指的弯曲方向和刚体的转动方向一致,大拇指的方向即是 $\boldsymbol{\omega}$ 的方向。

如图 3-3 所示,刚体上任意一点的位矢为 r,则该点的线速度和角速度间满足如下的矢量关系

$$\boldsymbol{v} = \boldsymbol{\omega} \times \boldsymbol{r} \tag{3-1}$$

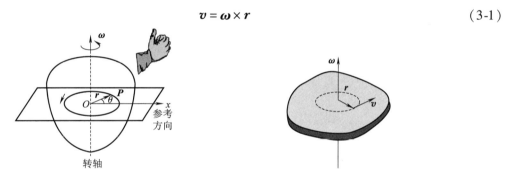

图 3-2 刚体定轴转动的角速度　　图 3-3 刚体定轴转动线速度与角速度的关系

2. 角加速度

角加速度 $\boldsymbol{\beta}$ 用来描述角速度变化的快慢,可以表示为 $\boldsymbol{\beta} = \dfrac{\mathrm{d}\boldsymbol{\omega}}{\mathrm{d}t}$。当刚体加速转动时,$\boldsymbol{\beta}$ 与角速度 $\boldsymbol{\omega}$ 的方向一致;当刚体减速转动时,$\boldsymbol{\beta}$ 与角速度 $\boldsymbol{\omega}$ 的方向相反。刚体上任意一点的切向加速度(a_τ)和法向加速度(a_n)用角量描述可以表示为

$$a_\tau = r\beta,\ a_n = r\omega^2 \tag{3-2}$$

3.2 力矩　转动定律

本节讨论刚体定轴转动的动力学问题,具体研究刚体转动时获得角加速度的原因及所遵循的规律。

一、力矩

用相同大小的力推门时,作用点越靠近门轴,越不容易把门推开;当力的作用线经过或平

行于门轴时,则无法把门推开。这一现象说明外力作用在刚体上对其运动状态的影响,不仅与力的大小有关,还与力的作用点及其方向有关。为了全面考虑力的三个要素,我们引入力矩这一物理量。

图3-4是一个刚体的横截面,它可绕通过 O 点且垂直于该平面的转轴 Oz 旋转。作用在刚体上任意一点 P 的力 F 也在此平面内,r 为 O 点到 P 点的位矢,力和位矢的矢量积称为力对转轴的力矩,用 M 表示

$$M = r \times F \tag{3-3}$$

力矩的单位名称为牛[顿]米,符号为(N·m)。力矩的方向垂直于位矢 r 与力 F 组成的平面,用右手定则确定:把右手大拇指伸直,其余四指由位矢 r 通过小于180°的角弯曲至力 F 的方向,这时大拇指所指的方向就是力矩的方向。可以这样约定,沿 Oz 轴正方向的力矩为正,沿 Oz 轴反方向的力矩为负。

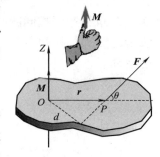

图3-4 力矩

设位矢与力的夹角为 θ,O 到力 F 的作用线的垂直距离 d 称为力对转轴的力臂,力矩的大小就等于力和力臂的乘积,可以记为

$$M = Fr\sin\theta = Fd \tag{3-4}$$

若作用在刚体上的力 F 不在转动平面内,可以把这个力分解为与转轴平行的分力和与转轴垂直的在转动平面内的分力。平行于转轴的力对刚体的定轴转动不起作用,只有在转动平面内的力对刚体的定轴转动才有影响,因此只考虑在转动平面内的分力对转轴的力矩。

如图3-5所示,多个力同时作用在一个绕定轴转动的刚体上,且都在转动平面内,则它们的合力矩等于各力矩的代数和,即

$$M = \sum_i M_i = \sum_i F_i r_i \sin\theta$$

除了外力作用外,刚体内各质点间还有相互作用的内力。但内力是成对出现的,且两作用点之间的距离不发生改变。因此,一对内力的力矩大小相等、方向相反,合力矩为零。刚体中所有内力的力矩之和等于零。

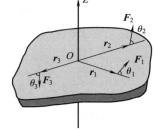

图3-5 合力矩

二、转动定律

在上一章研究质点运动规律时我们得到结论:在外力的作用下质点会具有加速度,这一关系可以用牛顿第二定律描述。同理,绕定轴转动的刚体在外力矩的作用下,其角速度也会发生变化而具有角加速度。把刚体视为质点系,将牛顿第二定律应用到这个特殊的质点系,就可以得到力矩和转动角加速度的关系。

如图3-6所示,刚体绕定轴 OO' 转动,将刚体看作 n 个质点组成的质点系,所有质点都在做着角速度相同但半径不同的圆周运动。任取第 i 个质点,质量为 m_i,它受到转动平面内的内力 f_i 和外力 F_i 的作用,并绕 O 点做半径为 r_i 的圆周运动,根据牛顿第二定律有

$$F_i + f_i = m_i a_i$$

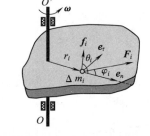

图3-6 导出转动定律用图

质点 i 的切向运动方程可以写为

$$F_i\sin\varphi_i + f_i\sin\theta_i = m_i a_{i\tau}$$

将切向加速度 $a_{i\tau}$ 和角加速度 β 之间的关系 $a_{i\tau} = r_i\beta$ 代入上式,再将上式两边同时乘以 r_i,可得

$$F_i r_i \sin\varphi_i + f_i r_i \sin\theta_i = m_i r_i^2 \beta$$

对所有质点求和有

$$\sum F_i r_i \sin\varphi_i + \sum f_i r_i \sin\theta_i = \sum (m_i r_i^2)\beta$$

式中,$\sum F_i r_i \sin\varphi_i$ 是刚体上所有质点受到的外力对轴的力矩的代数和,即合外力矩,用 M 表示;$\sum f_i r_i \sin\theta_i$ 是所有质点内力对轴的力矩的代数和,其值为0。故上式可写为

$$M = \sum (m_i r_i^2)\beta$$

式中,$\sum (m_i r_i^2)$ 只与刚体的质量及质量分布、形状和转轴位置有关,将其定义为转动惯量,用 I 表示,单位为千克二次方米($kg \cdot m^2$)。若刚体上的质量是连续均匀分布的,则转动惯量可以表示为 $I = \int r^2 dm$。将转动惯量代入上式可得

$$M = I\beta \tag{3-5}$$

角加速度方向与力矩的方向一致,上式可记为矢量形式

$$\boldsymbol{M} = I\boldsymbol{\beta} \tag{3-6}$$

可以看出,刚体绕定轴转动时,刚体的角加速度与它所受的合外力矩成正比,与刚体的转动惯量成反比,这一关系式称为刚体的转动定律。

将转动定律与牛顿第二定律相比较可以发现,它们有相似之处。力 $\boldsymbol{F}$ 和力矩 $\boldsymbol{M}$ 相对应,加速度 $\boldsymbol{a}$ 和角加速度 $\boldsymbol{\beta}$ 相对应,质量 m 和转动惯量 I 相对应。类比于质量 m,转动惯量 I 可以这样理解:当受到同样力矩作用时,转动惯量大的刚体转动角加速度小,即保持原有运动状态的惯性大;反之,转动惯量小的刚体转动角加速度大,即保持原有运动状态的惯性小。因此,转动惯量描述的是刚体转动时转动惯性的大小。

表3-1 中给出了几种几何形状简单、密度均匀的刚体对不同轴的转动惯量,读者可从中选择使用。

表3-1 常见刚体的转动惯量

形　状	简　图	转动惯量
细直杆绕中心轴转动		$I = \dfrac{1}{12}mL^2$
细直杆绕边缘轴转动		$I = \dfrac{1}{3}mL^2$
薄圆环绕中心轴转动		$I = mR^2$

形　状	简　图	转动惯量
圆柱体绕中心轴转动		$I = \dfrac{1}{2}mR^2$
空心圆柱体绕中心轴转动		$I = \dfrac{1}{2}m(R^2 + r^2)$
实心球对任意过球心转轴		$I = \dfrac{2}{5}mR^2$

三、转动定律应用举例

例 3-1 计算图 3-7(a)所示系统中物体的加速度。设滑轮为质量均匀分布的圆柱体,其质量为 m,半径为 r,在绳与轮边缘的摩擦力作用下旋转,忽略桌面与物体间的摩擦,设 m_1 = 50 kg, m_2 = 200 kg, m = 15 kg, r = 0.1 m。

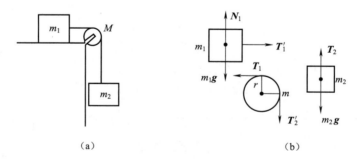

图 3-7　例 3-1

解 在地面参考系中,分别以 m_1、m_2 和 m 为研究对象,用隔离法分别以牛顿第二定律和刚体定轴转动定律建立方程,受力分析如图 3-7(b)所示。

对 m_1 有 $\quad\quad\quad\quad\quad\quad\quad\quad T_1' = m_1 a$

对 m_2 有 $\quad\quad\quad\quad\quad\quad\quad\quad m_2 g - T_2 = m_2 a$

对滑轮(设垂直纸面向里为正)有 $T_2'r - T_1'r = \left(\dfrac{1}{2}mr^2\right)\beta$

一段绳子两端拉力相等 $T_1' = T_1, \quad T_2' = T_2$

角量和线量之间有如下关系 $a = r\beta$

联立以上方程求解得 $a = \dfrac{m_2 g}{m_1 + m_2 + \dfrac{m}{2}} = 7.6 \text{ m} \cdot \text{s}^2$

例 3-2 如图 3-8(a)所示,一定滑轮的质量为 m,半径为 r,一轻绳两边分别系 m_1 和 m_2 两物体挂于滑轮上,绳不伸长,绳与滑轮间无相对滑动。不计轴的摩擦,初角速度为零,求滑轮转动角速度随时间变化的规律。

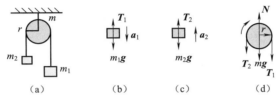

图 3-8 例 3-2

解 在地面参考系中,分别以 m_1、m_2 和 m 为研究对象,用隔离法分别以牛顿第二定律和刚体定轴转动定律建立方程。

如图 3-8(b)所示,对 m_1 有 $m_1 g - T_1 = m_1 a_1$

如图 3-8(c)所示,对 m_2 有 $T_2 - m_2 g = m_2 a_2$

如图 3-8(d)所示,对 m 有 $T_1 r - T_2 r = I\beta = \dfrac{1}{2}mr^2\beta$

角量和线量之间有如下关系 $a = r\beta$

联立解得角加速度 $\beta = \dfrac{(m_1 - m_2)g}{\left(m_1 + m_2 + \dfrac{1}{2}m\right)r}$

根据角速度和角加速度的关系得到角速度

$$\omega = \omega_0 + \beta t = \dfrac{(m_1 - m_2)gt}{\left(m_1 + m_2 + \dfrac{1}{2}m\right)r}$$

3.3 角动量 角动量守恒定律

在质点动力学中,根据牛顿第二定律,我们讨论了力对时间的累积作用。同样地,根据转动定律,可以讨论刚体力学中力矩对时间的累积效应。在讨论这个问题之前,先来学习一下角动量。

一、角动量

由于刚体绕定轴转动的转动惯量为常数,故上节中给出的转动定律可有如下变形

$$M = I\beta = I\frac{d\omega}{dt} = \frac{d(I\omega)}{dt}$$

令
$$L = I\omega \tag{3-7}$$

称为刚体绕定轴转动的角动量，它是矢量，方向与角速度方向一致，是描述刚体转动状态的状态量，单位名称为千克二次方米每秒，符号为 $kg \cdot m^2/s$。由于刚体可看作一个特殊的质点系，且有 $I = \sum(m_i r_i^2)$，因此刚体角动量的大小可以写为

$$L = I\omega = \sum(m_i r_i^2)\omega$$

刚体上各质点的线速度为 v_i，它与角速度的关系为 $v_i = r_i\omega$，代入上式可得

$$L = \sum r_i m_i v_i = \sum r_i p_i$$

式中，$r_i p_i$ 是刚体上任意质点对它的转动中心的角动量。上式表明，刚体的角动量可以表示为刚体上所有质点对各自转动中心的角动量的总和。

对于更一般的情形，如图 3-9 所示，一个运动的质点对任意参考点 O 的角动量，可以表示为

$$\boldsymbol{L} = \boldsymbol{r} \times \boldsymbol{p} = \boldsymbol{r} \times m\boldsymbol{v} \tag{3-8}$$

即质点对参考点 O 的角动量为位置矢量 r 与动量 p 的矢量积，方向垂直于 r 与 p 构成的平面，可由右手定则确定。设矢量 r 和动量 p 之间夹角为 φ，则其标量式可以写为

$$L = rmv\sin\varphi \tag{3-9}$$

由以上定义可以看出，质点的角动量不仅与质点的动量有关，还与位置矢量有关，因此在讨论它的时候必须要明确是相对哪一个参考点的角动量。

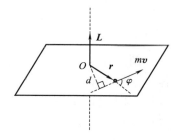

图 3-9 质点对点的角动量

二、角动量定理

定义了角动量后，刚体定轴转动的角动量定理的微分形式可以表示为

$$\boldsymbol{M} = \frac{d\boldsymbol{L}}{dt}$$

它表明刚体定轴转动时，其角动量随时间的变化率等于刚体的合外力矩。若在 t_1 至 t_2 时间间隔内，刚体的角速度由 ω_1 变化至 ω_2，则对上式积分可得

$$\int_{t_1}^{t_2} \boldsymbol{M} dt = \int_{L_1}^{L_2} d\boldsymbol{L} = \boldsymbol{L}_2 - \boldsymbol{L}_1 = I\boldsymbol{\omega}_2 - I\boldsymbol{\omega}_1 \tag{3-10}$$

式中，$\int_{t_1}^{t_2} \boldsymbol{M} dt$ 称为合外力矩对刚体的冲量矩，是力矩对时间的累积。上式表明，作用在刚体上的冲量矩等于刚体角动量的增量，这个关系称为刚体定轴转动的角动量定理，它表明了力矩对时间的累积效果。

三、角动量守恒定律

在式(3-10)中，若 $\boldsymbol{M} = 0$，则

$$\boldsymbol{L} = I\boldsymbol{\omega} = \text{常矢量} \tag{3-11}$$

上式表明，当刚体定轴转动的合外力矩为零时，刚体角动量保持不变，这称为刚体定轴转

动的角动量守恒定律。

角动量守恒对非刚性物体也是成立的。例如：滑冰或跳水运动员常在转圈时把手臂和腿蜷缩起来，以减小转动惯量而增大转动的角速度。在需要停止转动时，伸开手臂和腿以增大转动惯量而降低角速度。

需要指出的是，角动量守恒定律是物理学中的普遍规律之一。它既适用于宏观物体，也适用于微观粒子；既适用于低速运动物体，也适用于高速运动物体。

例 3-3 如图 3-10 所示，一匀质细棒，质量为 m，可在水平桌面上绕一端点 O 在桌面上转动。棒与水平桌面间的摩擦因数为 μ，$t=0$ 时棒静止在水平桌面上。这时有质量为 m 的物体以速度 v_1 垂直与棒一端点相碰，碰后弹回速度为 v_2，求棒被碰后经过多长时间停止转动。

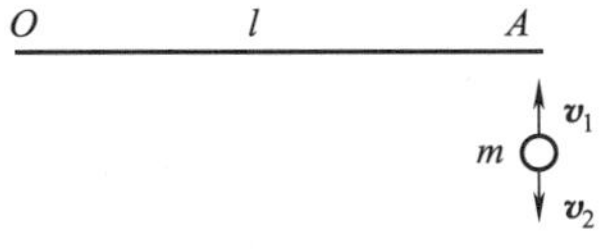

图 3-10 例 3-3

解 取细棒和物体为一个系统，碰撞过程中两者间的冲力为内力，力矩之和为 0，同时外力矩也为 0，因此系统角动量守恒，取垂直纸面向外为正方向，则有

$$mlv_1 = I\omega - mlv_2$$

解得碰撞之后杆的角速度

$$\omega = \frac{1}{I}ml(v_1+v_2)$$

由杆的转动惯量

$$I = \frac{1}{3}ml^2，得 \quad \omega = \frac{3(v_1+v_2)}{l}$$

杆转动过程中受到的重力力矩和支持力力矩之和为零，合外力矩为摩擦力力矩。摩擦力的作用点为细棒的中心，大小为 μmg，所以杆转动过程中受到的合外力矩可以写为

$$M = -\frac{1}{2}mg\mu l$$

负号表示其方向垂直纸面向里。由刚体定轴转动的角动量定理 $\int_{t_1}^{t_2} M \mathrm{d}t = \int_{L_1}^{L_2} \mathrm{d}L$ 可得

$$\int_0^t -\frac{1}{2}mg\mu l \mathrm{d}t = \int_\omega^0 \frac{1}{3}ml^2 \mathrm{d}\omega$$

解得转动时间

$$t = \frac{2(v_1+v_2)}{g\mu}$$

例 3-4 如图 3-11 所示，A、B 两圆盘绕各自的中心轴转动，角速度分别为 $\omega_A = 50$ rad/s，$\omega_B = 200$ rad/s。已知 A 圆盘的半径 $R_A = 0.2$ m，质量 $m_A = 2$ kg，B 圆盘的半径 $R_B = 0.1$ m，质量 $m_B = 4$ kg。试求两圆盘对心衔接后的角速度 ω。

解 对于两圆盘组成的系统，尽管在衔接过程中有重力、轴对圆盘支持力及轴向正压力，但它们均不产生力矩；圆盘间切向摩擦力属于内力。整体来看系统合力矩为零，因此系统角动量守恒，得到

$$\begin{cases} I_A\omega_A + I_B\omega_B = (I_A+I_B)\omega \\ I_A = m_AR_A^2/2, I_B = m_BR_B^2/2 \end{cases}$$

解得对心衔接后的角速度 $\quad \omega = \dfrac{m_AR_A^2\omega_A + m_BR_B^2\omega_B}{m_AR_A^2 + m_BR_B^2} = 100$ rad/s

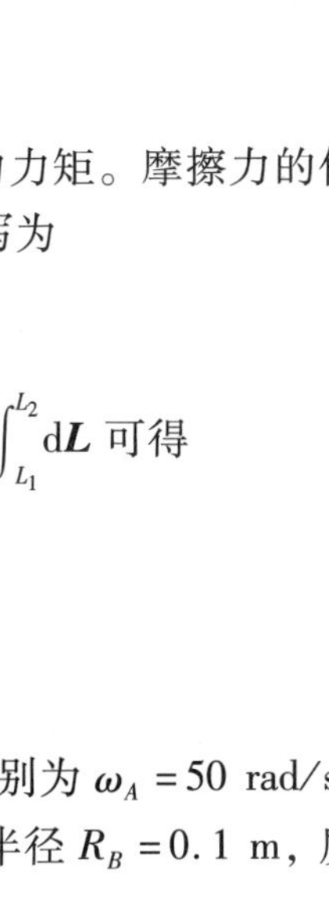

图 3-11 例 3-4

3.4 刚体绕定轴转动的动能定理

质点运动过程中力对空间的累积作用可以用质点的动能定理来描述。同样地,刚体转动过程中力矩对空间的累积作用也会使得刚体的转动动能发生变化,这一关系可以用刚体定轴转动的动能定理来表述。

一、力矩的功

当刚体在外力矩的作用下绕定轴发生了空间转动时,我们就说力矩对刚体做了功。由于刚体内各质点间相对位置始终不变,故内力矩不做功,而外力矩在平行于转轴方向的分量上没有位移,故只有在转动平面内的分力矩才会对刚体做功。

如图 3-12 所示,刚体在力 $\boldsymbol{F}$ 的作用下绕固定轴转动了角位移 $\mathrm{d}\theta$,力 $\boldsymbol{F}$ 在转动平面内,它沿法线方向的分力不做功,沿切线方向的分力大小为 F_τ,转动位移 $\mathrm{d}s = r\mathrm{d}\theta$,故力 $\boldsymbol{F}$ 做的元功可表示为

$$\mathrm{d}A = F_\tau \mathrm{d}s = F_\tau r \mathrm{d}\theta$$

力对转轴的力矩 $M = F_\tau r$,上式可表示为

$$\mathrm{d}A = M\mathrm{d}\theta \tag{3-12}$$

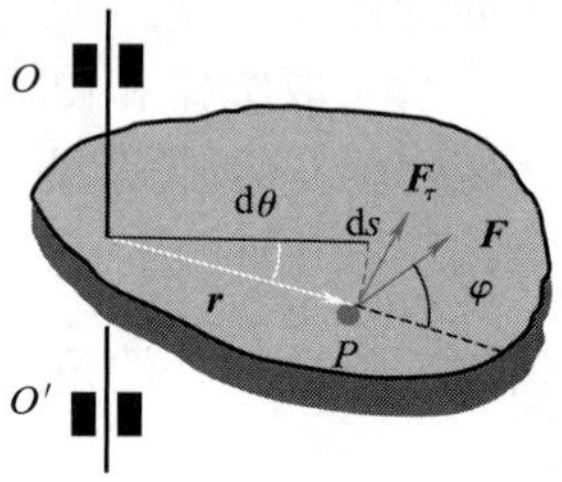

图 3-12 力矩做功

当刚体在力矩 M 的作用下由角位置 θ_1 转动到 θ_2 时,力矩做的总功可表示为

$$A = \int_{\theta_1}^{\theta_2} M\mathrm{d}\theta \tag{3-13}$$

上式表明,力矩所做的元功等于力矩与角位移的乘积。力矩做功实质上仍然是力做功。在刚体定轴转动中,角量描述要比线量描述更为方便,所以力对刚体做的功可以表示为力矩做功。力做功有正负,同样的,力矩做功也有正负。当力矩的方向与角速度方向一致时力矩做正功,反之力矩做负功。

当力矩 M 恒定时,有

$$A = M(\theta_2 - \theta_1)$$

即恒力矩对刚体做的功等于力矩大小与转动角位移的乘积。

二、转动动能

当刚体绕定轴转动时,刚体上的各质点都在做圆周运动。任取第 i 个质点,其质量为 m_i,转动半径为 r_i,线速度 $v_i = r_i\omega$,则转动动能为

$$\frac{1}{2}m_i v_i^2 = \frac{1}{2}m_i r_i^2 \omega^2$$

刚体的转动动能等于刚体上所有质点动能的总和,用 E_k 表示

$$E_\mathrm{k} = \sum_i \frac{1}{2}m_i r_i^2 \omega^2 = \frac{1}{2}\left(\sum_i m_i r_i^2\right)\omega^2$$

式中,$\sum_i m_i r_i^2 = I$ 是刚体的转动惯量,故上式可写为

$$E_\mathrm{k} = \frac{1}{2}I\omega^2 \tag{3-14}$$

三、刚体定轴转动的动能定理

由转动定律 $M = I\beta = I\dfrac{d\omega}{dt}$,得力矩的元功

$$dA = Md\theta = I\dfrac{d\omega}{dt}d\theta = I\omega d\omega$$

设刚体在力矩 M 的作用下角速度由 ω_1 变化至 ω_2,合外力矩做的总功等于

$$A = \int_{\omega_1}^{\omega_2} I\omega d\omega = \dfrac{1}{2}I\omega_2^2 - \dfrac{1}{2}I\omega_1^2 \tag{3-15}$$

可以看到,刚体定轴转动过程中,合外力矩做的总功等于刚体转动动能的增量,这称为刚体定轴转动的动能定理。刚体定轴转动的动能定理本质上仍然是质点系的动能定理。因此质点系的功能原理及机械能守恒定律对于刚体或质点和刚体组成的系统仍然成立。

例 3-5 如图 3-13 所示,一根长为 l、质量为 m 的均匀细直杆,其一端有一固定的光滑水平轴,因而可以在竖直平面内转动。最初杆静止在水平位置,求它由此下摆 θ 角时的角速度和角加速度。

解 取杆和地球为一系统,整个过程只有重力做功,而重力为保守内力,因此系统的机械能守恒。选择水平位置为杆的势能零点。在水平位置时,系统的机械能为零,即

$$E_1 = 0$$

在与水平位置成 θ 角时,系统的机械能为

$$E_2 = \dfrac{1}{2}\left(\dfrac{1}{3}ml^2\right)\omega^2 - mg\dfrac{l}{2}\sin\theta$$

其中,杆的转动惯量为

$$I = \dfrac{1}{3}ml^2$$

由机械能守恒,有

$$\dfrac{1}{2}\left(\dfrac{1}{3}ml^2\right)\omega^2 - mg\dfrac{l}{2}\sin\theta = 0$$

解得角速度

$$\omega = \sqrt{\dfrac{3g}{l}\sin\theta}$$

求导得角加速度

$$\beta = \dfrac{d\omega}{dt} = \dfrac{3g}{2l}\cos\theta$$

图 3-13 例 3-5

例 3-6 如图 3-14 所示,一长为 l、质量为 m 的匀质细杆,可绕光滑轴 O 在铅直面内摆动。当杆静止时,一颗质量为 m_0 的子弹水平射入与轴相距为 a 处的杆内,并留在杆中,使杆能偏转到 $\theta = 30°$,求子弹的初速 v_0。

解 分两个阶段进行考虑。
第一阶段:子弹射入细杆,使细杆获得初速度。

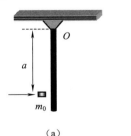
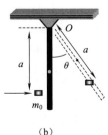

图 3-14 例 3-6

这一过程进行得很快,合外力矩为零,满足角动量守恒。子弹射入细杆前、后的一瞬间系统角动量分别为

$$L_0 = m_0 v_0 a, \quad L = I\omega$$

其中,射入子弹的杆的转动惯量

$$I = m_0 a^2 + \frac{1}{3}ml^2$$

由角动量守恒 $L_0 = L$,得

$$\left(m_0 a^2 + \frac{1}{3}ml^2\right)\omega = m_0 v_0 a$$

第二阶段:子弹随杆一起绕轴 O 转动,这一过程机械能守恒。选取细杆处于竖直位置时子弹的位置为重力势能零点,系统在初始状态的机械能为

$$E_0 = \frac{1}{2}I\omega^2 + mg\left(a - \frac{l}{2}\right)$$

末状态的机械能

$$E = m_0 ga(1 - \cos\theta) + mg\left(a - \frac{l}{2}\cos\theta\right)$$

由机械能守恒 $E = E_0$,代入 $\theta = 30°$ 得

$$\frac{1}{2}I\omega^2 + mg\left(a - \frac{l}{2}\right) = m_0 ga\left(1 - \frac{\sqrt{3}}{2}\right) + mg\left(a - \frac{l}{2}\frac{\sqrt{3}}{2}\right)$$

将上式与 $\left(m_0 a^2 + \frac{1}{3}ml^2\right)\omega = m_0 v_0 a$ 联立,并代入转动惯量,得子弹的初速度

$$v_0 = \frac{1}{m_0 a}\sqrt{\frac{2-\sqrt{3}}{6}(ml + 2m_0 a)(ml^2 + 3m_0 a^2)g}$$

本 章 习 题

(一)力矩 转动定律

3.1 几个力同时作用在一个具有光滑固定转轴的刚体上,如果这几个力的矢量和为零,则此刚体( )。

A. 必然不会转动 B. 转速必然不变
C. 转速必然改变 D. 转速可能不变,也可能改变

3.2 如图 3-15 所示,一定滑轮半径为 R,质量为 m_1,用一质量不计的绳绕在滑轮上,另一端系一质量为 m 的物体并由静止释放,这时滑轮的角加速度为 β_1,若不系物体而用一力 $F = mg$ 拉绳子使滑轮转动,这时角加速度为 β_2,这时有( )。

A. $\beta_1 = \beta_2$
B. $\beta_1 < \beta_2$
C. $\beta_1 > \beta_2$
D. 无法判断

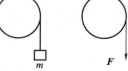

图 3-15 题 3.2

3.3 一飞轮的转动惯量为 I, $t=0$ 时角速度为 ω_0, 轮子在转动过程中受到一力矩 $M=-k\omega^2$, 则当转动角速度为 $\omega_0/3$ 时的角加速度 $\beta=$ _____; 从 ω_0 到 $\omega_0/3$ 飞轮转动经过的时间 $\Delta t=$ _____。

3.4 如图 3-16 所示,长为 l 的均匀直棒可绕其下端与棒垂直的水平光滑轴 O 在竖直平面内转动。抬起一端使与水平夹角为 $\theta=60°$,棒对轴的转动惯量为 $I=\frac{1}{3}ml^2$,由静止释放直棒,则 $t=0$ 时棒的 $\beta_1=$ _____;水平位置时的 $\beta_2=$ _____。

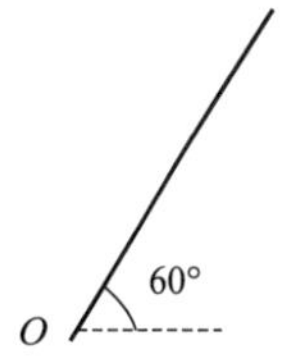

图 3-16 题 3.4

3.5 一圆盘,其质量 $m/4$ 均匀分布在盘的边缘上,圆盘半径为 R。一轻绳跨过圆盘,一端系质量为 $m/2$ 的物体,另一端有一质量为 m 的人抓住绳子(见图 3-17),当人相对于绳匀速上爬时,求物体运动的加速度。

3.6 如图 3-18 所示,一质量 $m_1=15$ kg、半径 $R=0.30$ m 的圆柱体可绕与几何轴重合的水平固定轴转动,转动惯量 $I=\frac{1}{2}m_1R^2$,一不可伸长的轻绳绕在圆柱面上,绳的下端悬挂一质量 $m_2=8.0$ kg 的物体,不计轴的摩擦,物体由静止开始向下运动(取 $g=10$ m·s^{-2}),求:
(1)绳中的张力 T;(2)物体 5 s 后下落的距离。

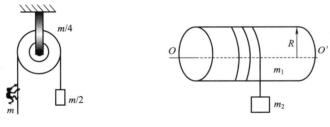

图 3-17 题 3.5   图 3-18 题 3.6

(二) 角动量 角动量守恒定律

3.7 花样滑冰运动员绕自身轴的转动惯量为 I_0,开始以角速度 ω_0 转动,当两手臂收拢后其 $I=\frac{1}{3}I_0$,则这时转动的角速度为( )。

A. $\frac{1}{3}\omega_0$ B. $\sqrt{3}\omega_0$ C. $\frac{\sqrt{3}}{3}\omega_0$ D. $3\omega_0$

3.8 关于内力矩有以下几种说法:
(1)内力矩不会改变刚体对某个定轴的角动量;
(2)作用力和反作用力对同一轴的力矩之和必为零;
(3)质量相等、形状大小不同的物体在相同力矩作用下,它们的角加速度必相等。
上述说法正确的是( )。
A. (1)、(2)   B. (1)、(3)   C. (2)、(3)   D. (1)、(2)、(3)

3.9 一飞轮以 600 r/min 的转速转动,其转动惯量为 $I=2.5$ kg·m^2,以恒定力矩使飞轮在 1 min 内停止转动,则该力矩 $M=$ _____。

3.10 一转台绕竖直固定光滑轴转动,每 10 s 转一周。转台对轴转动惯量 $I=1\,200$ kg·m^2,质量为 90 kg 的人开始站在台的中心,而后沿半径方向向外跑去,当人离转轴

2 m 时转台的 ω = _____。

3.11 一个做定轴转动的物体对转轴的转动惯量为 I,正以 $\omega_0 = 10$ rad/s 匀速转动。现对物体加一力矩 $M = -0.5$ N·m,经过 5 s 后物体停下来,则物体的 I = _____。

3.12 如图 3-19 所示,水平放置长 l、质量 m 的匀质细杆上套有一质量为 m 的套筒 B,杆光滑。开始用细线拉住 B,系统以 ω_0 绕 OO' 轴匀速转动,当线拉断后,B 沿杆滑动,在 B 滑动过程中,该系统的 ω 与 B 距轴的距离 x 的函数关系为 _____。

3.13 如图 3-20 所示,一匀质细棒,质量为 m,可在水平桌面上绕一端点 O 在桌面上转动。棒与水平桌面间的摩擦因数为 μ,$t = 0$ 时棒静止在水平桌面上。这时有质量为 m 的物体以速度 v_1 垂直与棒一端点相碰,碰后弹回速度为 v_2,求棒被碰后经过多长时间棒停止转动。

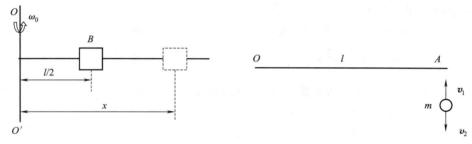

图 3-19 题 3.12   图 3-20 题 3.13

3.14 如图 3-21 所示,长为 l 的轻杆,两端各固定质量分别为 m 和 $2m$ 的小球,杆可绕水平光滑固定轴 O 在竖直面内转动,转轴 O 距两端分别为 $\frac{1}{3}l$ 和 $\frac{2}{3}l$。轻杆原来静止在竖直位置。今有一质量为 m 的小球,以水平速率 v_0 与杆下端小球 m 作对心碰撞,碰后以 $\frac{1}{2}v_0$ 的速率返回,试求碰撞后轻杆所获得的角速度。

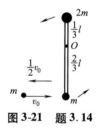

图 3-21 题 3.14

(三)刚体绕定轴转动的动能定理

3.15 一半径为 R 的匀质圆盘,以角速度 ω_0 绕垂直于盘面过圆心的竖直轴匀角速转动。一质量为 m 的人站在圆盘边缘与盘一起转动,某时人沿径向从边缘走到圆心,则盘对人做功( )。

A. $\frac{1}{2}m\omega_0^2 R^2$ B. $-\frac{1}{2}m\omega_0^2 R^2$ C. $\frac{1}{4}m\omega_0^2 R^2$ D. 无法判定

3.16 一个圆盘在水平面内绕一竖直固定轴转动的转动惯量为 I,初始角速度为 ω_0,后来变为 $\frac{1}{2}\omega_0$。在上述过程中,阻力矩所做的功为( )。

A. $\frac{1}{4}I\omega_0^2$ B. $-\frac{1}{8}I\omega_0^2$ C. $-\frac{1}{4}I\omega_0^2$ D. $-\frac{3}{8}I\omega_0^2$

3.17 一匀质砂轮半径为 R,质量为 m,绕过中心的垂直固定轴转动的角速度为 ω。若此时砂轮的动能,与一质量为 m 的物体从高为 h 处自由落至地面时所具有的动能相等,那么 h 应等于( )。

A. $\dfrac{1}{2}mR^2\omega^2$ B. $\dfrac{R^2\omega^2}{4m}$ C. $\dfrac{R\omega^2}{mg}$ D. $\dfrac{R^2\omega^2}{4g}$

3.18 如图 3-22 所示，一匀质细杆 AB，长为 l，质量为 m。A 端挂在一光滑的固定水平轴上，细杆可以在竖直平面内自由摆动。杆从水平位置以初角速度 ω_0 开始下摆，当下摆 θ 角时，杆的角速度为_____。

3.19 一人站在转轴光滑的旋转平台上，平台以 $\omega_0 = 2\pi$ rad/s 的角速度旋转，这时他的双臂水平伸直，并且两手都握着重物，整个系统的转动惯量为 6.0 kg·m^2，如果他将双手收回，系统的转动惯量减到 2.0 kg·m^2，则此时转台的旋转角速度变为_____；转动动能增量 $\Delta E = $ _____。

3.20 光滑圆盘面上有一质量为 m 的物体 A，拴在一根穿过圆盘中心 O 处光滑小孔的细绳上，如图 3-23 所示。开始时，该物体距圆盘中心 O 的距离为 r_0，并以角速度 ω_0 绕盘心 O 做圆周运动。现向下拉绳，当质点 A 的径向距离由 r_0 减少到 $\dfrac{1}{2}r_0$ 时，向下拉的速度为 v，求下拉过程中拉力所做的功。

3.21 如图 3-24 所示，质量为 m 的物体放在光滑的斜面上，斜面倾角为 α，弹簧的劲度系数为 k，滑轮的转动惯量为 I，半径为 R。开始时弹簧处于原长，物体维持静止，后使物体静止下滑，求：

(1) 物体沿斜面下滑距离为 x 时物体的速度；

(2) 物体沿斜面下滑的最大距离。

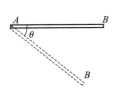
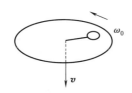
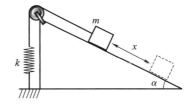

图 3-22　图 3.18　　　　图 3-23　题 3.20　　　　图 3-24　题 3.21

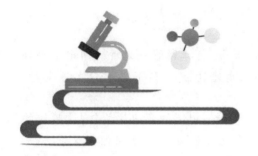

第4章 气体动理论

宏观物体由大量分子、原子所构成,这些分子、原子又在永不停息地做无规则热运动。热现象即是构成宏观物体的大量分子、原子无规则热运动的集体表现。气体动理论以气体为研究对象,从气体分子无规则热运动的特征出发,运用统计学方法来研究气体中发生的各种热现象及其微观本质。气体动理论是统计物理学的基础。本章主要内容包括:理想气体的微观模型、理想气体的压强和温度的微观解释、能量均分定理和理想气体的内能、麦克斯韦速率分布律、气体分子平均碰撞频率和平均自由程的统计规律。

4.1 平衡态 理想气体状态方程

一、平衡态

1. 热力学系统

热学的研究对象是由大量微观粒子(如分子、原子)组成的物体或物体系,这些物体或物体系称为热力学系统,简称系统。热力学系统以外的环境称为外界。如果热力学系统与外界没有任何相互作用,即系统与外界没有物质和能量的交换,这样的系统称为孤立系统。

2. 平衡态

一个孤立系统经过足够长的时间后,将达到一个确定的状态,其宏观性质不随时间发生变化,这种状态称为平衡态。需要说明的是,处在平衡态的大量分子仍在做热运动,各粒子的微观量(例如粒子的速度、动量、能量等)会不断地发生变化,但是系统的宏观量(例如气体的体积、温度、压强等)不会随时间改变。因此,平衡态是一种热动平衡的状态。

二、状态参量

当热力学系统处于平衡态时,可用一些宏观参量来描述系统的宏观性质,这些参量称为状态参量。对于处于平衡态的气体,通常用气体的体积 V、压强 p 和热力学温度 T 来描述系统的状态,称为气体的状态参量。

1. 体积

气体的体积是指分子无规则热运动所能到达的空间,用 V 表示。容器中气体的体积就是容器的容积。在国际单位制(SI)中,体积的单位是立方米(m^3)。常用的单位还有升(L)。

2. 压强

气体的压强是大量分子对器壁频繁碰撞的平均效果,在数值上等于气体作用于容器壁单位面积上的压力。气体的压强用 p 表示,在国际单位制(SI)中,压强的单位是帕[斯卡](Pa)。常用单位还有标准大气压(atm),1 atm = 1.013×10^5 Pa。

3. 温度

假设有两个各自处于平衡态的热力学系统 A 和 B,使它们互相接触,并发生热传递,经过足够长的时间后,它们会达到一个共同的平衡态,称为热平衡。如果有三个热力学系统 A、B 和 C,若处于确定状态下的系统 C 分别与系统 A 和 B 达到热平衡,则系统 A 和 B 也必然处于热平衡。这个实验结果为热力学第零定律。根据这个定律,处于热平衡状态的所有热力学系统具有某种共同的宏观性质,定义这个决定系统热平衡的宏观性质为温度,即一切处于热平衡的物体都具有相同的温度。这也是用温度计测量温度的依据。当温度计与待测系统达到热平衡后,温度计的读数即为系统的温度。

温度的数值表示法称为温标。常用的温标有热力学温标 T 和摄氏温标 t,国际单位制(SI)中采用热力学温标,单位为开[尔文],符号为 K。在工程上和日常生活中,常用摄氏温标,单位是摄氏度(℃)。摄氏温标规定,在标准大气压下,冰水混合物的温度为 0 ℃,沸水的温度是 100 ℃。热力学温标 T 和摄氏温标 t 之间的关系为

$$T = t + 273.15$$

4. 状态参量图

对于处在平衡态的气体状态,可以用一组 p、V、T 值来表示,也可以用状态参量图(如 p—V、p—T、V—T 图)中的一个确定点来表示,如图 4-1 所示,p—V 图中的点 $A(p_1, V_1)$ 或点 $B(p_2, V_2)$ 均表示平衡态。若气体系统未达到平衡态,或处在非平衡态时,则没有确定的一组 p、V、T 值来表示,也无法在状态参量图中表示出来。

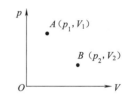

图 4-1 状态参量图

三、理想气体的状态方程

实验结果表明,实际气体在温度不太低(和室温相比)、压强不太大(和大气压相比)的实验条件下遵守玻意耳-马略特定律、盖-吕萨克定律和查理定律三条实验定律[①]。我们把严格遵守以上三条实验定律和阿伏伽德罗定律[②]的气体称为理想气体。理想气体也是一种理想模型。根据三条实验定律和阿伏伽德罗定律,可得平衡态时理想气体的状态方程为

$$pV = \nu RT = \frac{M}{M_{\text{mol}}} RT \tag{4-1}$$

式中,ν 为气体的摩尔数,即 $\nu = \frac{M}{M_{\text{mol}}}$;$M$ 为气体的质量;M_{mol} 为气体的摩尔质量;R 为普适气体常量,在国际单位制(SI)中,$R = 8.31 \text{ J} \cdot \text{mol}^{-1} \cdot \text{K}^{-1}$。

例 4-1 容器内装有氧气,质量为 0.10 kg,压强为 10×10^5 Pa,温度为 320 K。因为容器漏气,经过若干时间后,压强降为 6.25×10^5 Pa,温度降到 300 K。求:(1)容器的容积有多大?(2)漏去了多少氧气?已知氧气的相对分子质量为 32.0。(假设氧气可看作理想气体)

---

① 玻意耳-马略特定律:当 T = 常量时,pV = 常量;盖-吕萨克定律:当 p = 常量时,V/T = 常量;查理定律:当 V = 常量时,p/T = 常量。

② 阿伏伽德罗定律:在同样的温度和压强下,相同体积的气体含有相同数量的分子。

解 （1）根据理想气体的状态方程 $pV = \dfrac{M}{M_{mol}}RT$，可求得容器的容积为

$$V = \frac{MRT}{M_{mol}p} = \frac{0.10 \times 8.31 \times 320}{0.032 \times 10 \times 10^5} = 8.31 \times 10^{-3} \text{m}^3$$

（2）若漏气后，氧气的压强减小到 p'，温度降到 T'。如果用 M' 表示容器中剩余氧气的质量，由理想气体的状态方程可得

$$M' = \frac{M_{mol}p'V}{RT'} = \frac{0.032 \times 6.25 \times 10^5 \times 8.31 \times 10^{-3}}{8.31 \times 300} = 6.67 \times 10^{-2} \text{kg}$$

因此漏去的氧气的质量为

$$\Delta M = M - M' = 0.10 - 6.67 \times 10^{-2} = 3.33 \times 10^{-2} \text{ kg}$$

4.2 理想气体的压强公式

本节从气体动理论的观点阐明理想气体压强的微观本质。

一、理想气体的微观模型

气体分子的平均间距大约是分子本身线度的 10 倍。分子之间是有相互作用的，但它们之间的相互作用在分子比较接近时才较为明显。由上节可知，理想气体是一种理想化的气体模型，气体越稀薄就越接近于理想气体。因此理想气体模型应具有以下特点：

（1）分子本身的线度与分子之间的平均距离相比可以忽略不计，分子可视为质点。

（2）除碰撞外，分子间的相互作用力可以忽略不计，因此分子在两次碰撞之间可看作匀速直线运动。

（3）分子与容器壁间的碰撞以及分子间的碰撞是完全弹性碰撞，即参与碰撞的所有气体分子的总动能不因碰撞而损失。

综上所述，理想气体可以看作一群彼此间无相互作用并做无规则运动的弹性质点的集合，这就是理想气体的微观模型。

气体系统包含的分子数目非常多，每个分子都在做无规则运动，但是大量分子的热运动却遵从一定的统计规律。对于平衡态下大量分子组成的理想气体，可做以下两条统计假设：

（1）在无外力场作用的情况下，分子在空间的分布是均匀的，即系统内分子数密度处处相等，其值为

$$n = \frac{N}{V}$$

式中，n 为系统内分子数密度；N 为分子总量；V 为气体体积。

（2）分子向各方向运动的机会是均等的，没有任何一个空间方向占有优势。并且分子速度在各个方向分量的各种统计平均值也相等，因此有

$$\overline{v_x} = \overline{v_y} = \overline{v_z}$$
$$\overline{v_x^2} = \overline{v_y^2} = \overline{v_z^2}$$

这称为等概率假设，它是统计物理学理论中非常重要的假设。

下面从理想气体微观模型出发，用统计方法推导理想气体的压强公式。

二、理想气体压强公式的推导

容器中气体在宏观上施于器壁的压强，是大量气体分子对器壁频繁碰撞的结果。就一个分子而言，它对器壁的碰撞是不连续的、偶然的、不均匀的。但是对大量分子整体而言，这些分子与器壁的碰撞在宏观上表现出一个持续的压力。气体的压强是大量气体分子碰撞器壁的平均效果。由于气体处于平衡态，容器内各处压强均相同，容器各面所受的压强也相同，因此只需要计算容器的任意一个器壁所受的压强即可。

设有一个边长分别为 l_1、l_2、l_3 的矩形容器，容器的容积为 V，容器内有 N 个分子，分子数密度 $n = N/V$，每个分子的质量为 m，容器的 A_1 和 A_2 面与 x 轴垂直，如图 4-2 所示。下面计算 A_1 面所受的压强。首先讨论单个分子对器壁的作用。考虑第 i 个分子，其速度可表示为 $\boldsymbol{v}_i = v_{ix}\boldsymbol{i} + v_{iy}\boldsymbol{j} + v_{iz}\boldsymbol{k}$。$i$ 分子与 A_1 面进行一次完全弹性碰撞后，其动量的 x 方向分量由 mv_{ix} 变为 $-mv_{ix}$。所以 i 分子与器壁 A_1 面碰撞一次作用于 A_1 面的冲量为 $I_i = 2mv_{ix}$。由于 i 分子与 A_1 面发生碰撞后运动到 A_2 面，与 A_2 面发生碰撞

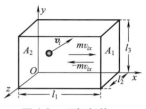

图 4-2 理想气体压强公式推导

后又返回与 A_1 面再次相碰，因此该分子连续两次与 A_1 面碰撞之间在 x 方向的行程为 $2l_1$，由于分子以在 x 方向匀速率 v_{ix} 运动，因此分子连续两次碰撞 A_1 面的时间间隔为 $\Delta t = 2l_1/v_{ix}$，即单位时间内，该分子与 A_1 面的碰撞次数为 $v_{ix}/2l_1$。由此可求出单位时间内，i 分子作用于 A_1 面的总冲量为

$$2mv_{ix} \cdot \frac{v_{ix}}{2l_1} = mv_{ix}^2/l_1$$

可得 i 分子作用于 A_1 面的平均冲力为

$$\overline{f_i} = mv_{ix}^2/l_1$$

容器内所有分子对 A_1 面平均作用力之和为

$$\overline{F} = \sum_{i=1}^{N}\overline{f_i} = \sum_{i=1}^{N} m\frac{v_{ix}^2}{l_1}$$

根据压强的定义有

$$p = \frac{\overline{F}}{l_2 l_3} = \frac{m}{l_1 l_2 l_3}\sum_{i=1}^{N} v_{ix}^2 = m\frac{N}{l_1 l_2 l_3}\frac{\sum_{i=1}^{N} v_{ix}^2}{N} = m\frac{N}{V}\frac{(v_{1x}^2 + v_{2x}^2 + \cdots + v_{Nx}^2)}{N} = mn\overline{v_x^2}$$

根据分子模型假设 $\overline{v_x^2} = \overline{v_y^2} = \overline{v_z^2} = \frac{1}{3}\overline{v^2}$，上式可写为

$$p = \frac{1}{3}nm\overline{v^2} \tag{4-2}$$

或

$$p = \frac{2}{3}n\left(\frac{1}{2}m\overline{v^2}\right) = \frac{2}{3}n\overline{\omega} \tag{4-3}$$

式中，$\overline{\omega} = \frac{1}{2}m\overline{v^2}$ 称为分子的平均平动动能。式(4-2)或式(4-3)表明，理想气体的压强 p 取决于分子数密度 n 和分子的平均平动动能 $\overline{\omega}$，n 和 $\overline{\omega}$ 越大，p 就越大。同时，气体压强具有统计意义，是大量分子对容器壁不断碰撞的平均效果。

在式(4-2)中，$nm = \rho$ 为气体的密度，故理想气体压强公式亦可写为

$$p = \frac{1}{3}\rho\overline{v^2} \tag{4-4}$$

4.3 理想气体的温度公式

根据理想气体状态方程和压强公式,可以导出理想气体的温度公式,从而阐明温度的微观本质。

一、理想气体状态方程的分子形式

设有质量为 M 的理想气体,分子总数目为 N,一个分子的质量为 m,则 $M = Nm$,1 mol 气体的质量为 $M_{mol} = N_A m$,$N_A = 6.02 \times 10^{23} \text{mol}^{-1}$ 为阿伏伽德罗常数,即 1 mol 物质中所含的粒子数。由理想气体的状态方程有

$$pV = \frac{M}{M_{mol}}RT = \frac{mN}{mN_A}RT = \frac{N}{N_A}RT$$

上式又可写为如下形式

$$p = \frac{N}{V}\frac{R}{N_A}T = nkT \tag{4-5}$$

式中,n 为分子数密度;$k = \dfrac{R}{N_A}$ 为一常量,称为玻尔兹曼常数,它的数值等于

$$k = \frac{R}{N_A} = \frac{8.31}{6.02 \times 10^{23}} = 1.38 \times 10^{-23} \text{J} \cdot \text{K}^{-1}$$

式(4-5)为理想气体状态方程的另一形式。由公式可看出,气体的压强与分子数密度 n 和热力学温度 T 成正比。

二、温度的微观解释

将式(4-3)和式(4-5)相比较,可得

$$\overline{\omega} = \frac{1}{2}m\overline{v^2} = \frac{3}{2}kT \tag{4-6}$$

此即为理想气体分子的平均平动动能与温度的关系。上式表明,理想气体分子的平均平动动能仅与温度有关,并与热力学温度成正比。气体的温度越高,分子的平均平动动能越大,气体分子的平均平动动能反映了分子无规则热运动的剧烈程度,因此理想气体的温度可看作大量分子无规则热运动剧烈程度的量度,这就是温度的微观本质。需要指出的是,$\overline{\omega}$ 是大量分子平动动能的统计平均值,因此温度也具有统计意义。对单个分子而言,温度没有意义。

当气体的温度达到绝对零度($T = 0$)时,由式(4-6)可看出,分子的热运动将停止,这是不可能的。理论上来说,绝对零度只能趋近而不可能达到。

三、气体分子的方均根速率

由式(4-6)可以得到气体分子的方均根速率

$$\sqrt{\overline{v^2}} = \sqrt{\frac{3kT}{m}} = \sqrt{\frac{3RT}{M_{mol}}}$$

由上式可以看出,在相同温度下,两种不同气体分子的方均根速率与其质量的平方根成反比,即

$$\frac{\sqrt{\overline{v_1^2}}}{\sqrt{\overline{v_2^2}}} = \frac{\sqrt{m_2}}{\sqrt{m_1}}$$

例 4-2 一容器内贮有氧气,压强为 $p = 1.013 \times 10^5$ Pa,温度 $t = 27$ ℃,求:(1)单位体积内的分子数;(2)分子的平均平动动能。

解 (1)根据理想气体状态方程 $p = nkT$,可得

$$n = \frac{p}{kT} = \frac{1.013 \times 10^5}{1.38 \times 10^{-23} \times (27 + 273)} = 2.45 \times 10^{25} \text{m}^{-3}$$

(2)根据分子的平均平动动能公式,有

$$\overline{\omega} = \frac{3}{2}kT = \frac{3}{2} \times 1.38 \times 10^{-23} \times (27 + 273) = 6.21 \times 10^{-21} \text{J}$$

4.4 能量均分定理　理想气体的内能

前面讨论分子的无规则热运动时仅考虑了分子的平动。事实上,除平动外,分子还可能存在转动和振动等运动形式,每种运动形式都具有相应的能量。为了讨论分子的总动能,有必要引入自由度的概念。

一、自由度

确定一个物体的空间位置所需要的独立坐标数目称为该物体的自由度。组成分子的原子数目不同,分子的自由度也不相同。

如图 4-3(a)所示,单原子分子(如 He、Ne、Ar 等)可视为质点。一个自由质点在空间的位置,需要用三个独立坐标(直角坐标系中为 x、y、z)来描述,因此单原子分子有三个自由度,这三个自由度称为平动自由度。

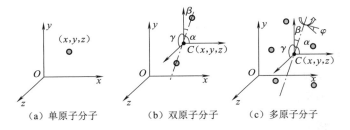

(a) 单原子分子　　(b) 双原子分子　　(c) 多原子分子

图 4-3　分子的自由度

对于双原子分子(如 H_2、O_2、N_2 等),若两原子之间没有相对位置变化时,称该分子为刚性双原子分子。要确定刚性双原子分子在空间的位置,需要确定其质心位置以及两个原子的连线在空间的方位。如图 4-3(b)所示,确定质心位置需要三个独立坐标(x, y, z),两个原子连线的方位可用原子连线与 x 轴、y 轴以及 z 轴的夹角 α、β 和 γ 来表示。由于三个角坐标之间满足 $\cos^2\alpha + \cos^2\beta + \cos^2\gamma = 1$,因此三个角坐标中只有两个是独立的。故刚性双原子分子有三个平动自由度和两个转动自由度,共有五个自由度。

多原子分子(如 NH_3、CO_2 等)中原子之间没有相对位置变化时称为刚性多原子分子。刚性多原子分子可视为刚体。如图 4-3(c)所示,要确定刚性多原子分子的空间位置,需要三个独立坐标(x, y, z)确定质心位置,两个独立角坐标(α, β)确定任一过质心的轴线的方位,还需要一个角坐标 φ 表示分子绕轴转过的角度。因此,刚性多原子分子有三个平动自由度和三个转动自由度,共有六个自由度。

对非刚性分子,分子内原子的相对位置会发生变化,分子除了平动自由度和转动自由度外,还有振动自由度,此时情况比较复杂,此处不再讨论。

二、能量均分定理

由 4.3 节可知,分子的平均平动动能为

$$\overline{\omega} = \frac{1}{2}m\overline{v^2} = \frac{1}{2}m\overline{v_x^2} + \frac{1}{2}m\overline{v_y^2} + \frac{1}{2}m\overline{v_z^2} = \frac{3}{2}kT$$

由分子模型的统计平均假设,有 $\overline{v_x^2} = \overline{v_y^2} = \overline{v_z^2}$,因此可得

$$\frac{1}{2}m\overline{v_x^2} = \frac{1}{2}m\overline{v_y^2} = \frac{1}{2}m\overline{v_z^2} = \frac{1}{2}kT$$

上式表明,分子的平均平动动能平均分配在三个平动自由度上,每个自由度上的平均平动动能均为 $\frac{1}{2}kT$。

若将上述平动结果推广到转动和振动情况,可得能量按自由度均分定理,简称能量均分定理:

在温度为 T 的平衡状态下,物质(气体、液体或固体)分子的每一个自由度(包括平动、转动和振动)都具有相同的平均动能,其大小都等于 $\frac{1}{2}kT$。

如果某种气体分子的自由度为 i,则它的平均动能为

$$\overline{\varepsilon} = \frac{i}{2}kT \tag{4-7}$$

若为单原子分子,则 $i = 3$,$\overline{\varepsilon} = \frac{3}{2}kT$;若为刚性双原子分子,则 $i = 5$,$\overline{\varepsilon} = \frac{5}{2}kT$;若为刚性多原子分子,则 $i = 6$,$\overline{\varepsilon} = 3kT$。

能量均分定理是经典力学中一条重要的统计规律,适用于大量分子组成的系统。定理的严格证明可由统计物理给出。

三、理想气体内能

实际气体的内能是指气体分子各种形式的动能(分子的平动动能、转动动能、振动动能)与势能(振动势能、分子势能)的总和。但对于理想气体,分子之间的作用可忽略不计,若视为刚性分子,其内能仅是所有分子平动动能和转动动能之和。1 mol 理想气体的内能可表示为

$$E = N_A \frac{i}{2}kT = \frac{i}{2}RT$$

ν mol 理想气体内能为

$$E = \nu \frac{i}{2}RT = \frac{M}{M_{mol}} \frac{i}{2}RT \tag{4-8}$$

根据理想气体状态方程 $pV = \frac{M}{M_{mol}}RT$,上式又可表示为

$$E = \frac{i}{2}PV \tag{4-9}$$

由式(4-8)可看出,对给定的理想气体,内能仅是热力学温度 T 的单值函数。温度不变时,内能也不变;当理想气体的温度改变量为 ΔT 时,内能的改变量为

$$\Delta E = \nu \frac{i}{2} R \Delta T = \frac{M}{M_{mol}} \frac{i}{2} R \Delta T$$

例 4-3 设空气中 N_2 的质量分数为 76%,O_2 的质量分数为 23%,Ar 的质量分数为 1%,它们的分子量分别为 28、32 和 40。空气的摩尔质量为 28.9×10^{-3} kg,试计算 1 mol 空气在标准状态下的内能。

解 在 1 mol 空气中,N_2 的质量为

$$M_1 = 28.9 \times 10^{-3} \times 76\% = 22.0 \times 10^{-3} \text{ kg}$$

N_2 的摩尔数为

$$\nu_1 = \frac{M_1}{M_{mol1}} = \frac{22.0 \times 10^{-3}}{28 \times 10^{-3}} = 0.786 \text{ mol}$$

O_2 的质量为

$$M_2 = 28.9 \times 10^{-3} \times 23\% = 6.65 \times 10^{-3} \text{ kg}$$

O_2 的摩尔数为

$$\nu_2 = \frac{M_2}{M_{mol2}} = \frac{6.65 \times 10^{-3}}{32 \times 10^{-3}} = 0.208 \text{ mol}$$

Ar 的质量为

$$M_3 = 28.9 \times 10^{-3} \times 1\% = 0.289 \times 10^{-3} \text{ kg}$$

Ar 的摩尔数为

$$\nu_3 = \frac{M_3}{M_{mol3}} = \frac{0.289 \times 10^{-3}}{40 \times 10^{-3}} = 0.007 \text{ mol}$$

根据内能公式,可得到 1 mol 空气在标准状态下的内能

$$\begin{aligned} E &= \frac{5}{2}\nu_1 RT + \frac{5}{2}\nu_2 RT + \frac{3}{2}\nu_3 RT \\ &= \frac{1}{2} \times (5 \times 0.786 + 5 \times 0.208 + 3 \times 0.007) \times 8.31 \times 273 \\ &= 5.66 \times 10^3 \text{ J} \end{aligned}$$

例 4-4 1 mol 的水蒸气可分解为同温度的 1 mol 氢气和 0.5 mol 的氧气。求此过程中内能的增量。设分解前后的气体均为刚性理想气体分子。

解 水蒸气分解为氢气和氧气的化学方程式为

$$2H_2O \rightarrow 2H_2 + O_2$$

水蒸气分子的自由度 $i = 6$、氢气和氧气分子的自由度均为 $i = 5$。分解前,1 mol 水蒸气的内能为

$$E_1 = \nu \frac{i}{2}RT = \frac{6}{2}RT = 3RT$$

分解后，1 mol 氢气和 0.5 mol 氧气的总内能为

$$E_2 = 1 \times \frac{5}{2}RT + 0.5 \times \frac{5}{2}RT = \frac{15}{4}RT$$

此过程中内能的增量为

$$\Delta E = E_2 - E_1 = \frac{15}{4}RT - 3RT = \frac{3}{4}RT$$

4.5　麦克斯韦气体分子速率分布律

任何一种气体都是由大量无规则热运动的分子组成的，由于气体分子间频繁碰撞，某个时刻特定分子的速度大小及方向完全是偶然的。然而对大量分子整体而言，气体分子的速度分布遵从一定的统计规律。气体分子按速度分布的统计规律最早是由麦克斯韦在概率论的基础上导出的，这个规律称为麦克斯韦速度分布律。若不考虑分子速度的方向，则称之为麦克斯韦速率分布律。

一、测定分子速率分布的实验

1934 年，我国物理学家葛正权用实验测定了铋(Bi)蒸气分子的速率分布，实验装置如图 4-4 所示。O 是蒸气源，S_1、S_2 和 S_3 均为狭缝。Q 是可以绕中心轴转动的空心圆筒，其直径为 D，G 是圆筒内壁上的弯曲玻璃板。全部装置放在真空容器中。

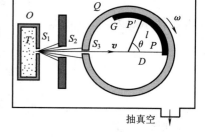

图 4-4　气体分子速率分布实验装置

实验过程中，如果圆筒 Q 不转动，则铋蒸气分子通过狭缝进入 Q 后，将沿直线运动，沉积在 G 板上 P 处。当 Q 以一定的角速度 ω 转动时，若铋分子由 S_3 到达 G 板所用的时间为 Δt，在这段时间内 Q 转过的角度为 θ，此时铋分子不再沉积在 P 处，而是不同速率的分子沉积在不同的位置。设速率为 v 的分子沉积在 P' 处，弧 PP' 的长度为 l，则有

$$\Delta t = \frac{D}{v}$$

$$l = \frac{D}{2}\theta = \frac{D}{2}\omega \Delta t$$

由上面两式可得

$$l = \frac{D^2 \omega}{2v}$$

由上式可看出，只要测出弧长 l 便可得到沉积在该处分子的速率 v。同时用光学方法可以测出玻璃片上各处的铋厚度分布，从而可求得分子束中各种速率的分子数占总分子数的比率。

实验得到的分子相对强度随速率的变化规律如图 4-5 所示。实验结果表明，分子数占总分子数的比率与速率和速率间隔的大小有关；速率特别大和特别小的分子数比较少；速率分布曲线有一最大值；改变气体

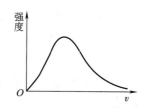

图 4-5　气体分子速率分布实验规律

的种类或气体的温度时,上述速率分布规律有所差别,但都具有上述特点。

二、速率分布函数

如果一定量气体的总分子数为 N,分布在速率区间 $v \sim v + dv$ 内的分子数为 dN,则 $\dfrac{dN}{N}$ 表示分布在速率区间 $v \sim v + dv$ 内的分子数占总分子数的比率。测定分子速率的实验结果表明,$\dfrac{dN}{N}$ 的数值与速率间隔 dv 有关,dv 越大,$\dfrac{dN}{N}$ 也就越大。同时,$\dfrac{dN}{N}$ 的数值还与速率 v 有关。根据以上两条实验规律,有

$$\frac{dN}{N} = f(v) dv \tag{4-10}$$

式中,$f(v) = \dfrac{dN}{Ndv}$ 称为气体分子的速率分布函数。它表示在速率 v 附近,单位速率区间内的分子数占总分子数的比率,也可以表示任一单个分子在速率 v 附近单位速率区间内出现的概率,故 $f(v)$ 也称分子速率分布的概率密度。

式(4-10)表示分布在速率区间 $v \sim v + dv$ 内的分子数占总分子数的百分比。根据此式可求得速率介于 $v \sim v + dv$ 的分子数为

$$dN = Nf(v) dv \tag{4-11}$$

对上式积分可得速率介于 $v_1 \sim v_2$ 的分子数为

$$\Delta N = \int_{v_1}^{v_2} dN = \int_{v_1}^{v_2} Nf(v) dv \tag{4-12}$$

速率介于 $v_1 \sim v_2$ 的分子数占总分子数的百分比可表示为

$$\frac{\Delta N}{N} = \int_{v_1}^{v_2} f(v) dv \tag{4-13}$$

若取 $v_1 = 0, v_2 = \infty$,则上式积分的结果显然为 1,即速率介于整个速率区间内的分子数占总分子数的百分比为 1,表示为

$$\int_0^\infty f(v) dv = 1 \tag{4-14}$$

这是速率分布函数 $f(v)$ 必须满足的条件,称为归一化条件。

三、麦克斯韦速率分布律

1859 年,麦克斯韦在概率论的基础上推导出了平衡态下气体分子速率分布函数的表达式

$$f(v) = 4\pi \left(\frac{m}{2\pi kT}\right)^{3/2} e^{-mv^2/2kT} v^2 \tag{4-15}$$

式中,m 是分子的质量;T 是热力学温度;k 是玻尔兹曼常数。

根据式(4-15)可画出 $f(v)$ 随 v 变化的曲线,称为速率分布曲线,如图 4-6 所示。图中速率分布曲线下面的小窄条面积 $f(v) dv = \dfrac{dN}{N}$ 表示速率介于 $v \sim v + dv$ 的分子数占总分子数的百分比;速率分布曲线下面 $v_1 \sim v_2$ 区间内的

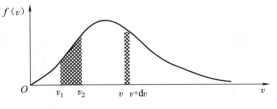

图 4-6 麦克斯韦速率分布曲线

面积 $\int_{v_1}^{v_2} f(v) \mathrm{d}v = \dfrac{\Delta N}{N}$ 表示 $v_1 \sim v_2$ 区间内的分子数占总分子数的百分比；$\int_0^{\infty} f(v) \mathrm{d}v = 1$ 则表示速率分布曲线下的总面积为 1。

四、分子速率的三种统计平均值

1. 最概然速率 v_p

由图 4-7 可见，速率分布曲线有一极大值，此极大值所对应的速率称为最概然速率，用 v_p 表示。它的物理意义是：在一定温度下，分子速率出现在 v_p 附近的概率最大。也就是说，如果把整个速率范围分成许多相等的小区间，则分布在 v_p 所在区间内的分子数占总分子数的百分比最大。v_p 的数值可根据极值条件 $\dfrac{\mathrm{d}f(v)}{\mathrm{d}v} = 0$ 求得。将式 (4-15) 代入极值条件，可求出平衡态下气体分子的最概然速率为

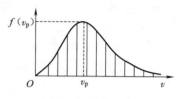

图 4-7 最概然速率

$$v_\mathrm{p} = \sqrt{\dfrac{2kT}{m}} = \sqrt{\dfrac{2RT}{M_\mathrm{mol}}} \approx 1.41 \sqrt{\dfrac{RT}{M_\mathrm{mol}}} \tag{4-16}$$

2. 平均速率 $\bar{v}$

大量分子速率的算术平均值称为平均速率，用 $\bar{v}$ 表示。设分子总数为 N，在速率区间 $v \sim v + \mathrm{d}v$ 内的分子数为 $\mathrm{d}N$，区间内的分子速率均可视为 v，则 $v\mathrm{d}N$ 表示 $v \sim v + \mathrm{d}v$ 内所有分子的速率之和。$\int_0^{\infty} v \mathrm{d}N$ 即为整个速率分布区间内所有分子的速率之和。气体分子的平均速率可表示为

$$\bar{v} = \dfrac{\int_0^{\infty} v \mathrm{d}N}{N} = \dfrac{\int_0^{\infty} vNf(v)\mathrm{d}v}{N} = \int_0^{\infty} vf(v) \mathrm{d}v$$

将式 (4-15) 代入上式可得

$$\bar{v} = \sqrt{\dfrac{8kT}{\pi m}} = \sqrt{\dfrac{8RT}{\pi M_\mathrm{mol}}} \approx 1.60 \sqrt{\dfrac{RT}{M_\mathrm{mol}}} \tag{4-17}$$

3. 方均根速率 $\sqrt{\overline{v^2}}$

类似于平均速率的计算方法，$\overline{v^2}$ 可表示为

$$\overline{v^2} = \dfrac{\int_0^{\infty} v^2 \mathrm{d}N}{N} = \dfrac{\int_0^{\infty} v^2 N f(v) \mathrm{d}v}{N} = \int_0^{\infty} v^2 f(v) \mathrm{d}v$$

将式 (4-15) 代入上式，并求其平方根，可得方均根速率

$$\sqrt{\overline{v^2}} = \sqrt{\dfrac{3kT}{m}} = \sqrt{\dfrac{3RT}{M_\mathrm{mol}}} \approx 1.73 \sqrt{\dfrac{RT}{M_\mathrm{mol}}} \tag{4-18}$$

由上面三种速率的表达式可看出，气体的三种速率都随着温度的升高而增加，随摩尔质量的增大而减小。图 4-8 为同种气体在不同温度下的速率分布曲线，由图可看出，$v_{\mathrm{p}1} < v_{\mathrm{p}2}$，根据式 (4-16) 可知 $T_1 < T_2$，即当温度升高时，v_p 向右移动。但由于曲线下总面积不变，故分布曲线宽度增大，高度降低，曲线变得较平坦。图 4-9 为两种不同气体在相同温度下的速率分布曲线，由于 $v_{\mathrm{p}1} < v_{\mathrm{p}2}$，因此 $m_1 > m_2$，即当分子质量增加时，v_p 向左移动。

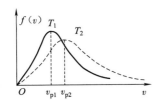

图 4-8　不同温度下分子速率分布

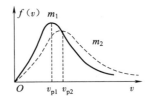

图 4-9　不同质量的分子速率分布

由上面讨论可知,三种速率的大小关系为 $\sqrt{\overline{v^2}} > \overline{v} > v_p$。这三种速率就不同的问题有各自的应用。在讨论分子速率分布时,需要用到最概然速率;在研究分子碰撞问题时,需要用到平均速率;而在考虑分子能量时,则要用到方均根速率。

例 4-5　计算 27 ℃ 时氧气分子的最概然速率、平均速率和方均根速率。

解　氧气的摩尔质量 $M_{mol} = 0.032$ kg/mol,热力学温度 $T = 273 + 27 = 300$ K。根据式(4-16)~式(4-18),可求得氧气分子的三种速率分别为

$$v_p = 1.41\sqrt{\frac{RT}{M_{mol}}} = 1.41 \times \sqrt{\frac{8.31 \times 300}{0.032}} = 393.55 \text{ m/s}$$

$$\overline{v} = 1.60\sqrt{\frac{RT}{M_{mol}}} = 1.60 \times \sqrt{\frac{8.31 \times 300}{0.032}} = 446.59 \text{ m/s}$$

$$\sqrt{\overline{v^2}} = 1.73\sqrt{\frac{RT}{M_{mol}}} = 1.73 \times \sqrt{\frac{8.31 \times 300}{0.032}} = 482.87 \text{ m/s}$$

例 4-6　设想有 N 个气体分子,其速率分布函数为

$$f(v) = \begin{cases} Av(v_0 - v) & \text{当 } 0 \leq v \leq v_0 \\ 0 & \text{当 } v > v_0 \end{cases}$$

试求:(1)常数 A;(2)速率介于 $0 \sim v_0/3$ 之间的分子数;(3)速率介于 $0 \sim v_0/3$ 之间的气体分子的平均速率。

解　(1)由速率分布函数的归一化条件 $\int_0^\infty f(v)dv = 1$,可得

$$\int_0^{v_0} Av(v_0 - v)dv = \frac{A}{6}v_0^3 = 1$$

解得

$$A = \frac{6}{v_0^3}$$

(2)根据式(4-12)可求出速率介于 $0 \sim v_0/3$ 之间的分子数为

$$\Delta N = \int dN = \int_0^{\frac{v_0}{3}} Nf(v)dv = \int_0^{\frac{v_0}{3}} N\frac{6}{v_0^3}v(v_0 - v)dv = \frac{7N}{27}$$

(3)速率介于 $0 \sim v_0/3$ 之间的气体分子的速率之和为 $\int_0^{\frac{v_0}{3}} v dN$,此区间内的分子数为 $\int_0^{\frac{v_0}{3}} dN$,则平均速率为

$$\overline{v} = \frac{\int_0^{\frac{v_0}{3}} v dN}{\int_0^{\frac{v_0}{3}} dN} = \frac{\int_0^{\frac{v_0}{3}} N\frac{6}{v_0^3}v^2(v_0 - v)dv}{7N/27} = \frac{3v_0}{14}$$

4.6 分子平均碰撞频率和平均自由程

在常温下,气体分子以每秒几百米的平均速率运动。就此来看,气体中的一切过程应该进行得很快,但是实际情况并非如此。例如:打开香水瓶后,距香水瓶几米远的人并不能马上嗅到香水的气味。这是由于分子在运动过程中要不断地与其他分子碰撞,分子并不是沿着直线运动,而是沿着一条迂回的曲线前进,如图4-10所示,因此气体的扩散过程进行得非常缓慢。气体扩散过程的快慢程度与分子的碰撞频率有关。

图4-10 分子的运动轨迹

对于一个分子而言,单位时间内与其他分子碰撞的次数,以及连续两次碰撞之间所走的路程长短都是随机的。但是,对于处于平衡态的由大量分子组成的系统来说,分子的碰撞次数及连续两次碰撞之间的自由路程都遵从一定的统计规律。分子在连续两次碰撞之间所通过的路程的平均值称为分子的平均自由程,用 $\bar{\lambda}$ 表示;在单位时间内,每个分子与其他分子碰撞的平均次数称为分子的平均碰撞次数或者平均碰撞频率,用 $\bar{Z}$ 表示。若分子的平均速率为 $\bar{v}$,则三者满足如下关系:

$$\bar{\lambda} = \frac{\bar{v}}{\bar{Z}} \tag{4-19}$$

为了计算分子的平均碰撞次数,跟踪一个分子A的运动,如图4-11所示。为了简便起见,假定每个分子都是直径为d的小球,除A分子以平均相对速率$\bar{u}$运动外,其他分子都不动。

A分子在运动过程中,与其他分子发生频繁的碰撞,它的球心轨迹是一条折线。显然只有球心与A分子的球心之间的距离小于或者等于d的分子才可能与A发生碰撞。若以1 s内A分子球心所经过的轨迹为轴,以d为半径作一高为折线的圆柱体,圆柱体的体积为 $\pi d^2 \bar{u}$。球心在此圆柱体内的分子均可与A相碰。设分子数密度为n,则球心在圆柱体内的分子数目为 $\pi d^2 \bar{u} n$。这就是A分子1 s内与其他分子碰撞的次数,即

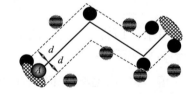

图4-11 平均碰撞频率的计算

$$\bar{Z} = \pi d^2 \bar{u} n$$

上式中 πd^2 也称碰撞截面。气体分子的平均相对速率$\bar{u}$与分子的平均速率$\bar{v}$之间满足 $\bar{u} = \sqrt{2} \bar{v}$(可用麦克斯韦速度分布律证明),代入上式可得

$$\bar{Z} = \sqrt{2} \pi d^2 \bar{v} n \tag{4-20}$$

上式表明,对于确定的气体,$\bar{Z}$ 与分子数密度 n 及分子的平均速率 $\bar{v}$ 成正比。

将式(4-20)代入式(4-19),有

$$\bar{\lambda} = \frac{1}{\sqrt{2} \pi d^2 n} \tag{4-21}$$

由上式可知,分子的平均自由程与分子数密度 n 成反比,而与分子的平均速率无关。

根据 $p=nkT$，式(4-21)又可写为

$$\bar{\lambda}=\frac{1}{\sqrt{2}\pi d^2 n}=\frac{kT}{\sqrt{2}\pi d^2 p} \tag{4-22}$$

由于分子频繁碰撞，分子的平均自由程非常短。在标准状态下，气体分子的平均自由程的数量级约为 $10^{-8} \sim 10^{-7}$ m。

本 章 习 题

(一) 理想气体压强公式 平动动能与温度的关系

4.1 若理想气体的体积为 V、压强为 p、温度为 T，一个分子质量为 m，则该理想气体的分子数 N 为(　　)。

A. pV/m　　　　　B. pV/kT　　　　　C. pV/RT　　　　　D. pV/Tm

4.2 若室内温度从 15 ℃ 上升到 27 ℃，保持室内压强不变，则室内气体分子数目减少了(　　)。

A. 0.5%　　　　　B. 4%　　　　　C. 9%　　　　　D. 21%

4.3 一个容器内存在各是 1 mol 的 H_2 和 He 气体，两种气体压强分别是 p_1 和 p_2，则 p_1 与 p_2 的关系是(　　)。

A. $p_1 > p_2$　　　　　B. $p_1 < p_2$　　　　　C. $p_1 = p_2$　　　　　D. 不能确定

4.4 一瓶氦气和一瓶氮气(质量)密度相同，分子平均平动动能相同，而且它们都处于平衡状态，则它们(　　)。

A. 温度相同、压强相同

B. 温度、压强都不相同

C. 温度相同，但氦气的压强大于氮气的压强

D. 温度相同，但氦气的压强小于氮气的压强

4.5 理想气体的压强 $p = 2n\bar{w}/3$，由此可知压强产生的原因是_____，它具有统计意义。对于一个或少数气体分子，压强_____(填有或无)意义。

4.6 如图 4-12 所示，两个容器体积相同，分别贮有等质量的 N_2 和 O_2，两个容器用光滑的细连通管连接，而水银滴在中央保持不动，两边温度差 30 K，则 N_2 的温度 T_1 和 O_2 的温度 T_2 各是多少？

4.7 $T = 300$ K，$p = 1.01 \times 10^3$ Pa，该种气体质量密度 $\rho = 1.24 \times 10^{-5}$ g/cm³，则该种气体的摩尔质量是多少？

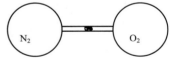

图 4-12 题 4.6

(二) 理想气体的内能 麦氏气体分子速率分布率
分子平均碰撞次数和平均自由程

4.8 水蒸气分解成相同温度下的 H_2 和 O_2，分解后其内能增加(　　)。

A. 66.2%　　　　　B. 50%　　　　　C. 25%　　　　　D. 75%

4.9 两瓶不同种类的理想气体，它们温度、压强均相同，体积不同，则单位体积内的分子数 n，单位体积内气体分子的总平均平动能(E_k/V)及单位体积质量密度 ρ(　　)。

A. n、(E_k/V)、ρ 均不同

B. n、(E_k/V)、ρ 均相同

C. n 相同、(E_k/V) 相同、ρ 不同
D. n 不同、(E_k/V) 相同、ρ 相同

4.10 在标准状态下,体积比为1:2的 H_2 与 He(刚性)相混合,在混合气体中 H_2 与 He 的内能比值为(   )。

A. 1:2　　　　　　B. 5:3　　　　　　C. 5:6　　　　　　D. 10:3

4.11 图4-13所示的速率分布曲线,(   )是同一温度下氮气和氦气的分子速率分布曲线。

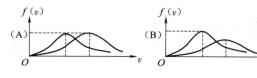

图4-13　题4.11

4.12 在恒定不变的压强下,气体分子的平均碰撞次数与温度关系(   )。

A. $\bar{Z}$ 与 T 无关　　　　　　　　B. $\bar{Z}$ 与 $\sqrt{T}$ 呈正比

C. $\bar{Z}$ 与 $1/\sqrt{T}$ 呈正比　　　　　D. $\bar{Z}$ 与 T 呈正比

4.13 一定量的理想气体,在容积不变的条件下,当温度升高时,分子的平均碰撞次数和平均自由程的变化情况是(   )。

A. 增大,不变　　B. 不变,增大　　C. 都增大　　D. 都不变

4.14 在体积为 10^{-2} m^3 的容器中,盛有100 g的某种理想气体,若气体分子的方均根速率为200 m/s,则气体的压强 p = ＿＿＿＿＿＿＿＿ Pa。

4.15 体积为 V 的容器内装有理想气体氧气(刚性分子),测得其压强为 p,则容器内氧气分子的平动动能总和为＿＿＿＿＿＿＿＿,系统的内能为＿＿＿＿＿＿＿＿。

4.16 麦克斯韦速率分布函数 $f(v)$ 的物理意义是＿＿＿＿＿＿＿＿＿＿＿＿＿＿＿＿＿＿＿＿＿＿＿＿＿＿,v_p 的物理意义是＿＿＿＿＿＿＿＿＿＿＿＿＿＿＿＿＿＿＿＿。若某种气体分子总数为 N,则速率大于 100 m/s 的分子数 ΔN = ＿＿＿＿＿＿＿＿＿＿＿＿。

4.17 贮有某种刚性双原子理想气体的容器,以 u = 100 m/s 的速率运动,若容器突然停止,全部定向运动的动能变成气体分子热运动的动能,此时容器温度升高6.74 K,则容器中气体的摩尔质量 M_{mol} = ＿＿＿＿＿＿＿＿＿＿。

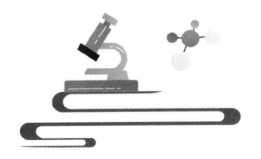

第 5 章 热力学基础

由观察和实验总结出来的热现象规律,构成热现象的宏观理论,称为热力学。热力学主要研究热力学系统在状态变化的过程中功、热量和内能转化的规律及条件。本章内容主要包括热力学第一定律和热力学第二定律。热力学第一定律反映了能量转换的数量关系;热力学第二定律则指明了热力学过程进行的方向性及转换条件。

5.1 准静态过程 功 热量 内能

一、准静态过程

热力学系统在外界影响下,从一个状态到另一个状态的变化过程,称为热力学过程,简称过程。设有一个系统,开始处于平衡态,经过一系列状态变化到达另一平衡态,若过程进行得较快,中间状态为一系列非平衡态,则称这样的变化过程为非静态过程。但是若过程进行得非常缓慢,系统所经历的每个中间态都可近似看作平衡态,则称这样的过程为准静态过程。

如图 5-1(a)所示,活塞上有很多相同的小砝码,此时气缸内的气体处于平衡态。若把活塞上的砝码一次全都移到右隔板上,如图 5-1(b)所示,此时活塞迅速向上推移,最后停止。在此过程中,气缸内的气体所经历的每一中间态均为非平衡态,则这个过程为非静态过程。若每次仅移走一个小砝码,并且每次都要等到缓慢上升的活塞稳定在新平衡位置以后,才移走下一个小砝码,直到全部砝码移到右隔板上,如图 5-1(c)所示。这种非常缓慢的

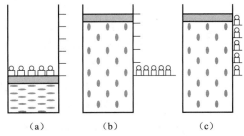

图 5-1 准静态过程和非静态过程

状态变化过程,可近似看作准静态过程。准静态过程是一种理想化过程,是实际过程无限缓慢进行时的极限情况。

准静态过程的每个中间态都可看作平衡态,所以系统经历的任一准静态过程可用状态参量图上的一条曲线表示。而非静态过程由于其中间状态为一系列非平衡态,所以若系统经历非静态过程,则无法在状态参量图上表示出来。

二、内能

在气体动理论中给出了理想气体的内能公式,若气体分子视为刚性分子,则内能仅是温度

的单值函数,即

$$E = \frac{M}{M_{\text{mol}}} \cdot \frac{i}{2} RT$$

当理想气体的温度由 T_1 变为 T_2 时,内能的变化量为

$$\Delta E = \frac{M}{M_{\text{mol}}} \cdot \frac{i}{2} R(T_2 - T_1) \tag{5-1}$$

根据理想气体的状态方程,上式又可以表示为

$$\Delta E = \frac{i}{2}(p_2 V_2 - p_1 V_1) \tag{5-2}$$

三、热量

温度不同的两个物体接触后,热的物体要变冷,冷的物体要变热,在此过程中有能量由高温物体传递给低温物体。这种由于温度差而转移的无规则热运动能量称为热量,通常用 Q 表示,单位是焦[耳](J)。热量传递的方向可用 Q 的正负表示。规定当系统从外界吸收热量时,Q 为正值;当系统向外界放出热量时,Q 为负值。热量与系统所经历的过程有关,是过程量。

传热和做功都可以改变系统的内能,并具有等效性。例如:想使杯中水升高一定的温度,可采用棒搅拌和炉火加热两种方式,最终使水温升高相同的数值。虽然做功和热传递都可以改变系统的内能,但是它们的本质是不同的。做功改变系统的内能,是将机械运动的能量转化为系统内分子热运动的能量;而传热改变系统的内能,只是把外界分子的热运动能量传递给系统内分子,能量形式并未改变。

四、准静态过程中的功

在本章中,我们只讨论与系统体积变化相联系的功,称为体积功。

以气缸内的气体膨胀过程为例计算准静态过程中的体积功。如图5-2所示,设 p 为气体的压强,活塞面积为 S,则气体作用于活塞的力为 $F = pS$,当活塞移动微小距离 dl 时,气体推动活塞对外界所做的元功为

$$dA = Fdl = pSdl = pdV$$

式中,dV 为气体体积的增量。由上式可看出,当气体膨胀($dV > 0$)时,系统对外界做正功;当气体收缩($dV < 0$)时,系统对外界做负功;当气体体积不变($dV = 0$)时,系统不做功。如果系统的体积经一准静态过程由 V_1 变为 V_2,该过程中系统对外界做功为

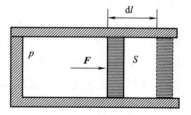

图 5-2 气体膨胀做功

$$A = \int dA = \int_{V_1}^{V_2} pdV \tag{5-3}$$

准静态过程的功可以在 p—V 图上表示出来。如图5-3所示,准静态过程曲线 I 下面阴影部分的面积表示这个过程中的元功。则系统经 I 过程由初态 a 变化到末态 b 的过程中对外界所做的功就是该过程曲线下的面积。同时由图还可看出,如果系统由 a 经准静态过程 II 到达 b,由于 II 曲线下的面积和 I 曲线下的面积不同,因此两个过程中系统所做的功也不同。由此可知,体积功与过程有关,即功是过程量。

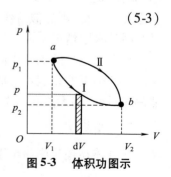

图 5-3 体积功图示

5.2 热力学第一定律及其应用

一、热力学第一定律

一般情况下,系统内能的变化是做功和传热的共同结果。假设系统在某一个过程中从外界吸收的热量为 Q,系统对外界做功为 A,系统的内能增量为 ΔE,根据能量守恒定律,有

$$\Delta E = Q - A$$

通常写为

$$Q = \Delta E + A \tag{5-4}$$

式(5-4)表明:系统吸收的热量,一部分转化为系统的内能,另一部分转化为系统对外界所做的功。这就是热力学第一定律的数学表达式。

对于一个微小的状态变化过程,热力学第一定律的数学表达式为

$$dQ = dE + dA \tag{5-5}$$

各量的正负号规定如下:系统从外界吸收热量时,Q 为正,向外界放出热量时,Q 为负;系统内能增加时,ΔE 为正,内能减少时,ΔE 为负;系统对外界做功时,A 为正,外界对系统做功时,A 为负。

历史上曾有人幻想制造出一种机器,既不消耗内能,也不需要外界提供能量,但是可以连续不断对外做功。这种机器称为第一类永动机。显然它是不可能制造成功的,因为它违背了热力学第一定律。热力学第一定律的另一种表述为:第一类永动机是不可能制成的。

对准静态过程,如果系统对外做功是通过体积变化来实现的,则式(5-4)可写为

$$Q = \Delta E + \int_{V_1}^{V_2} p dV$$

二、热力学第一定律的应用

下面我们讨论热力学第一定律在理想气体的准静态等值过程中的应用。

1. 等体过程

在等体过程中,理想气体的体积保持不变,即 V 为常量;由理想气体状态方程,可得等体过程方程为 $p/T = $ 常量;在 p—V 图中,等体线是一条平行于 p 轴的直线,如图5-4所示。

由于体积 V 不变,所以系统对外做功 $A = 0$。根据热力学第一定律可得

$$Q = \Delta E = \frac{M}{M_{\text{mol}}} \cdot \frac{i}{2} R(T_2 - T_1) = \frac{i}{2} V(p_2 - p_1)$$

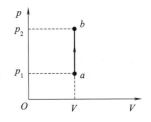

图 5-4 等体过程

由此可看出,等体过程中,系统从外界吸收的热量全部用来增加系统的内能,系统对外不做功。

2. 等压过程

等压过程指气体的压强保持不变,即 p 为常量;由理想气体状态方程,可得等压过程方程为 $V/T = $ 常量;在 p—V 图上,等压线是一条平行于 V 轴的直线,如图5-5所示。

由于等压过程中 p 为常量,所以气体对外做功为

$$A = \int_{V_1}^{V_2} p dV = p(V_2 - V_1)$$

由热力学第一定律,有

$$Q = \Delta E + A = \frac{M}{M_{\text{mol}}} \cdot \frac{i}{2}R(T_2 - T_1) + p(V_2 - V_1) = \frac{i+2}{2}p(V_2 - V_1)$$

上式表明,在等压过程中,系统从外界吸收的热量,一部分用来增加系统的内能,另一部分用来对外做功。

3. 等温过程

等温过程的特征是系统的温度保持不变,即 T 为常量;由理想气体状态方程,可得等温过程方程为 $pV = $ 常量;在 p—V 图上,等温线为双曲线的一支,如图 5-6 所示。

由于理想气体的内能仅是温度的单值函数,所以内能保持不变,即 $\Delta E = 0$。

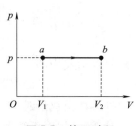

图 5-5　等压过程

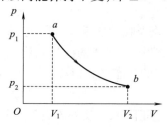

图 5-6　等温过程

在等温过程中系统对外界所做的功为

$$A = \int_{V_1}^{V_2} p\,\mathrm{d}V = \int_{V_1}^{V_2} \frac{M}{M_{\text{mol}}} \cdot \frac{RT}{V}\,\mathrm{d}V = \frac{M}{M_{\text{mol}}}RT\ln\frac{V_2}{V_1}$$

由于 $p_1V_1 = p_2V_2$,因此上式也可表示为

$$A = \frac{M}{M_{\text{mol}}}RT\ln\frac{p_1}{p_2}$$

由热力学第一定律,在此过程中系统吸收的热量为

$$Q = A = \frac{M}{M_{\text{mol}}}RT\ln\frac{V_2}{V_1} = \frac{M}{M_{\text{mol}}}RT\ln\frac{p_1}{p_2}$$

在等温过程中,系统所吸收的热量全部用来对外做功,系统的内能保持不变。

例 5-1　一定量的单原子理想气体经历如图 5-7 所示的过程,其中 $a \rightarrow b$ 过程为等压过程,$b \rightarrow c$ 过程为等体过程,$c \rightarrow d$ 过程为等温过程。试求全部过程中:(1)系统对外界所做的功 A;(2)系统吸收的热量 Q;(3)系统内能的增量 ΔE。

解　(1)由于功是过程量,系统对外界所做的总功等于各个分过程中系统对外做功之和,即

$$A = A_{ab} + A_{bc} + A_{cd}$$

$a \rightarrow b$ 过程:$A_{ab} = p(V_b - V_a) = pV$

$b \rightarrow c$ 过程:$A_{bc} = 0$

$c \rightarrow d$ 过程:$A_{cd} = \nu RT_c \ln\dfrac{V_d}{V_c} = p_c V_c \ln\dfrac{p_c}{p_d} = 4pV\ln 2$

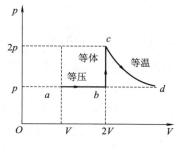

图 5-7　例 5-1

整个过程系统对外做功为

$$A = A_{ab} + A_{bc} + A_{cd} = pV + 4pV\ln 2$$

(2)由于热量是过程量,整个过程中系统从外界吸收的总热量等于各个分过程中系统吸收的热量之和,即

$$Q = Q_{ab} + Q_{bc} + Q_{cd}$$

$a \to b$ 过程:$Q_{ab} = \dfrac{i+2}{2}(p_b V_b - p_a V_a) = \dfrac{5}{2}pV$

$b \to c$ 过程:$Q_{bc} = \Delta E_{bc} = \dfrac{i}{2}(p_c V_c - p_b V_b) = 3pV$

$c \to d$ 过程:$Q_{cd} = A_{cd} = 4pV\ln 2$

整个过程中系统吸收的热量为

$$Q = \dfrac{11}{2}pV + 4pV\ln 2$$

(3)系统内能的增量。

方法一:根据热力学第一定律

$$\Delta E = Q - A = \dfrac{11}{2}pV + 4pV\ln 2 - (pV + 4pV\ln 2) = \dfrac{9}{2}pV$$

方法二:由于内能是状态量,所以系统内能的增量等于始末状态内能之差,即

$$\Delta E = E_d - E_a = \nu \dfrac{i}{2}R(T_d - T_a) = \dfrac{i}{2}(p_d V_d - p_a V_a) = \dfrac{9}{2}pV$$

例 5-2 一定量的理想气体,由状态 a 经 b 到达状态 c(如图 5-8 所示,abc 为一直线)。求此过程中:(1)气体对外做的功;(2)气体内能的增量;(3)气体吸收的热量。(1 atm = 1.013 × 10^5 Pa)

解 (1)气体对外所做的功大小等于 abc 直线下所围的梯形面积,即

$$A = \dfrac{1}{2} \times (1+3) \times 1.013 \times 10^5 \times 2 \times 10^{-3} = 405.2 \text{ J}$$

(2)气体的内能仅与始末状态有关,由图看出,$p_a V_a = p_c V_c$,所以有 $T_a = T_c$,因此内能增量为 $\Delta E = 0$。

(3)由热力学第一定律,气体吸收的热量为

$$Q = \Delta E + A = 405.2 \text{ J}$$

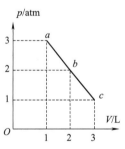

图 5-8 例 5-2

5.3 气体的摩尔热容

本节讨论理想气体的摩尔热容。设 1 mol 物质的温度由 T 升高(或降低)到 $T + dT$ 时,吸收(或放出)的热量为 dQ,则此过程中的摩尔热容定义为

$$C_m = \dfrac{dQ}{dT}$$

其物理意义是 1 mol 物质温度升高(或降低)1 K 时吸收(或放出)的热量,单位为焦[耳]每摩尔开[尔文],符号为 J/(mol·K)。由于热量与所经历的过程有关,所以摩尔热容也和过程有关。下面我们讨论理想气体在两个准静态等值过程中的摩尔热容。

一、理想气体的等体摩尔热容

在等体过程中，1 mol 理想气体温度升高(或降低)dT 时吸收(或放出)的热量为 dQ_V，则气体的等体摩尔热容为

$$C_V = \frac{dQ_V}{dT}$$

在等体过程中，$dA = 0$，有 $dQ_V = dE = \frac{i}{2}RdT$，代入上式可得

$$C_V = \frac{dQ_V}{dT} = \frac{dE}{dT} = \frac{i}{2}R \tag{5-6}$$

由式(5-6)可看出，理想气体的等体摩尔热容只与气体分子的自由度有关。对于单原子分子气体，$i = 3$，$C_V = \frac{3}{2}R$；对于刚性双原子分子气体，$i = 5$，$C_V = \frac{5}{2}R$；对于刚性多原子分子气体，$i = 6$，$C_V = 3R$。

质量为 M 的理想气体，经等体过程由温度 T_1 变化到 T_2，此过程中吸收的热量可表示为

$$Q_V = \frac{M}{M_{mol}}C_V(T_2 - T_1) = \frac{M}{M_{mol}} \cdot \frac{i}{2}R(T_2 - T_1) \tag{5-7}$$

由式(5-6)和式(5-1)可知，当理想气体的温度变化 ΔT 时，内能变化也可表示为

$$\Delta E = \frac{M}{M_{mol}}C_V \Delta T \tag{5-8}$$

二、理想气体的等压摩尔热容

在等压过程中，1 mol 理想气体温度升高(或降低)dT 时吸收(或放出)的热量为 dQ_p，则气体的等压摩尔热容为

$$C_p = \frac{dQ_p}{dT}$$

在等压过程中，$dQ_p = dE + dA = \frac{i}{2}RdT + pdV$，代入上式可得

$$C_p = \frac{dQ_p}{dT} = \frac{dE}{dT} + \frac{pdV}{dT} = \frac{i}{2}R + \frac{pdV}{dT}$$

1 mol 理想气体的状态方程，在等压过程中满足 $pdV = RT$，所以上式可写为

$$C_p = \frac{i}{2}R + R = \left(\frac{i+2}{2}\right)R \tag{5-9}$$

单原子、刚性双原子和刚性多原子分子气体的等压摩尔热容分别是 $\frac{5}{2}R$、$\frac{7}{2}R$ 和 $4R$。

若质量为 M 的理想气体，经等压过程由温度 T_1 变化到 T_2，此过程中吸收的热量可表示为

$$Q_p = \frac{M}{M_{mol}}C_p(T_2 - T_1) = \frac{M}{M_{mol}} \cdot \frac{i+2}{2}R(T_2 - T_1) \tag{5-10}$$

根据式(5-9)和式(5-6)，可得理想气体的等压摩尔热容与等体摩尔热容的差值为

$$C_p - C_V = R \tag{5-11}$$

上式称为迈耶公式。公式表明，在等压过程中，1 mol 理想气体温度升高 1 K 时，要比其等体过程中吸收的热量多，多出来的热量等于系统对外做的功。

三、比热容比

通常把等压摩尔热容与等体摩尔热容的比值称为比热容比,用 γ 表示,即

$$\gamma = \frac{C_p}{C_V} \tag{5-12}$$

对于理想气体,有

$$\gamma = \frac{C_V + R}{C_V} = \frac{i+2}{i} \tag{5-13}$$

上式表明,理想气体的比热容比仅与分子的自由度有关。单原子、刚性双原子和刚性多原子分子气体的比热容比分别为 $\frac{5}{3}$、$\frac{7}{5}$ 和 $\frac{8}{6}$。

表 5-1 列出了 0 ℃ 时几种单原子、双原子和多原子分子气体的摩尔热容的实验值。由表中数据可看出,单原子和双原子分子气体的实验值和理论值较接近,但多原子分子气体的理论值与实验值差别较大。这说明经典热容理论只在一定范围内能近似反映客观事实。同时实验结果还表明,气体的摩尔热容与温度也有关系,见表 5-2。但是经典热容理论认为理想气体的等体摩尔热容、等压摩尔热容和比热容比只与分子的自由度有关,而与气体的温度无关。因此建立在能量均分定理基础上的经典热容理论仅是近似理论,只有用量子理论才能圆满解释热容量问题。

表 5-1　0 ℃ 时几种气体摩尔热容的实验数据　　［C_p、C_V 单位为 J/(mol·K)］

原子数	气　体	C_p	C_V	γ
单原子	氦 氩	20.9 21.2	12.5 12.5	1.67 1.65
双原子	氢 氮 氧	28.8 28.6 28.9	20.4 20.4 21.0	1.41 1.41 1.40
多原子	水蒸气 甲烷	36.2 35.6	27.8 27.2	1.31 1.30

表 5-2　在不同温度下,氢的等体摩尔热容的实验数据　　［C_V 单位为 J/(mol·K)］

温度/℃	-233	-183	-76	0	500	1 000	1 500	2 000
C_V	12.5	13.6	18.3	20.3	21.0	22.9	25.0	26.7

5.4　理想气体的绝热过程　*多方过程

一、绝热过程

1. 绝热过程概述

绝热过程是系统与外界没有热量交换的过程。严格来说,实际的热力学过程都不是绝热

过程,但是如果系统与外界之间有热量交换,但交换的热量可以忽略不计时,这种过程可以近似认为是绝热过程。另外,如果过程进行得很迅速,系统与外界来不及进行热量交换,这种过程也可以近似为绝热过程。例如:蒸汽机气缸中蒸汽的膨胀,压缩机中气体的压缩等过程都可以视为绝热过程。

若质量为 M 的理想气体经准静态绝热过程,温度由 T_1 变化到 T_2,由热力学第一定律和绝热过程中 $Q=0$,可得系统对外界做功为

$$A = -\Delta E = -\frac{M}{M_{mol}}C_V(T_2 - T_1) \tag{5-14}$$

上式表明,绝热过程中系统对外做功全部是以减少系统内能为代价的。

由 $C_V = \dfrac{R}{\gamma - 1}$ 及理想气体的状态方程,式(5-14)可写为

$$A = \frac{p_1V_1 - p_2V_2}{\gamma - 1} \tag{5-15}$$

2. 绝热过程方程

根据热力学第一定律 $dQ = dE + dA$ 和准静态绝热过程中 $dQ = 0$,有 $dA = -dE$,即

$$pdV = -\nu C_V dT$$

对理想气体的状态方程 $pV = \nu RT$ 取微分,得

$$pdV + Vdp = \nu RdT$$

联立以上两式消去 dT,并化简可得

$$(C_V + R)pdV + C_V Vdp = 0$$

上式等号两侧同时除以 pVC_V,得

$$\frac{dp}{p} + \gamma\frac{dV}{V} = 0$$

式中,$\gamma = \dfrac{C_p}{C_V}$ 为比热容比,也称绝热系数。将上式积分可得

$$pV^\gamma = 常量 \tag{5-16}$$

将上式与 $pV = \nu RT$ 联立,可得

$$TV^{\gamma-1} = 常量 \tag{5-17}$$

$$p^{\gamma-1}T^{-\gamma} = 常量 \tag{5-18}$$

式(5-16)~式(5-18)均为理想气体的准静态绝热过程方程。三个方程右侧的常量各不相同,与气体的质量及初始状态有关。

3. 绝热线和等温线

根据理想气体的绝热方程 $pV^\gamma = C$ 和等温方程 $pV = C'$,在 p—V 图上画出它们的过程曲线,如图 5-9 所示。图中实线为绝热线,虚线为等温线,两条曲线相交于 a 点,由图可看出,绝热线比等温线要陡。这一结论可由两个过程的过程方程导出。

理想气体等温方程为 $pV = C'$,两边微分,可求得曲线在交点 a 处的斜率为

$$\left(\frac{\partial p}{\partial V}\right)_T = -\frac{p}{V}$$

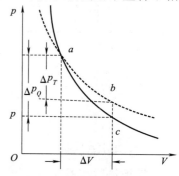

图 5-9 绝热线和等温线

根据绝热方程 $pV^\gamma = C$,也可求出绝热线在交点 a 的斜率为

$$\left(\frac{\partial p}{\partial V}\right)_Q = -\gamma \frac{p}{V}$$

由于 $\gamma > 1$,故在绝热线和等温线的交点 a 处,绝热线斜率的绝对值比等温线斜率的绝对值大。因此在两曲线的交点处,绝热线比等温线陡。这一结论也可从物理角度来解释。假设一定量的理想气体由状态 a 出发,分别经历绝热膨胀和等温膨胀过程,体积都增加 ΔV,最后到达状态 b 和 c。两个过程中气体的压强都减小。在等温过程中,温度保持不变,压强减小仅由体积增大所致。而在绝热过程中,由于气体膨胀对外做功而使温度降低,所以此过程中不仅体积增大会导致压强减小,同时温度降低也会导致压强减小。因此,如果体积增加相同量 ΔV 时,绝热过程中压强的减小量 Δp_Q 要比等温过程的减小量 Δp_T 大,所以绝热线比等温线更陡。

*二、多方过程

理想气体的等体、等压、等温以及绝热过程都是简化的理想过程,气体所经历的实际过程往往比较复杂。可以将绝热过程推广为下面的方程

$$PV^n = 常量$$

式中,n 为多方指数。凡满足上式的过程称为多方过程。当 $n = \gamma$ 时为理想气体的绝热过程;$n = 1$ 时为理想气体的等温过程;$n = 0$ 时为理想气体的等压过程;$n = \infty$ 时为理想气体的等体过程。一般情况下 $1 < n < \gamma$,多方过程可近似代表气体进行的实际过程。

例 5-3 如图 5-10 所示,1 mol 单原子理想气体,由状态 a 先经等压吸热过程到达状态 b,体积增大一倍;之后经过等体吸热过程到达状态 c,压强增大一倍;最后经绝热膨胀过程,到达状态 d,此时温度降至初始温度。试求:(1) 状态 d 的体积 V_d;(2) 整个过程系统对外所做的功;(3) 整个过程系统吸收的热量。

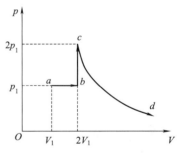

图 5-10 例 5-3

解 (1) 由于 $c \rightarrow d$ 过程为绝热过程,绝热方程可写为

$$T_c V_c^{\gamma-1} = T_d V_d^{\gamma-1}$$

单原子分子气体 $i = 3$,因此

$$\gamma = \frac{i+2}{i} = \frac{5}{3}$$

根据理想气体的状态方程 $pV = \nu RT$,有

$$T_d = T_a = \frac{p_1 V_1}{R}$$

$$T_c = \frac{p_c V_c}{R} = \frac{4p_1 V_1}{R} = 4T_a$$

代入绝热方程可得状态 d 的体积为

$$V_d = \left(\frac{T_c}{T_d}\right)^{\frac{1}{\gamma-1}} V_c = 4^{\frac{3}{2}} \times 2V_1 = 16V_1$$

(2) 先求各分过程的功

$$A_{ab} = p_1(2V_1 - V_2) = p_1 V_1$$
$$A_{bc} = 0$$
$$A_{cd} = -\Delta E_{cd} = C_V(T_c - T_d) = \frac{3}{2}R(4T_a - T_a) = \frac{9}{2}RT_a = \frac{9}{2}p_1 V_1$$

整个过程系统对外所做的总功为

$$A = A_{ab} + A_{bc} + A_{cd} = \frac{11}{2}p_1 V_1$$

(3) 方法一：先求各分过程的热量

$$Q_{ab} = C_p(T_b - T_a) = \frac{5}{2}R(T_b - T_a) = \frac{5}{2}(p_b V_b - p_a V_a) = \frac{5}{2}p_1 V_1$$

$$Q_{bc} = C_V(T_c - T_b) = \frac{3}{2}R(T_c - T_b) = \frac{3}{2}(p_c V_c - p_b V_b) = 3p_1 V_1$$

$$Q_{cd} = 0$$

整个过程吸收的总热量为

$$Q = Q_{ab} + Q_{bc} + Q_{cd} = \frac{11}{2}p_1 V_1$$

方法二：应用热力学第一定律

$$Q_{abcd} = A_{abcd} + \Delta E_{ad}$$

由于 $T_a = T_d$，故 $\Delta E_{ad} = 0$，因此整个过程吸收的热量为

$$Q_{abcd} = A_{abcd} = \frac{11}{2}p_1 V_1$$

例 5-4 一定量的刚性双原子分子理想气体，开始时处于压强为 $p_0 = 1.0 \times 10^5$ Pa，体积为 $V_0 = 4 \times 10^{-3}$ m^3，温度为 $T_0 = 300$ K 的初态，后经等压膨胀过程温度上升到 $T_1 = 450$ K，再经绝热过程温度降回到 $T_2 = 300$ K，求气体在整个过程中对外做的功。

解 等压过程末态的体积为

$$V_1 = \frac{V_0}{T_0}T_1$$

等压过程中气体对外做功

$$A_1 = p_0(V_1 - V_0) = p_0 V_0 \left(\frac{T_1}{T_0} - 1\right) = 200 \text{ J}$$

根据热力学第一定律，绝热过程中气体对外做功为

$$A_2 = -\Delta E = -\nu C_V(T_2 - T_1)$$

这里 $\nu = \frac{p_0 V_0}{RT_0}$，$C_V = \frac{5}{2}R$，代入上式可得

$$A_2 = -\frac{5p_0 V_0}{2T_0}(T_2 - T_1) = 500 \text{ J}$$

因此气体在整个过程中对外做功为 $A = A_1 + A_2 = 700$ J

5.5 循环过程 卡诺循环

一、循环过程

在实际生产中,需要将热和功的转化持续地进行下去,这就需要利用循环过程。物质系统经历一系列变化后又回到初始状态的过程称为循环过程,简称循环。循环过程的特征是系统的内能变化为零。如果循环过程可视为准静态过程,过程曲线在 p—V 图上为一闭合曲线,如图 5-11 中的 $abcda$ 过程。若循环沿曲线顺时针方向进行称为正循环,此过程中系统对外界做的净功大于零,如图 5-11(a)所示;若循环沿曲线逆时针方向进行称为逆循环,系统对外界做的净功小于零,如图 5-11(b)所示。工作物质做正循环的机器称为热机(如蒸汽机、内燃机等),它是把热量持续不断地转化为功的机器。工作物质做逆循环的机器称为制冷机(如冷空调、电冰箱等),它利用外界做功可以使热量由低温热源传递到高温热源。

二、热机

热机的工作流程如图 5-12 所示,在每一个循环过程中,工作物质从高温热源吸收热量 Q_1,对外界做功 A 后,向低温热源放出热量,Q_2 为向低温热源放出热量的值。通常,定义工作物质对外界所做的功与工作物质从高温热源吸收的热量的比值为热机的效率,用 η 表示,即

$$\eta = \frac{A}{Q_1} \tag{5-19}$$

根据热力学第一定律,$A = Q_1 - Q_2$,所以上式也可表示为

$$\eta = \frac{Q_1 - Q_2}{Q_1} = 1 - \frac{Q_2}{Q_1} \tag{5-20}$$

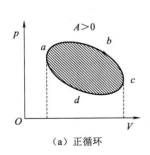
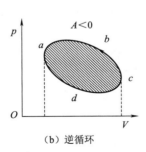

图 5-11 循环过程

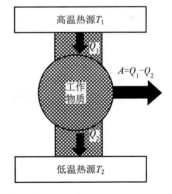

图 5-12 热机的工作流程

由于热机从高温热源吸收的热量要有一部分向低温热源放出,即吸收的热量不能全部用来对外做功,所以热机的效率永远小于 1。

最早得到实际应用的热机是蒸汽机,其工作过程如图 5-13 所示,水从锅炉中吸收热量,变成高温高压的蒸汽;蒸汽进入气缸推动活塞做功,蒸汽的温度和压强降低成为废气;由气缸排出的废气进入冷凝器放热冷却成水;冷凝水由水泵打入锅炉,再进行下一个循环。其他热机(如内燃机、喷气机等)的工作方式可能不同,但它们的工作原理基本相同。

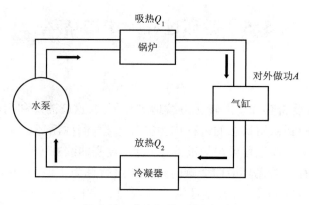

图 5-13 蒸汽机的工作过程

三、制冷机

制冷机是利用外界对工作物质做功,将热量由低温热源传递到高温热源的机器。图 5-14 为制冷机的工作流程,外界对工作物质做功为 A,工作物质从低温热源吸收热量 Q_2,向高温热源放出热量 Q_1。制冷机的工作性能可用制冷系数 ω 表示,其定义为

$$\omega = \frac{Q_2}{A} = \frac{Q_2}{Q_1 - Q_2} \tag{5-21}$$

式中,A、Q_1、Q_2 均为绝对值。

图 5-15 为电冰箱的工作原理图。工作物质(制冷剂)在蒸发器吸热蒸发,经压缩机压缩后成为高温高压的气体,之后在冷凝器放热凝结为液体,经节流阀后再次进入蒸发器,继续下一个循环。

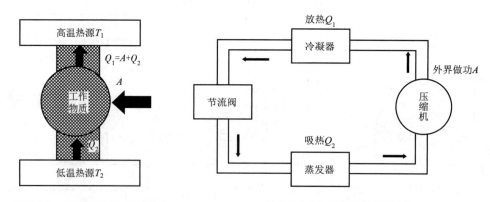

图 5-14　制冷机的工作流程　　　　　图 5-15　电冰箱的工作过程

四、卡诺循环

在 18 世纪末和 19 世纪初时,蒸汽机的应用已经非常广泛,但是效率却只有 3%~5%。在提高热机效率的研究过程中,1824 年法国青年工程师卡诺提出了一个理想循环,循环过程中工作物质只与两个恒温热源交换热量,整个循环由两个准静态等温过程和两个准静态绝热过程组成,这种循环称为卡诺循环。相应的做卡诺循环的热机称为卡诺热机,做卡诺循环的制冷机称为卡诺制冷机。

1. 卡诺热机

图 5-16 所示为一卡诺热机的循环过程曲线，$a \to b$ 和 $c \to d$ 为准静态等温过程，$b \to c$ 和 $d \to a$ 为准静态绝热过程。T_1、T_2 分别表示高温热源和低温热源的温度。假设工作物质为理想气体。$a \to b$ 过程为等温膨胀过程，系统从温度为 T_1 的高温热源吸热，体积由 V_1 膨胀到 V_2，从高温热源吸收的热量为

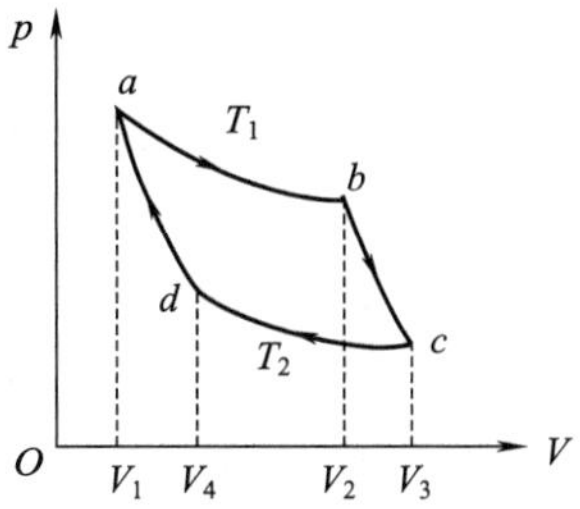

$$Q_1 = \nu R T_1 \ln \frac{V_2}{V_1}$$

$b \to c$ 为绝热膨胀过程，系统与外界没有热量交换。$c \to d$ 过程中，系统与温度为 T_2 的低温热源接触，等温压缩，体积由 V_3 压缩到 V_4，向低温热源放出热量的绝对值为

$$Q_2 = |Q_{cd}| = \left| \nu R T_2 \ln \frac{V_4}{V_3} \right| = \nu R T_2 \ln \frac{V_3}{V_4}$$

$d \to a$ 过程为绝热压缩过程，系统与外界没有热量交换。

由式(5-20)可求出卡诺热机的效率为

$$\eta = 1 - \frac{Q_2}{Q_1} = 1 - \frac{T_2 \ln \dfrac{V_3}{V_4}}{T_1 \ln \dfrac{V_2}{V_1}} \tag{5-22}$$

图 5-16　卡诺正循环

绝热过程 $b \to c$ 和 $d \to a$ 的绝热过程方程满足

$$T_1 V_2^{\gamma-1} = T_2 V_3^{\gamma-1}$$
$$T_1 V_1^{\gamma-1} = T_2 V_4^{\gamma-1}$$

联立以上两式有

$$\frac{V_2}{V_1} = \frac{V_3}{V_4}$$

将上式代入式(5-22)可得卡诺热机的效率为

$$\eta = 1 - \frac{T_2}{T_1} \tag{5-23}$$

由式(5-23)可看出，卡诺热机的效率只与两个热源的温度有关。高温热源温度越高，低温热源温度越低，卡诺热机的效率就越高。实践证明，提高高温热源的温度比降低低温热源的温度的经济成本要低。同时，由于高温热源的温度不可能无限大，低温热源的温度也不可能为零，所以卡诺热机的效率不可能为 1。

2. 卡诺制冷机

图 5-17 为卡诺制冷机的循环过程曲线。假设工作物质为理想气体，可得制冷系数为

$$\omega = \frac{Q_2}{A} = \frac{Q_2}{Q_1 - Q_2} = \frac{T_2}{T_1 - T_2} \tag{5-24}$$

由上式可知，卡诺制冷机的制冷系数也仅与两个热源的温度有关。

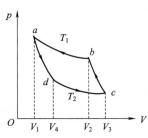

图 5-17　卡诺逆循环

例 5-6 1 mol 氧气做图 5-18 所示的循环,其中 $a\to b$ 是等压过程, $b\to c$ 是等体过程, $c\to a$ 为等温过程。求此循环过程的效率。

解 先计算分过程中的热量。

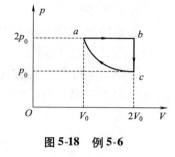

图 5-18 例 5-6

$a\to b$ 过程为吸热过程,吸收的热量为
$$Q_{ab} = \nu C_p(T_b - T_a)$$

$b\to c$ 过程为放热过程,放出的热量为
$$|Q_{bc}| = \nu C_V(T_b - T_c)$$

$c\to a$ 过程为放热过程,放出的热量为
$$|Q_{ca}| = \nu R T_c \ln 2$$

根据效率公式,有
$$\eta = 1 - \frac{Q_2}{Q_1} = 1 - \frac{|Q_{bc}| + |Q_{ca}|}{Q_{ab}} = 1 - \frac{\nu C_V(T_b - T_c) + \nu R T_c \ln 2}{\nu C_p(T_b - T_a)}$$

由于 $b\to c$ 为等体过程,并且 $p_b = 2p_c$,故 $T_b = 2T_c$;$c\to a$ 为等温过程,故 $T_a = T_c$。代入上式可得
$$\eta = 1 - \frac{C_V(2T_c - T_c) + RT_c \ln 2}{C_p(2T_c - T_c)} = \frac{2 - 2\ln 2}{i + 2} = 8.7\%$$

例 5-7 一定量的理想气体经历图 5-19 所示的循环过程,$A\to B$ 和 $C\to D$ 是等压过程,$B\to C$ 和 $D\to A$ 是绝热过程。已知: $T_C = 300$ K,$T_B = 400$ K。试求此循环的效率。

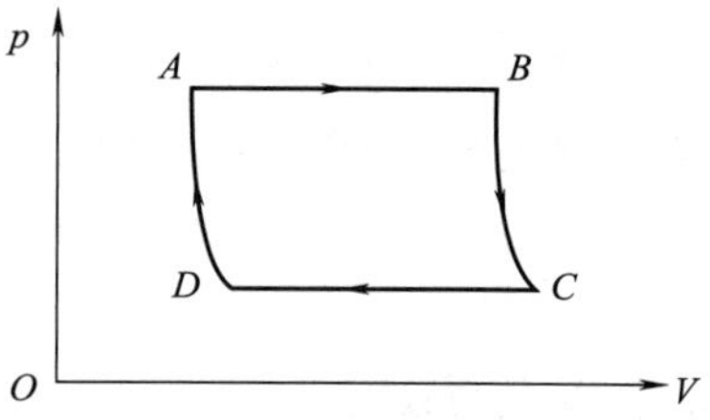

解 根据热机效率公式
$$\eta = 1 - \frac{Q_2}{Q_1}$$

$A\to B$ 过程为等压吸热过程,吸收热量为
$$Q_1 = \nu C_p(T_B - T_A)$$

$C\to D$ 过程为等压放热过程,放出的热量绝对值为
$$Q_2 = \nu C_p(T_C - T_D)$$

因此有
$$\frac{Q_2}{Q_1} = \frac{T_C - T_D}{T_B - T_A} = \frac{T_C(1 - T_D/T_C)}{T_B(1 - T_A/T_B)}$$

图 5-19 例 5-7

$B\to C$ 和 $D\to A$ 是绝热过程,过程方程分别为
$$p_A^{\gamma-1} T_A^{-\gamma} = p_D^{\gamma-1} T_D^{-\gamma}$$
$$p_B^{\gamma-1} T_B^{-\gamma} = p_C^{\gamma-1} T_C^{-\gamma}$$

由于 $p_A = p_B, p_C = p_D$,有
$$T_A/T_B = T_D/T_C$$

可得效率为
$$\eta = 1 - \frac{Q_2}{Q_1} = 1 - \frac{T_C}{T_B} = 25\%$$

5.6 热力学第二定律 卡诺定理

热力学第一定律指出,任何热力学过程必须满足能量守恒条件。但是,遵守热力学第一

律的热力学过程不一定都能实现,还会受到过程进行方向的限制。通过实践人们总结出了关于热力学过程进行方向的热力学第二定律。在热力学第二定律的诸多表述方式中,最具代表性的是开尔文表述和克劳修斯表述。

一、热力学第二定律

1. 开尔文表述

热力学第一定律表明,效率大于100%的热机不可能制成。那么,效率等于100%的热机是否存在呢?效率为100%的热机从高温热源吸收热量,全部用来对外做功而不向低温热源放出热量。这种从单一热源吸热,并将热量全部转化为功的循环热机,称为第二类永动机。假如这种热机可以制造成功,可以使它从海洋中吸收热量,并完全转化为功。据估算的结果,只要海水的温度下降0.01 K,就可以获得相当于10^{12}吨煤完全燃烧所提供的热量。但是,人们经过长期的实践认识到,第二类永动机是不可能实现的。

1851年,开尔文总结出了关于热功转换的规律:不可能制成一种循环工作的热机,只从单一热源吸收热量,使之完全变为有用功,而不产生其他影响。这就是热力学第二定律的开尔文表述。

开尔文表述中的"不产生其他影响"是指除单一热源吸热和对外做功以外,不再有其他变化。表述中的"循环工作"和"其他影响"是最主要的两个关键词。如果不是循环过程,工作物质可以从单一热源吸收热量并全部用来对外做功,例如气体的等温膨胀过程。气体可以从一个热源吸收热量,全部用来对外做功,但是这个过程并不是循环过程,也不能持续做功。并且在这个过程中,气体的体积膨胀了,即气体和外界都有了"其他影响"。

开尔文表述还可以表述为:第二类永动机是不可能制成的。

2. 克劳修斯表述

1850年克劳修斯提出了热传导过程的规律:热量不可能自动地从低温物体传向高温物体。这种表述被称为热力学第二定律的克劳修斯表述。

克劳修斯表述表明,热量只能自动地由高温物体传到低温物体,而不能自动地由低温物体传到高温物体。若要将热量从低温物体传到高温物体,需要借助外界做功才能实现。例如:日常用的冰箱能将热量从冰箱内部传到温度较高的周围环境,从而达到制冷的效果。但是这个过程并不是自动的,必须通过外界做功才能实现。

*3. 两种表述的等效性

开尔文表述指出了热功转换的方向性,而克劳修斯表述则指出了热传导过程的方向性。这两种表述之间存在着内在的联系,它们是相互依存的,即一种表述是正确的,另一种表述也是正确的;如果一种表述不成立,另一种表述也必然不成立。下面用反证法来证明两种表述的等效性。

假设开尔文表述不成立,如图5-20(a)所示,热机从高温热源T_1吸收热量Q_1,全部用来对外做功,即$A=Q_1$,并且没有产生其他影响。如果在高温热源T_1和低温热源T_2之间再设计一个制冷机,可用热机输出的功A去供给制冷机。

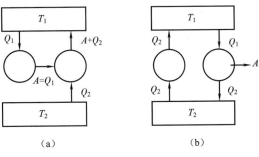

图5-20 两种表述的等效性

制冷机在一次循环中从低温热源 T_2 吸热,外界做功为 $A(A=Q_1)$,并向高温热源放出热量 $Q_2+A=Q_2+Q_1$。两个机器综合的效果就是,低温热源放出热量 Q_2,而高温热源吸收热量 Q_2,除此之外没有任何其他影响,这个结果违反了热力学第二定律的克劳修斯表述。由此可见,如果开尔文表述不成立,则克劳修斯表述也不成立。

若假设克劳修斯表述不成立,即热量可以自动由低温物体传到高温物体,如图 5-20(b)所示,热量 Q_2 可以自动由低温热源 T_2 传到高温热源 T_1。设计一个工作在高温热源 T_1 和低温热源 T_2 之间的卡诺热机,热机循环一次,从高温热源吸热 Q_1,对外做功 $A=Q_1-Q_2$,并向低温热源放热 Q_2。上述两个过程综合起来的唯一效果就是高温热源放出热量 Q_1-Q_2,对外做功 $A=Q_1-Q_2$,即违背了开尔文表述。

总之,热力学第二定律的开尔文表述和克劳修斯表述是等效的。除了这两种表述外,热力学第二定律还有多种表述,但每种表述的实质都指明了自然界中一切自发过程进行的方向性,即一切与热现象有关的物理过程都是不可逆的。

二、可逆过程和不可逆过程

热力学过程的方向性可以用过程的可逆性与不可逆性作进一步说明。

在系统状态的变化过程中,系统由一个状态出发经过某一过程到达另一状态,如果存在另一个过程,它能使系统和外界完全恢复最初的状态,则这样的过程称为可逆过程;反之,如果用任何曲折复杂的方法都不能使系统和外界完全恢复最初的状态,这样的过程称为不可逆过程。

可逆过程是一种理想过程,一切实际进行的热力学过程都是不可逆的。例如热传导过程,当两个温度不同的物体接触时,热量总是自动地由高温物体传到低温物体,但是热量不会自发地由低温物体传到高温物体,这说明热传导过程是不可逆的。又如理想气体的自由膨胀过程,如图 5-21 所示,气缸中 A 室的理想气体,在隔板抽掉后可向真空 B 室迅速膨胀,直到充满整个容器。但是相反的过程不可能自动实现,即膨胀后的气体不可能自发收缩回到 A 室。这说明,理想气体的自由膨胀过程是不可逆的。

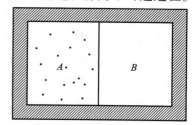

图 5-21 气体自由膨胀

不可逆过程都有一些共同的特征:一是系统与外界或者系统内部没有达到平衡;二是过程中存在耗散因素,即有摩擦力、黏性力等。如果想使过程为可逆过程,就必须消除这些因素。而无耗散的准静态过程就是消除了这些不可逆因素的过程,即是可逆过程。可逆过程是一种理想模型,为研究问题方便,许多实际过程可近似视为可逆过程。

三、卡诺定理

在研究热机效率的工作基础上,1824 年卡诺提出了关于热机效率的重要定理,称为卡诺定理,其内容如下:

(1)在相同的高温热源 T_1 和低温热源 T_2 之间工作的一切可逆机,都具有相同的效率,与工作物质无关,效率为

$$\eta = 1 - \frac{T_2}{T_1}$$

(2)工作在相同的高温热源 T_1 和低温热源 T_2 之间一切不可逆机的效率都小于可逆机的

效率,即

$$\eta_{\text{不可逆}} < 1 - \frac{T_2}{T_1}$$

卡诺定理指明了提高热机效率的途径:其一是尽量减少不可逆因素(例如减少摩擦、漏气等耗散因素),使热机尽可能接近可逆机;其二是增大高温热源和低温热源的温差。在实际生产中,通常以大气作为低温热源,故低温热源的温度一般由自然环境决定,因此唯有提高高温热源的温度才是切实可行的。

卡诺定理可用热力学第二定律证明,这里从略。

5.7 热力学第二定律的统计意义 熵

热力学第二定律指出,一切与热现象有关的过程都是不可逆的。为了进一步了解热力学第二定律的本质,本节讨论热力学第二定律的统计意义。

一、热力学第二定律的统计意义

以气体的自由膨胀为例,如图5-22所示,用隔板将容器分成体积相等的 A、B 两室,使 A 室充满气体,B 室为真空。假设初始 A 室内有 4 个全同分子 a、b、c、d,它们只能在 A 室运动。如果把中间隔板撤掉,经过一段时间后,这 4 个分子在容器内可能的分布情况如图5-23所示。由图可看出,撤去挡板后,4 个分子共有 $16(2^4)$ 种可能的分布状态,把每一种可能的分布称为一个微观态,即 4 个分子共有 2^4 种可能的微观态。同理分析,若为 N 个分子,则有 2^N 个微观态。根据统计理论中的等概率原理,这些微观态出现的概率都是相等的,即每个微观态出现的概率均为 $\frac{1}{2^N}$,而所有分子都退回 A 室的概率是 $\frac{1}{2^N}$。若为 1 mol 的气体,N 取值为 6.02×10^{23},可得所有分子回到 A 室的概率是 $\frac{1}{2^{6.02 \times 10^{23}}}$,这个概率的事件实际上是不可能实现的。

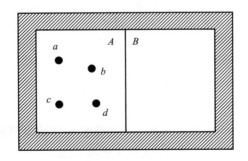

图 5-22 4 个分子系统

由于每个微观态出现的概率相同,所以宏观态包含的微观态数目越多,则这个宏观态出现的概率也就越大。因此可以总结出如下规律:一个孤立系统,其内部发生的过程总是由概率小的宏观状态向概率大的宏观状态进行,亦即由包含微观状态数目少的宏观状态向包含微观状态数多的宏观状态进行,这就是热力学第二定律的统计意义。

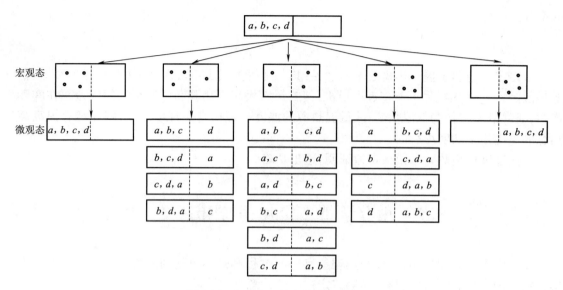

图 5-23 4 个分子的宏观态和微观态

*二、熵增加原理

一种宏观状态所包含的微观状态数称为该宏观状态的热力学概率,用 W 表示。热力学概率可作为分子运动无序性的一种量度。由此,玻尔兹曼引入了态函数熵 S 表示系统的无序度,即

$$S = k\ln W$$

一孤立系统由状态 a 经历一不可逆过程到达状态 b,此过程中的熵变可表示为

$$\Delta S = k\ln W_2 - k\ln W_1$$

式中,W_1、W_2 分别为状态 a 和 b 的热力学概率。根据热力学第二定律的统计解释,对于不可逆过程,总有 $W_2 > W_1$,由此可得 $\Delta S > 0$。若系统经历的是可逆过程,则熵保持不变,即 $\Delta S = 0$。

因此可得出结论:孤立系统中的熵永不减少,即对于可逆过程,熵不变;对于不可逆过程,熵总是增加。这一规律称为熵增加原理。实际过程总是不可逆的,因此,孤立系统中,一切实际过程总是沿着熵增大的方向进行。

本 章 习 题

(一) 功 热量 内能 热力学第一定律及其应用

5.1 一定量的理想气体经历了某过程后其温度升高了,根据热力学第一定律可以断定(　　)。
(1) 该过程吸了热;
(2) 外界对系统做了功;
(3) 该理想气体内能增加了;
(4) 该气体经历该过程后既吸了热又对外做了功。
以上说法正确的是(　　)。
A. (1)(3)　　　　B. (2)(3)　　　　C. (3)　　　　D. (3)(4)

5.2 一定量的理想气体经历 acb 过程(见图 5-24),吸收热量 200 J,若经历 $acbda$ 过程吸热( )。
A. -1 000 J B. 1 000 J C. -700 J D. -1 200 J

5.3 某种理想气体在状态变化时,内能与体积 V 关系曲线如图 5-25 所示,则 $A \to B$ 过程表示( )。
A. 等压过程 B. 等容过程 C. 等温过程 D. 绝热过程

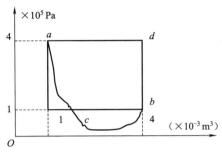

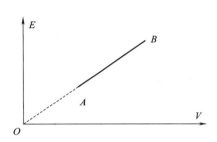

图 5-24 题 5.2   图 5-25 题 5.3

5.4 1 mol 理想气体从 p—V 图上初态 a 分别经历图 5-26 所示的(1)或(2)过程到达末态 b。已知 $T_a < T_b$,则这两过程中气体吸收的热量 Q_1 和 Q_2 的关系是( )。
A. $Q_1 > Q_2 > 0$ B. $Q_2 > Q_1 > 0$
C. $Q_2 < Q_1 < 0$ D. $Q_1 < Q_2 < 0$
E. $Q_1 = Q_2 > 0$

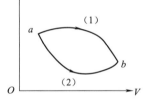

图 5-26 题 5.4

5.5 一摩尔单原子理想气体在等体过程中温度从 200 K 上升至 300 K,则该理想气体吸收热量为_____,若是非准静态的等体过程温度从 200 K 上升至 300 K,则气体吸收热量为_____。

5.6 一气缸贮有 10 mol 的单原子分子理想气体,在压缩过程中外界做功 209 J,气体升温 114 K,此过程中气体内能增量为_____,外界传给气体的热量为_____。

5.7 如图 5-27 所示,一定质量的单原子理想气体,从 A 经 C、D 最终到达 B 状态。求:该气体在此过程中吸收的热量。

5.8 气缸内贮有 36 g 水蒸气(视为理想气体)作图 5-28 所示循环,$b \to c$ 是等温过程,求:各个过程中的 A、ΔE、Q。

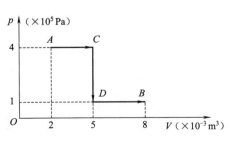

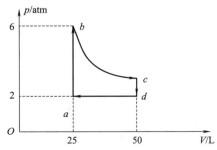

图 5-27 题 5.7   图 5-28 题 5.8

(二)摩尔热容 绝热过程 循环过程

5.9 在卡诺循环中,两绝热线下的两面积分别是 S_1(膨胀)、S_2(压缩),则它们的关系是（ ）。

A. $S_1 > S_2$　　　　　　　　　　　B. $S_1 < S_2$
C. $S_1 = S_2$　　　　　　　　　　　D. 无法确定

5.10 汽缸中一定质量氦气(理想气体)经历绝热压缩体积变为原来的一半,则气体分子的平均速率是原来的(　　)。

A. $2^{2/5}$ 倍　　　B. $2^{1/5}$ 倍　　　C. $2^{2/3}$ 倍　　　D. $2^{1/3}$ 倍

5.11 如图 5-29 所示,一定质量的理想气体从 V_1 膨胀到 V_2 分别经历 $A \to B$(等压)、$A \to C$(等温)、$A \to D$(绝热)过程,则吸热最多的过程为_____。

5.12 图 5-30 中上下两部分面积分别是 S_1 和 S_2,则:
(1) 如果气体经历 $A \to 1 \to B$,做功为_____；
(2) 如果气体经 $A \to 1 \to B \to 2 \to A$ 的循环过程,气体对外做净功 =_____；
(3) $B \to 2 \to A$ 过程气体做功_____。

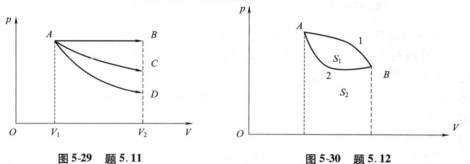

图 5-29 题 5.11　　　　图 5-30 题 5.12

5.13 一卡诺热机从 $T_1 = 727$ ℃ 热源吸热,向 $T_2 = 527$ ℃ 热源放热,热机在最大效率下工作,每一循环吸热 2 000 J,则此热机每一循环对外做净功 $A =$ _____。

5.14 气体经历图 5-31 所示的循环过程,在该循环过程中气体从外界吸收净热量_____。

5.15 有 1 mol 刚性多原子分子理想气体,原来压强为 1.0 atm 温度为 27 ℃,若经过绝热过程使压强增至 16 atm,求:(1)气体内能的增量;(2)终态时气体分子的分子数密度。

5.16 一摩尔理想气体的循环过程如图 5-32 所示,已知 $T_a = 500$ K, $T_c = 300$ K, $C_V = 5R/2$,求:该循环的热效率 η。

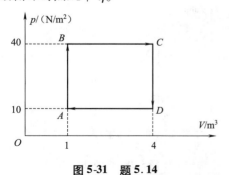

图 5-31 题 5.14

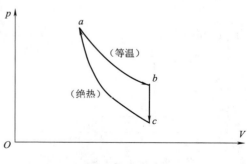

图 5-32 题 5.16

(三) 卡诺定理 热力学第二定律的统计意义 熵增加原理

5.17 热力学第二定律说明(　　)。

A. 热量不能从低温物体向高温物体传递

B. 对于一个热力学系统吸收的热量不能完全转变成有用的功

C. 任何一个状态变化过程都必须遵守能量守恒

D. 热力学系统中自发进行的过程方向都是由存在概率小的状态向存在概率大的状态方向进行

5.18 不可逆过程是(　　)。

A. 不能反向进行的过程

B. 系统不能回复到初始状态的过程

C. 有摩擦存在的过程或者非准静态的过程

D. 外界有变化的过程

5.19 一绝热容器被隔板分为两半,一半是真空,另一半理想气体,若把隔板抽出,气体将进行自由膨胀,达到平衡后(　　)。

A. 温度不变,熵增加　　　　　　　　B. 温度升高,熵增加

C. 温度降低,熵增加　　　　　　　　D. 温度不变,熵不变

5.20 由卡诺定理可以得出提高热机效率的途径是:

(1)_____;

(2)_____。

5.21 在一个孤立系统内,一切实际过程都向着_____的方向进行。这就是热力学第二定律的统计意义。从宏观上说,一切与热现象有关的实际的过程都是_____。

5.22 下列过程是否可逆(在空格处填入是、不是):

(1)通过活塞(它与器壁无摩擦),极其缓慢地压缩绝热容器中的空气,该过程_____可逆的,原因是_____。

(2)用旋转的叶片使绝热容器中的水温上升(焦耳热功当量实验),该过程_____可逆的,原因是_____。

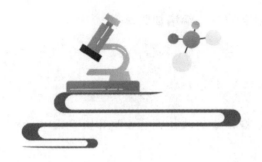

第 6 章
机械振动

机械振动是指物体在空间某一位置附近所做的周期性往复运动。机械振动在自然界中广泛存在,例如心脏的跳动、钟摆的运动、气缸中活塞的运动、固体中原子的运动等。从广义上说,任何一个物理量在某一数值附近所做的周期性变化都可以称为振动,例如交流电路中的电流和电压变化,交变电磁场中空间某点的电场强度和磁场强度随时间的变化等。这些广义振动虽然在本质上和机械振动不同,但对振动的描述却有共同之处,因此研究机械振动也是研究其他振动的基础。

机械振动中最简单、最基本的振动是简谐振动,复杂振动可以看成是若干简谐振动的合成。本章主要讨论简谐振动的规律和振动合成问题。

6.1 简谐振动

一、弹簧振子和简谐振动

如图 6-1 所示,将一质量不计的轻弹簧左端固定,右端连一个质量为 m 的物体,放置在光滑的水平面上,不计物体所受阻力。当弹簧自然伸长时,物体位于平衡位置 O[见图 6-1(a)],此时物体在水平方向所受合外力为零。将物体向右拉至位置 B 时[见图 6-1(b)],由于弹簧伸长,物体受到一个指向左的弹性力作用。撤去外力后,物体在弹性力作用下向左加速运动。当回到 O 点时,虽然物体所受弹性力已减为零[见图 6-1(c)],但物体的惯性使之继续向左运动。过 O 点后,弹簧被压缩,物体受到的弹性力方向变为向右,物体向左减速运动到达 D 点,速度减为零[见图 6-1(d)]。之后,物体在向右的弹性力作用下,从 D 点加速运动至 O 点[见图 6-1(e)]。过 O 点后,弹性力改变方向为向左,物体由于惯性继续向右减速运动至 B 点,速度减为零。这样,在弹性力作用下,物体将在平衡位置附近作周期性往复运动,这一由轻弹簧和物体组成的系统称为弹簧振子。

取如图 6-1 所示坐标轴 Ox,物体相对于平衡位

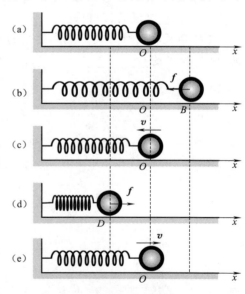

图 6-1 弹簧振子的振动

置的位移为 x。由上面的分析可知,弹簧振子中物体所受弹性力方向总是与位移方向相反,始终指向平衡位置 O,这种力常称为回复力。由胡克定律,物体所受弹性力与位移 x 成正比,即

$$f = -kx \tag{6-1}$$

式中,k 为弹簧的劲度系数,负号表示力与位移的方向相反。

根据牛顿第二定律,物体运动的动力学方程为

$$-kx = m\frac{\mathrm{d}^2 x}{\mathrm{d}t^2}$$

令 $\omega^2 = \dfrac{k}{m}$,上式可写成

$$\frac{\mathrm{d}^2 x}{\mathrm{d}t^2} + \omega^2 x = 0 \tag{6-2}$$

其余弦形式的解为[①]

$$x = A\cos(\omega t + \varphi_0) \tag{6-3}$$

式中,A 和 φ_0 是积分常数;ω 是由 k 和 m 决定的固有常数。它们的物理意义将在后面讨论。

凡是受力满足式(6-1)、或运动微分方程满足式(6-2)、或振动方程满足式(6-3)形式的振动系统称为简谐振子系统,该系统的运动称为简谐振动。

例 6-1 一轻质弹簧竖直悬挂,下端挂一重物。今将重物向下拉一小段距离后再放开,证明该重物将做简谐振动。

证明 设系统平衡时弹簧伸长量为 x_0,弹簧劲度系数为 k,重物重力为 G,则

$$kx_0 = G$$

以平衡位置 O 为原点,取如图 6-2 所示坐标轴 Ox。设重物某时刻位置坐标为 x,由受力分析可得重物所受合外力为

$$F = G - k(x_0 + x) = -kx$$

由上式可得,重物所受合外力满足式(6-1)形式,该系统为简谐振子系统,所以重物将做简谐振动。

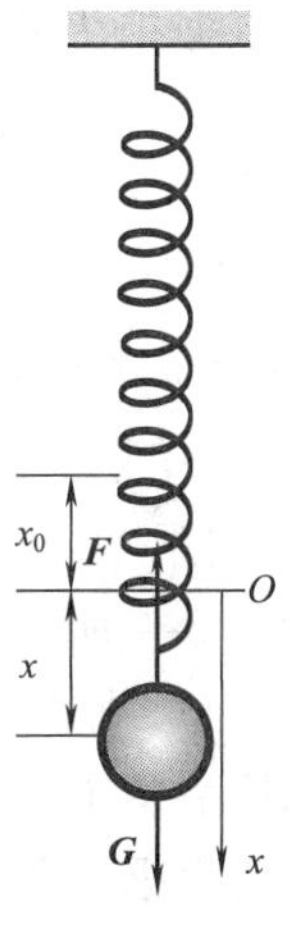

二、常见的简谐振动模型

弹簧振子是最简单的简谐振动模型。实际振动大多较为复杂,回复力往往也不是线性的,需要在一定条件下进行近似才可视为简谐振动模型,如单摆、复摆等。

图 6-2 例 6-1

1. 单摆

如图 6-3 所示,长为 l 的细线一端固定在 A 点。另一端悬挂一质量为 m 的小球,小球的体积、细线的质量和伸长均可忽略不计。系统静止时,细线处于竖直状态,小球所在位置 O 为受力平衡位置。在保持细线拉直情况下,将小球从平衡位置 O 拉开一个小角度后由静止放手,小球即可在竖直面内围绕平衡位置 O 作周期性往复运动。这一振动系统称为单摆,通常

---

① 方程式(6-2)还有正弦形式的解,正弦或余弦函数都是简谐函数,但为统一起见,本书采用余弦形式的解。

把细线和小球叫做摆线和摆锤。

设某时刻摆线偏离竖直线的角位移为 θ，规定逆时针转过的角位移 θ 为正；顺时针时 θ 为负。此时，摆锤受到重力和摆线的拉力共同作用，受力分析如图 6-3 所示。若不计其他阻力，由牛顿定律有

$$\boldsymbol{G} + \boldsymbol{T} = m\boldsymbol{a}$$

将上式分解可得沿摆锤摆动弧切线方向的分量式为

$$-mg\sin\theta = ma_\tau = ml\frac{\mathrm{d}^2\theta}{\mathrm{d}t^2}$$

式中，负号表示重力分力的方向与角位移 θ 的方向相反。当摆角 θ 很小（≤5°）时，$\sin\theta \approx \theta$，上式可化简为

$$\frac{\mathrm{d}^2\theta}{\mathrm{d}t^2} + \frac{g}{l}\theta = 0$$

亦可令 $\omega^2 = \dfrac{g}{l}$，则上式可写成

$$\frac{\mathrm{d}^2\theta}{\mathrm{d}t^2} + \omega^2\theta = 0 \qquad (6\text{-}4)$$

上式与简谐振动的微分方程式（6-2）的形式相同，即单摆的小角度摆动可近似视为简谐振动。

进一步分析，重力沿摆动弧切线方向的分力在小角度近似下可表示为

$$G_\tau \approx -mg\theta \qquad (6\text{-}5)$$

式中，G_τ 与 θ 的关系恰似式（6-1）中 f 与 x 的关系。如果摆角不是很小，G_τ 与 θ 将不再能近似为线性关系，单摆运动也不再能视为简谐振动。

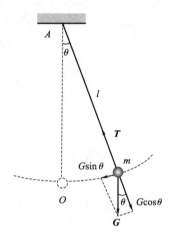

图 6-3 单摆

2. 复摆

如图 6-4 所示，质量为 m 的刚体，被支撑在水平固定光滑轴 O 上。平衡状态下，刚体的质心 C 位于轴 O 的正下方。将刚体拉开平衡位置一个小角度后释放，刚体将绕轴 O 在竖直面内做周期性往复摆动。这样的系统称为复摆。设复摆对水平转轴 O 的转动惯量为 I，质心 C 到 O 的距离为 h。

设某时刻复摆偏离平衡位置的角位移为 θ，此时复摆受到的重力矩为 $M_G = -mgh\sin\theta$。当摆角 θ 很小（≤5°）时，$\sin\theta \approx \theta$，有

$$M_G \approx -mgh\theta \qquad (6\text{-}6)$$

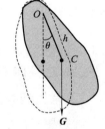

图 6-4 复摆

式中，负号表示重力矩方向与角位移 θ 的方向相反。M_G 与 θ 的关系恰似式（6-1）中 f 与 x 的关系。因此，复摆的小角度摆动也可近似视为简谐振动。

进一步分析，若不计其他阻力矩，由转动定律有

$$I\frac{\mathrm{d}^2\theta}{\mathrm{d}t^2} = -mgh\theta \qquad (6\text{-}7)$$

亦可令 $\omega^2 = \dfrac{mgh}{I}$，则上式也可化简为式（6-4）的形式。

6.2 简谐振动的描述

一、简谐振动的速度、加速度和图像描述

将上一节中的振动方程式(6-3)对时间分别求一阶和二阶导数,可得到简谐振动的速度 v 和加速度 a 为

$$v = \frac{dx}{dt} = -\omega A \sin(\omega t + \varphi_0) = v_m \cos\left(\omega t + \varphi_0 + \frac{\pi}{2}\right) \tag{6-8}$$

$$a = \frac{d^2 x}{dt^2} = -\omega^2 A \cos(\omega t + \varphi_0) = a_m \cos(\omega t + \varphi_0 + \pi) \tag{6-9}$$

式中,$v_m = \omega A$ 为速度最大值;$a_m = \omega^2 A$ 为加速度最大值。根据式(6-3)、式(6-8)和式(6-9)可作出图 6-5 所示的 x—t、v—t 和 a—t 图。由图 6-5 可以看出,物体做简谐振动时,它的位移、速度和加速度也都作相同的周期性变化,从广义上说,速度和加速度也在做简谐振动。

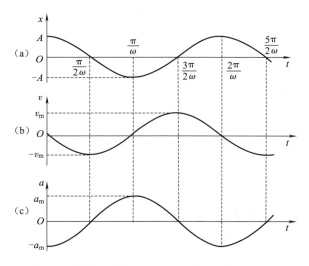

图 6-5 简谐振动的 x—t、v—t 和 a—t 图 ($\varphi_0 = 0$)

二、描述简谐振动的三个特征物理量

1. 振幅 A

振动方程式(6-3)中的余弦函数 $\cos(\omega t + \varphi_0)$ 的值被限定在 $-1 \sim +1$ 之间,所以简谐振动物体的位移也应在 $-A \sim +A$ 之间变化。简谐振动物体离开平衡位置的最大位移的大小,称为振幅,通常用字母 A 表示。

简谐振动系统的振幅由振动系统的初始条件决定。设 $t = 0$ 时,振动物体的初始位移为 x_0,初始速度为 v_0,将初始条件代入式(6-3)和式(6-8)得

$$\begin{cases} x_0 = A\cos\varphi_0 \\ v_0 = -\omega A \sin\varphi_0 \end{cases} \tag{6-10}$$

求解上面方程组可得振幅的计算式为

$$A = \sqrt{x_0^2 + \left(\frac{v_0}{\omega}\right)^2} \tag{6-11}$$

2. 角频率 ω

由图 6-4 所示的 x—t 图可以看出，作简谐振动物体的运动具有周期性。我们把物体做一次完全振动所经历的时间称为振动的周期，用 T 表示，单位为秒(s)。

根据周期的定义，t 和 $t+T$ 时刻的位移相同，由式(6-3)有

$$x = A\cos(\omega t + \varphi_0) = A\cos[\omega(t+T) + \varphi_0] = A\cos(\omega t + \varphi_0 + \omega T)$$

又根据余弦函数的周期为 2π，有

$$\omega T = 2\pi \text{ 或 } T = \frac{2\pi}{\omega} \tag{6-12}$$

通常定义单位时间内物体所做的完全振动的次数为频率，用 ν 表示，单位为赫兹(Hz)。根据周期和频率的定义，ν 与 T 的关系为

$$\nu = \frac{1}{T} = \frac{\omega}{2\pi} \tag{6-13}$$

于是由式(6-12)有

$$\omega = \frac{2\pi}{T} = 2\pi\nu \tag{6-14}$$

即 ω 等于振动系统在 2π s 内完成全振动的次数或在 1 s 内完成全振动次数的 2π 倍，称为角频率(或圆频率)，单位为弧度每秒(rad/s)。

由上一节内容可知，对于弹簧振子、单摆和复摆系统，角频率 ω 分别为

$$\omega = \sqrt{\frac{k}{m}}, \omega = \sqrt{\frac{g}{l}} \text{ 和 } \omega = \sqrt{\frac{mgh}{I}} \tag{6-15}$$

由上式可知，角频率 ω 只与振动系统本身的物理性质有关，相应的周期 T 和频率 ν 也只与振动系统本身的物理性质有关，分别称为振动系统的固有角频率、固有周期和固有频率。

应用式(6-14)，简谐振动的振动方程式(6-3)还可以表示为

$$x = A\cos\left(\frac{2\pi}{T}t + \varphi_0\right) \tag{6-16a}$$

$$x = A\cos(2\pi\nu t + \varphi_0) \tag{6-16b}$$

3. 相位 φ

在运动学中，物体某一时刻的运动状态可用相对坐标原点的位移和速度来描述。由图 6-4 中的 x—t、v—t 曲线可以看出，简谐振动的周期性使得振动物体的运动状态在一个周期内即可全部观察到，也可以说，振动物体的运动状态与余弦函数中物理量 $(\omega t + \varphi_0)$ 在一个周期内的值一一对应。因此，对于振幅 A 和角频率 ω 都给定的简谐振动，其运动状态可用物理量 $(\omega t + \varphi_0)$ 来描述。$(\omega t + \varphi_0)$ 称为振动的相位，用 φ 表示，即 $\varphi = (\omega t + \varphi_0)$，是一个描述简谐振动物体运动状态的物理量。相位 φ 还能充分体现简谐振动的周期性，凡是位移和速度都相同的运动状态，其对应的相位之差为 2π 或 2π 的整数倍。

当 $t=0$ 时，相位 $\varphi = \varphi_0$，φ_0 称为初相位，简称初相，是描述初始时刻振动物体运动状态的物理量。例如，若取 $\varphi_0 = 0$，由式(6-10)可得出 $x_0 = A$ 及 $v_0 = 0$，这描述的是初始时刻物体位于偏离平衡位置正最大位移处，且速率为零。初相位与振幅一样，也由振动的初始条件决定。由

式(6-10)可解得

$$\tan\varphi_0 = -\frac{v_0}{\omega x_0} \text{ 或 } \varphi_0 = \arctan\left(-\frac{v_0}{\omega x_0}\right) \quad (6\text{-}17)$$

但由上式得到的 φ_0 在 $[0,2\pi)$ 范围内有两个解,所以还需根据初始条件进行取舍。

例 6-2 左端固定的弹簧振子系统放置在光滑水平面上,弹簧的劲度系数 $k=0.72$ N/m,物体质量 $m=20$ g。现将物体从平衡位置水平向右拉长到 0.04 m 处由静止释放,求系统的振动方程。

解 先求三个特征物理量 A、ω 和 φ_0。

根据式(6-15)与已知 $k=0.72$ N/m 和 $m=20$ g 得

$$\omega = \sqrt{\frac{k}{m}} = \sqrt{\frac{0.72}{20\times10^{-3}}} = 6 \text{ rad/s}$$

根据式(6-11)与已知 $x_0=0.04$ m 和 $v_0=0$ 以及上式结果得

$$A = \sqrt{x_0^2 + \left(\frac{v_0}{\omega}\right)^2} = \sqrt{0.04^2 + \frac{0^2}{6^2}} = 0.04 \text{ m}$$

根据式(6-17)得

$$\tan\varphi_0 = -\frac{v_0}{\omega x_0} = -\frac{0}{6\times 0.04} = 0$$

由上式解出,在 $[0,2\pi)$ 范围内 $\varphi_0=0$ 或 π。又根据初始条件 $x_0=0.04$ m 和 $v_0=0$ 知,物体位于正最大位移处,因此取 $\varphi_0=0$,舍去 $\varphi_0=\pi$。

将上面得到的振幅 $A=0.04$ m、角频率 $\omega=6$ rad/s 和初相位 $\varphi_0=0$ 代入式(6-3),可得系统的振动方程为

$$x = 0.04\cos 6t$$

6.3 简谐振动的旋转矢量图表示法

一、旋转矢量与简谐振动

如图 6-6(a)所示,自 Ox 轴的原点 O 作一矢量 A,其长度取为简谐振动的振幅 A。令矢量 A 在图示平面内做逆时针匀角速转动,转动的角速度与简谐振动的角频率 ω 相等,称这一矢量 A 为旋转矢量。矢量 A 的矢端画出的圆称为参考圆。

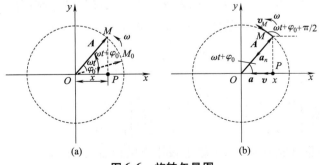

图 6-6 旋转矢量图

在图 6-6(a)中,取 $t=0$ 时,矢量 A 与 Ox 轴的夹角等于振动初相位 φ_0,矢端位于 M_0 点。在时刻 t,矢量 A 转过角度 ωt,与 Ox 轴的夹角等于该时刻振动相位 $\varphi=\omega t+\varphi_0$,矢端位于 M 点。作 t 时刻旋转矢量 A 在 Ox 轴上的投影,矢端 M 的投影为 P 点。根据几何关系,P 点在 Ox 轴上的位置 x 由关系式 $x=A\cos(\omega t+\varphi_0)$ 确定,这恰好是简谐振动的振动方程式(6-3)。由此可见,用旋转矢量 A 的矢端 M 在 Ox 轴上的投影点 P 的运动,可以形象地描述简谐振动的规律。另外,如图 6-6(b)所示,旋转矢量 A 做匀速圆周运动时矢端 M 的速度 v_M 大小为 ωA,方向与 Ox 轴正方向的夹角为 $(\omega t+\varphi_0+\pi/2)$,其在 Ox 轴上的投影为 $v=\omega A\cos(\omega t+\varphi_0+\pi/2)$,这正是式(6-8)给出的振动速度公式;同时,矢端 M 做匀速圆周运动的向心加速度 a_n 的大小为 $\omega^2 A$,方向与 Ox 轴正方向的夹角为 $(\omega t+\varphi_0+\pi)$,其在 Ox 轴上的投影为 $a=\omega^2 A\cos(\omega t+\varphi_0+\pi)$,这正是式(6-9)给出的振动加速度公式。由此可见,利用以上几何关系可以使旋转矢量与简谐振动建立关系。

下面举例说明旋转矢量图与简谐振动 x—t 图的关系。如图 6-7 所示,取旋转矢量图中的 Ox 轴正方向竖直向上,与简谐振动 x—t 图中的 Ox 轴保持平行。某简谐振动的初相位为 $\varphi_0=\pi/4$,则在 $t=0$ 时刻,旋转矢量 A 的矢端位于 a 点,其在 Ox 轴上的投影点位于 $x=A/\sqrt{2}$ 处,对应 x—t 图中的 a' 点,考虑到矢量 A 的逆时针转动,a' 点具有向 Ox 轴负方向的运动速度;经过 $T/8$,旋转矢量 A 逆时针转过 $\pi/4$,相位 $\varphi=\pi/2$,矢端位于 b 点,其在 Ox 轴上的投影点位于 $x=0$ 平衡位处,对应 x—t 图中的 b' 点,且具有向 Ox 轴负方向的运动速度……如此,经过一个周期 T,旋转矢量 A 回到 a 点,相位变化 2π,x—t 图中也相应得到一个周期的曲线。

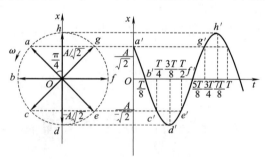

图 6-7 旋转矢量图与简谐振动 x—t 图线

二、旋转矢量图的应用

1. 求简谐振动的相位

(1)由振动条件结合旋转矢量图,可以直观地得到简谐振动的相位。

例 6-3 已知简谐振动的初始条件如下,请分别用旋转矢量图表示出各振动的初相位。

① $\begin{cases} x_0=A \\ v_0=0 \end{cases}$ ② $\begin{cases} x_0=-A \\ v_0=0 \end{cases}$ ③ $\begin{cases} x_0=0 \\ v_0<0 \end{cases}$ ④ $\begin{cases} x_0=0 \\ v_0>0 \end{cases}$

⑤ $\begin{cases} x_0=-\dfrac{A}{2} \\ v_0<0 \end{cases}$ ⑥ $\begin{cases} x_0=-\dfrac{A}{2} \\ v_0>0 \end{cases}$ ⑦ $\begin{cases} x_0=\dfrac{A}{2} \\ v_0<0 \end{cases}$ ⑧ $\begin{cases} x_0=\dfrac{A}{2} \\ v_0>0 \end{cases}$

解 根据旋转矢量 A 的端点在 Ox 轴上投影点的位置 x_0 和速度 v_0 方向,可得八种初始条件对应的初相位,如图 6-8 所示。

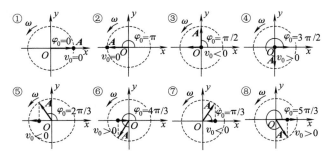

图 6-8　例 6-3

(2)利用旋转矢量图与简谐振动 x—t 图的关系确定振动相位,进而求相关振动参量。

例 6-4　质点做简谐振动的 x—t 曲线如图 6-9(b)所示。试根据图中数据求振动方程。

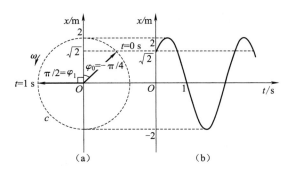

图 6-9　例 6-4

解　先求三个特征物理量 A、ω 和 φ_0。

由图 6-9(b)可以读出简谐振动的振幅 $A = 2$ m。

仿照图 6-7,作与 x—t 曲线相对应的旋转矢量图,如图 6-9(a)所示。可以得到初相位为 $\varphi_0 = -\pi/4$,$t = 1$ s 时的相位 $\varphi_1 = \pi/2$。

由 φ_0 和 φ_1 可以计算出 1 s 时间内振动相位的改变量为 $\Delta\varphi = \varphi_1 - \varphi_0 = 3\pi/4$,根据匀速圆周运动公式 $\Delta\varphi = \omega t$,可求得 $\omega = \Delta\varphi/t = 3\pi/4$ rad/s。

将上面得到的振幅 $A = 2$ m、角频率 $\omega = 3\pi/4$ rad/s 和初相位 $\varphi_0 = -\pi/4$ 代入式(6-3),得系统的振动方程为

$$x = 2\cos\left(\frac{3\pi}{4}t - \frac{\pi}{4}\right) \text{ m}$$

2. 求简谐振动的相位差

(1)利用旋转矢量与圆周运动的关系可以直观地求出同一简谐振动不同时刻的相位之差。

例 6-5　简谐振动的 x—t 曲线如图 6-10(a)所示。已知其振动周期为 T,求 a 和 b 两振动位置之间的时间差。

解　根据式(6-12)可得 $\omega = \dfrac{2\pi}{T}$。

作与 x—t 曲线相对应的旋转矢量图,如图 6-10(b)所示。与 a 和 b 两振动位置相对应的旋转矢量位置分别为 a' 和 b';由几何关系 $\cos \Delta\varphi = 1/2$,可得相位之差为 $\Delta\varphi = \pi/3$。

根据匀速圆周运动公式 $\Delta\varphi = \omega t$,可求得 a 和 b 两振动位置之间的时间差为

$$\Delta t = \frac{\Delta\varphi}{\omega} = \frac{\pi/3}{2\pi/T} = \frac{1}{6}T$$

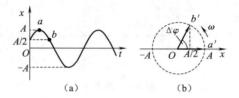

图 6-10　例 6-5

(2)利用旋转矢量图可以比较两个同频率简谐振动的"步调"。

设有两个振动频率相同的简谐振动,其振动方程分别为

$$x_1 = A_1\cos(\omega t + \varphi_{10}), x_2 = A_2\cos(\omega t + \varphi_{20})$$

它们在任一时刻的相位之差为

$$\Delta\varphi = (\omega t + \varphi_{20}) - (\omega t + \varphi_{10}) = \varphi_{20} - \varphi_{10} \tag{6-18}$$

即频率相同的简谐振动在任一时刻的相位之差等于其初相位差。下面就 $\Delta\varphi$ 取不同值的情况进行讨论。

若 $|\Delta\varphi| = 0$(或 2π 的整数倍),则称两个振动为同相振动,即两振动"步调"完全一致。如图 6-11(a)所示,在 x—t 图中表现为两振动同时到达正最大位移,同时到达平衡,又同时到达负最大位移;在旋转矢量图中两矢量始终保持方向相同旋转。

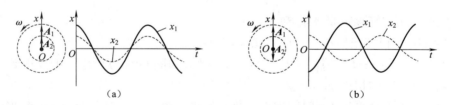

图 6-11　同相振动和反相振动的旋转矢量和 x—t 曲线

若 $|\Delta\varphi| = \pi$(或 π 的奇数倍),则称两个振动为反相振动,即两振动"步调"完全相反。如图 6-11(b)所示,在 x—t 图中表现为当一个振动到达正最大位移时,另一个到达负最大位移;而两振动到达平衡位置虽然是同时的,但运动方向相反;在旋转矢量图中表现为两旋转矢量始终保持方向相反旋转。

一般若 $\Delta\varphi = \varphi_{20} - \varphi_{10} > 0$,则称 x_2 振动超前 x_1 振动 $\Delta\varphi$,或 x_1 振动落后 x_2 振动 $\Delta\varphi$。这可在旋转矢量图 6-12(a)中直观地看出:两矢量 A_1 和 A_2 同时逆时针旋转时,若视 A_2 在前,则 A_1 在后,即自然得到超前或落后的描述。但若出现 $\Delta\varphi = \varphi_{20} - \varphi_{10} > \pi$ 的情况,例如图 6-12(b)所示的 $\Delta\varphi = 3\pi/2$,则视 A_1 在前,A_2 在后更符合直观感觉,但这种情况通常描述为 x_2 振动落后 x_1 振动 $\pi/2$,或 x_1 振动超前 x_2 振动 $\pi/2$。可见,超前或落后是相对的,为简便计,常限定 $|\Delta\varphi| \leq \pi$,然后再根据旋转矢量图描述振动的超前或落后关系。

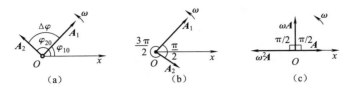

图 6-12 两个同频率简谐振动的相位差和"步调"

按上面的描述,可以比较简谐振动的位移、速度和加速度之间的"步调"。取 $\varphi_0 = 0$,将式(6-3)、式(6-8)和式(6-9)的相位关系在旋转矢量图中画出,如图 6-12(c)所示。可以看出,速度比位移超前 $\pi/2$,而比加速度落后 $\pi/2$。

例 6-6 如图 6-13 所示,一劲度系数为 $k = 0.72$ N/m 的轻弹簧左端固定,右端连接质量为 $m = 20$ g 的物体,物体置于光滑水平面上。现将物体从平衡位置向右拉到 $x_0 = 0.05$ m 处释放,试求:

(1) 当释放速度为 $v_0 = 0$ m/s 时,物体第一次经过 $x = A/2$ 处的速度;

(2) 当释放速度为 $v_0' = 0.3$ m/s,且方向向右时,振动方程的表达式。

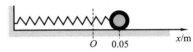

图 6-13 例 6-6 图 1

解 由弹簧振子角频率计算公式有

$$\omega = \sqrt{\frac{k}{m}} = \sqrt{\frac{0.72}{20 \times 10^{-3}}} = 6 \text{ rad/s}$$

(1) 根据初始条件 $x_0 = 0.05$ m 和 $v_0 = 0$ m/s,$t = 0$ s 时刻旋转矢量的位置如图 6-14(a)所示,由图可知振幅和初相位分别为 $A = 0.05$ m,$\varphi_0 = 0$。所以由式(6-8)得速度方程

$$v = A\omega\cos\left(\omega t + \varphi_0 + \frac{\pi}{2}\right) = 0.3\cos\left(6t + \frac{\pi}{2}\right) \text{ (m/s)}$$

t 时刻物体第一次经过 $x = A/2$ 处时旋转矢量的位置如图 6-14(a)所示。根据几何关系,此时振动位移的相位满足 $\varphi = 6t = \arccos(1/2) = \pi/3$,代入上面的速度方程得

$$v = 0.3\cos\left(\frac{\pi}{3} + \frac{\pi}{2}\right) = -0.3 \times \frac{\sqrt{3}}{2} = 0.26 \text{ m/s}$$

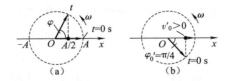

图 6-14 例 6-6 图 2

(2) 根据初始条件 $x_0 = 0.05$ m 和 $v_0' = 0.3$ m/s,由振幅和初相位计算公式(6-11)和式(6-17)有

$$A' = \sqrt{x_0^2 + \left(\frac{v_0'}{\omega}\right)^2} = \sqrt{0.05^2 + \frac{0.3^2}{6^2}} = 0.07 \text{ m}$$

$$\tan\varphi_0' = -\frac{v_0'}{\omega x_0} = -\frac{0.3}{6 \times 0.05} = -1$$

由上式解得初相位为 $\varphi_0' = 3\pi/4$ 或 $\varphi_0' = -\pi/4$。由旋转矢量图 6-14(b) 所示,当 $\varphi_0' = -\pi/4$ 时,$v_0' > 0$,满足初始速度条件,所以舍去 $\varphi_0' = 3\pi/4$。

由以上结果,可得振动方程为

$$x = 0.07\cos\left(6t - \frac{\pi}{4}\right) \text{ (m)}$$

6.4 简谐振动的能量

一、简谐振动的能量表示式

下面以图 6-1 所示的弹簧振子为例说明简谐振动的能量。

设 t 时刻简谐振动物体的位移和速度分别为 x 和 v,则根据式(6-8)和式(6-3)计算系统的动能和弹性势能分别为

$$E_k = \frac{1}{2}mv^2 = \frac{1}{2}m\omega^2 A^2 \sin^2(\omega t + \varphi_0) \tag{6-19}$$

$$E_p = \frac{1}{2}kx^2 = \frac{1}{2}kA^2 \cos^2(\omega t + \varphi_0) \tag{6-20}$$

由以上两式可以看出,振动系统的动能和势能都随时间 t 作周期性变化。当物体位移最大时,势能达最大值,而动能为零;当物体过平衡位置时,势能为零,但动能达最大值。即振动系统的动能和势能"步调"相反。

系统的总机械能 E 为

$$E = E_k + E_p = \frac{1}{2}m\omega^2 A^2 \sin^2(\omega t + \varphi_0) + \frac{1}{2}kA^2 \cos^2(\omega t + \varphi_0)$$

因为 $\omega^2 = k/m$,所以有

$$E = \frac{1}{2}m\omega^2 A^2 = \frac{1}{2}kA^2 \tag{6-21}$$

上式表明,弹簧振子做简谐振动的总机械能守恒,且与振幅的二次方成正比。从力学角度分析,因为在振动过程中,只有系统的保守内力(此处为弹性力)做功,所以系统的动能和势能不断相互转换,总机械能守恒。简谐振动的机械能守恒体现在振动过程中振动的振幅保持不变,所以简谐振动也是一种等幅振动。这一结论适用于所有简谐振动系统。

另外,在 6.2 节给出,振幅 A 的值由初始条件决定,实际上,给定了初始条件就等于给定了系统初始时刻的总机械能,所以,也可以说,振幅 A 的值由振动系统的能量决定。设给定 x_0 和 v_0,则初始时刻的动能为 $E_{k0} = \frac{1}{2}mv_0^2$,势能为 $E_{p0} = \frac{1}{2}kx_0^2$,则总机械能为 $E = E_{k0} + E_{p0} = \frac{1}{2}mv_0^2 + \frac{1}{2}kx_0^2$,利用 $\omega^2 = k/m$ 和式(6-21)可得 $A = \sqrt{x_0^2 + \left(\frac{v_0}{\omega}\right)^2}$,这正是振幅的计算式(6-11)。当然,由于机械能守恒,已知任意时刻的位移 x 和速度 v,也可以计算振幅 $A = \sqrt{x^2 + \left(\frac{v}{\omega}\right)^2}$。

二、简谐振动的能量曲线

取 $\varphi_0 = 0$,弹簧振子的动能 E_k、势能 E_p 随时间 t 的变化曲线如图 6-15(a) 所示。为了便于比较,6-15(b) 给出了对应的 $x-t$ 曲线。由图 6-15 可见,E_k 和 E_p 也在作周期性振动,其频率是弹簧振子振动频率的 2 倍,周期则是弹簧振子周期的 1/2。

在实际应用中,也常采用如图 6-16 所示的势能曲线来描述振动能量随位移 x 的变化。图中曲线 BOC 表示势能 E_p 随 x 的变化关系,直线 BC 表示总机械能 E,而 E 与 E_p 的差即为动能 E_k。

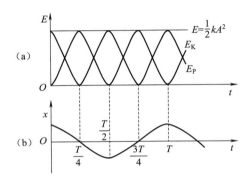

图 6-15 简谐振动的能量曲线和 $x-t$ 曲线　　图 6-16 简谐振动的势能曲线

三、能量守恒与简谐振动

简谐振动的微分方程式(6-2)还可以由能量守恒推导出来。

已知系统的机械能守恒

$$E = \frac{1}{2}mv^2 + \frac{1}{2}kx^2 = 常数$$

将上式对时间 t 求导,有

$$\frac{d}{dt}\left(\frac{1}{2}mv^2 + \frac{1}{2}kx^2\right) = 0$$

即

$$mv\frac{dv}{dt} + kx\frac{dx}{dt} = 0$$

因为有

$$v = \frac{dx}{dt}, \frac{dv}{dt} = \frac{d^2x}{dt^2}$$

所以可得

$$\frac{d^2x}{dt^2} + \frac{k}{m}x = 0$$

令 $\omega^2 = \dfrac{k}{m}$,上式即为式(6-2)给出的简谐振动的微分方程。这种推导思路常出现在不适合采用受力分析的简谐振动问题中。

例 6-7 质量 $m = 0.1$ kg 的物体,以振幅 $A = 0.01$ m 做简谐振动,其最大加速度 $a_m = 4$ m/s。试求

(1)振动的周期 T；
(2)物体通过平衡位置的动能；
(3)系统的总机械能；
(4)物体在何处时系统动能和势能相等。

解 (1)由 $a_m = \omega^2 A$ 得

$$\omega = \sqrt{\frac{a_m}{A}} = \sqrt{\frac{4}{0.01}} = 20 \text{ rad/s}$$

所以有

$$T = \frac{2\pi}{\omega} = \frac{\pi}{10} \text{ s}$$

(2)物体通过平衡位置时速度达到最大值

$$v_m = \omega A = 20 \times 0.01 = 0.2 \text{ m/s}$$

所以其动能也最大，为

$$E_{k,\max} = \frac{1}{2} m v_m^2 = \frac{1}{2} \times 0.1 \times 0.2^2 = 2 \times 10^{-3} \text{ J}$$

(3)系统的总机械能在平衡位置时全部转化为系统动能，所以

$$E = E_{k,\max} = 2 \times 10^{-3} \text{ J}$$

(4)因为系统机械能守恒，所以动能和势能相等时，势能等于总机械能的一半，即

$$E_p = \frac{1}{2} k x^2 = \frac{1}{2} m \omega^2 x^2 = \frac{1}{2} E$$

其中，用到了 $k = m\omega^2$。由上式可解得

$$x = \sqrt{\frac{E}{m\omega^2}} = \sqrt{\frac{2 \times 10^{-3}}{0.1 \times 20^2}} = 7 \times 10^{-3} \text{ m}$$

6.5 简谐振动的合成

在实际问题中，常会遇到一个物体同时参与两个或更多个振动的情况，此时物体的运动就是多种振动合成的运动。一般振动的合成问题比较复杂，下面只讨论四种简单的简谐振动的合成问题。

一、两个同方向同频率简谐振动的合成

设有两个同时沿 x 轴运动的简谐振动，它们的平衡位置都在坐标原点 O，角频率均为 ω，振幅和初相位不同，分别为 A_1 和 A_2、φ_{10} 和 φ_{20}，它们的振动方程分别为

$$x_1 = A_1 \cos(\omega t + \varphi_{10})$$
$$x_2 = A_2 \cos(\omega t + \varphi_{20})$$

若有一物体同时参与以上两个简谐振动，任一时刻 t，其振动位移等于两个简谐振动的位移之和，即

$$x = x_1 + x_2 = A_1 \cos(\omega t + \varphi_{10}) + A_2 \cos(\omega t + \varphi_{20}) \tag{6-22}$$

上式中的合位移 x 可以用三角函数关系求得，但这里采用更直观的旋转矢量法求出。

设两分振动的旋转矢量为 A_1 和 A_2,旋转角速度均为 ω。如图 6-17(a)所示,$t=0$ 时刻,A_1 和 A_2 与 x 轴的夹角分别为 φ_{10} 和 φ_{20},由平行四边形法则可得,其合矢量为 $A = A_1 + A_2$,A 与 x 轴的夹角为 φ_0。根据几何关系,A_1、A_2 与 A 在 x 轴上的投影 x_{10}、x_{20} 和 x_0 满足 $x_0 = x_{10} + x_{20}$。t 时刻,A_1 和 A_2 转过相同角度 ωt,但夹角 $(\varphi_{20} - \varphi_{10})$ 始终保持不变,合矢量 A 也随之转过角度 ωt,即由 A_1 和 A_2 合成的平行四边形保持形状不变绕原点 O 逆时针转过角度 ωt。同时,A_1、A_2 与 A 在 x 轴上的投影满足 $x = x_1 + x_2$,如图 6-17(b)所示。由旋转矢量和简谐振动的关系可知,合振动位移对应旋转矢量 A 在 x 轴上的投影点的位移,所以合振动仍是简谐振动

$$x = A\cos(\omega t + \varphi_0)$$

其中合振动的角频率与分振动角频率相同,根据图 6-17 和余弦定理可得合振幅满足

$$A = \sqrt{A_1^2 + A_2^2 + 2A_1 A_2 \cos(\varphi_{20} - \varphi_{10})} \tag{6-23}$$

合振动的初相位等于 $t=0$ 时刻 A 与 x 轴的夹角 φ_0,根据图 6-17(a)中的几何关系得

$$\tan \varphi_0 = \frac{A_1 \sin \varphi_{10} + A_2 \sin \varphi_{20}}{A_1 \cos \varphi_{10} + A_2 \cos \varphi_{20}} \tag{6-24}$$

式(6-23)和式(6-24)也可以由式(6-22)结合三角函数关系求得。

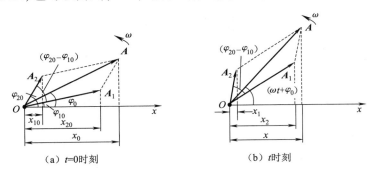

(a) $t=0$ 时刻　　　　　　(b) t 时刻

图 6-17　用旋转矢量法求两个同方向同频率简谐振动的合成

从式(6-23)可以看出,合振动的振幅与两分振动的振幅 A_1 和 A_2 以及初相位差 $(\varphi_{20} - \varphi_{10})$ 有关。下面分情况进行讨论。

(1)若初相位差 $(\varphi_{20} - \varphi_{10}) = \pm 2k\pi (k = 0,1,2,\cdots)$,则两简谐振动为图 6-11(a)所示的"步调"一致的同相振动,合振幅由式(6-23)得

$$A = \sqrt{A_1^2 + A_2^2 + 2A_1 A_2} = A_1 + A_2 \tag{6-25}$$

即当两分振动的初相位相同或等于 2π 的整数倍时,合振动的振幅等于两分振动的振幅之和,这也是合振动的振幅所能达到的最大值,称为振动加强。

(2)若初相位差 $(\varphi_{20} - \varphi_{10}) = \pm (2k+1)\pi (k = 0,1,2,\cdots)$,则两简谐振动为图 6-11(b)所示的"步调"相反的反相振动,合振幅由式(6-23)得

$$A = \sqrt{A_1^2 + A_2^2 - 2A_1 A_2} = |A_1 - A_2| \tag{6-26}$$

即当两分振动的初相位相反或等于 π 的奇数倍时,合振动的振幅等于两分振动振幅之差的绝对值,这也是合振动的振幅所能达到的最小值,称为振动减弱。

一般情况下,初相位差 $(\varphi_{20} - \varphi_{10})$ 可取任意值,合振动的振幅值介于 $|A_1 - A_2|$ 和 $A_1 + A_2$ 之间。

例 6-8 两个同方向简谐振动的 x—t 曲线如图 6-18(a) 所示。试写出合振动的振动方程。

解 由图 6-18(a) 可以看出，两简谐振动为反相振动，根据式(6-23)得合振动的振幅为 $A = |A_1 - A_2|$。

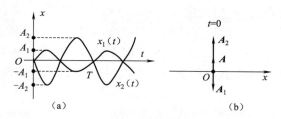

图 6-18 例 6-8

画出 $t = 0$ 时刻相应的旋转矢量图，如图 6-18(b) 所示。因为 $A_2 > A_1$，所以合振动的旋转矢量 $\boldsymbol{A}$ 的方向与 $\boldsymbol{A}_2$ 同向，即合振动的初相位等于 $\boldsymbol{A}_2$ 与 x 轴的夹角 $\dfrac{\pi}{2}$。

又由图 6-18(a) 知两简谐振动的周期为 T，所以合振动的振动方程为

$$x = |A_2 - A_1|\cos\left(\frac{2\pi}{T}t + \frac{\pi}{2}\right)$$

二、两个同方向不同频率简谐振动的合成

当两个同方向但不同频率的简谐振动合成时，由于频率不同，即在旋转矢量图中两旋转矢量的角速度不同，则两分振动的相位差将会随时间改变，合振动情况比较复杂，一般不再是简谐振动。

在吹奏双簧管时，由于簧管两个簧片的频率略有差别，就能听到时强时弱的悦耳的声音，这种现象叫做"拍"现象。"拍"现象实际上是两个频率相近的振动合成的结果，图 6-19 为说明拍现象的 x–t 曲线。从图中可以看到，合成位移的振幅呈现出明显的周期性变化。

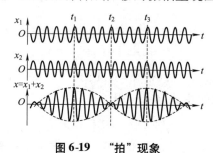

图 6-19 "拍"现象

下面对"拍"现象进行定量讨论。设有两个同方向且频率满足 $\nu_1 + \nu_2 \gg |\nu_1 - \nu_2|$ 的简谐振动，其振动方程分别为

$$x_1 = A\cos(2\pi\nu_1 t), \quad x_2 = A\cos(2\pi\nu_2 t)$$

为简便计算，这里已令两振动振幅相等，初相位均取为 0。则合振动的位移满足

$$\begin{aligned}x &= x_1 + x_2 = A\cos(2\pi\nu_1 t) + A\cos(2\pi\nu_1 t)\\ &= \left[2A\cos\left(2\pi\frac{\nu_2 - \nu_1}{2}t\right)\right]\cos\left(2\pi\frac{\nu_2 + \nu_1}{2}t\right)\end{aligned} \quad (6\text{-}27)$$

上式虽然不再是简谐振动,但由于条件 $\nu_1 + \nu_2 \gg |\nu_1 - \nu_2|$,所以可以将第二个余弦函数项中的 $\dfrac{\nu_1 + \nu_2}{2}$ 看成合振动的频率,而将 $\left|2A\cos\left(2\pi\dfrac{\nu_2 - \nu_1}{2}t\right)\right|$ 看成合振动的振幅。可以看出,合振动的振幅随时间作缓慢的周期性变化,其数值变化范围为 $0 \sim 2A$,变化频率为

$$\nu = |\nu_1 - \nu_2| \tag{6-28}$$

上式计算出的合振动振幅变化频率 ν 又被称为拍频,拍频等于两个分振动的频率之差的绝对值。

当频率接近的两个简谐振动中的一个频率已知,可以通过测量拍频进而利用式(6-28)求出未知频率。比如乐器的"定音"、速度测量和卫星跟踪等领域都有这种方法的应用。

*三、两个相互垂直的同频率简谐振动的合成

设有两个圆频率均为 ω 的简谐振动,其振动方向分别沿 x 轴和 y 轴,振动方程分别为

$$x = A_1\cos(\omega t + \varphi_{10}), \quad y = A_2\cos(\omega t + \varphi_{20})$$

联立上面两式消去时间 t,得合振动的轨迹方程为

$$\dfrac{x^2}{A_1^2} + \dfrac{y^2}{A_2^2} - \dfrac{2xy}{A_1 A_2}\cos(\varphi_{20} - \varphi_{10}) = \sin^2(\varphi_{20} - \varphi_{10}) \tag{6-29}$$

上式是一个椭圆方程,其形状由两分振动的振幅值及相位差 $\Delta\varphi = \varphi_{20} - \varphi_{10}$ 决定。下面讨论几种特殊情况。

(1)若相位差 $\Delta\varphi = 0$ 和 $\Delta\varphi = \pi$ 时,则式(6-29)可化简为

$$y = \dfrac{A_2}{A_1}x \text{ 和 } y = -\dfrac{A_2}{A_1}x \tag{6-30}$$

由上式可知,合振动的轨迹是一条通过坐标原点的直线,其斜率绝对值为两个分振动的振幅之比,如图6-20(a)和(e)所示。

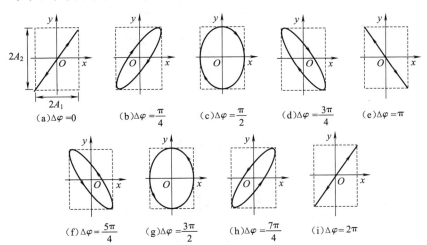

图6-20 两个相互垂直的同频率简谐振动的合成

(2)若相位差 $\Delta\varphi = \dfrac{\pi}{2}$ 和 $\Delta\varphi = \dfrac{3\pi}{2}$ 时,则式(6-29)可化简为

$$\dfrac{x^2}{A_1^2} + \dfrac{y^2}{A_2^2} = 1 \tag{6-31}$$

由上式可知,合振动的轨迹是以坐标轴为主轴的正椭圆,但 $\Delta\varphi = \dfrac{\pi}{2}$ 和 $\Delta\varphi = \dfrac{3\pi}{2}$ 时合振动的运动方向不同,如图 6-20(c) 和 (g) 所示,图中箭头表示合振动的运动方向。

(3) 若相位差 $\Delta\varphi = \dfrac{\pi}{4}$ 和 $\Delta\varphi = \dfrac{3\pi}{4}$ 时,则式(6-29)可化简为

$$\dfrac{x^2}{A_1^2} + \dfrac{y^2}{A_2^2} - \dfrac{\sqrt{2}xy}{A_1A_2} = \dfrac{1}{2} \text{和} \dfrac{x^2}{A_1^2} + \dfrac{y^2}{A_2^2} + \dfrac{\sqrt{2}xy}{A_1A_2} = \dfrac{1}{2} \tag{6-32}$$

由上式可知,合振动的轨迹是主轴不在坐标轴上的倾斜椭圆,如图 6-20(b) 和 (d) 所示。观察图 6-20 可以发现,随 $\Delta\varphi$ 在 $[0,2\pi]$ 范围内的变化,合振动轨迹随相位差的变化具有周期性。

*四、两个相互垂直的不同频率简谐振动的合成

设质点参与两个相互垂直的简谐振动,当两分振动的频率有简单的整数比时,质点可以在稳定的封闭运动轨道上运动,这种稳定轨道的图形称为李萨如图形。李萨如图形在电工和无线电技术中常用来测量未知信号的频率和确定两未知信号的相位关系。图 6-21 给出了李萨如图形的几个示例。

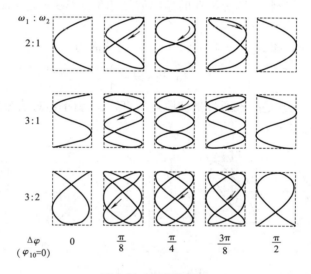

图 6-21 李萨如图形

本 章 习 题

(一) 简谐振动

6.1 一劲度系数为 k 的轻弹簧,下端挂一质量为 m 的物体,系统的振动周期为 T_1,若将此弹簧截去一半的长度,下端挂一质量为 $\dfrac{1}{2}m$ 的物体,则系统振动周期 T_2 等于( )。

A. $2T_1$ B. T_1 C. $T_1/2$

D. $T_1/\sqrt{2}$ E. $T_1/4$

6.2 图 6-22 中三条曲线分别表示简谐振动中的位移 x、速度 v 和加速度 a，下列说法中正确的是（　　）。

A. 曲线 3、1、2 分别表示 x、v、a 曲线
B. 曲线 2、1、3 分别表示 x、v、a 曲线
C. 曲线 1、3、2 分别表示 x、v、a 曲线
D. 曲线 2、3、1 分别表示 x、v、a 曲线
E. 曲线 1、2、3 分别表示 x、v、a 曲线

6.3 在 $t=0$ 时，周期为 T、振幅为 A 的单摆分别处于图 6-23（a）、(b)、(c) 三种状态，若选单摆的平衡位置为 x 轴的原点，x 轴正向指向右方，则单摆做小角度摆动的振动方程分别为

(a) _____；
(b) _____；
(c) _____。

6.4 一振动曲线如图 6-24 所示，设振动周期为 T，则 a 和 b 处两振动的时间差 $\Delta t =$ _____。

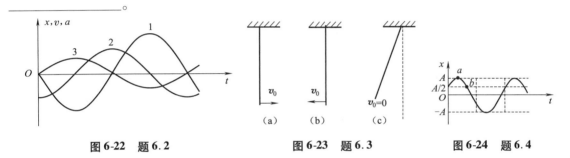

图 6-22　题 6.2　　　图 6-23　题 6.3　　　图 6-24　题 6.4

6.5 有一个和轻弹簧相连的小球，沿 x 轴做振幅为 A 的谐振动，其振动方程用余弦函数表示。若 $t=0$ 时，球的运动状态为（1）$x_0 = -A$；（2）过平衡位置向 x 正方向运动；（3）过 $x = \dfrac{A}{2}$ 处向 x 负方向运动；（4）过 $x = \dfrac{A}{\sqrt{2}}$ 处向 x 正方向运动。

试用旋转矢量图法确定各相应的初相位的值。

6.6 一谐振动曲线如图 6-25 所示，求振动方程。

6.7 一弹簧振子沿 x 轴做谐振动，已知振动物体最大位移为 $x_m = 0.4$ m 时，最大速度为 $v_m = 0.8\pi$ m/s，又知 $t=0$ 的初位移为 $+0.2$ m，且初速度与所选 x 轴方向相反。求此振动的振动方程。

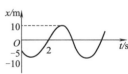

图 6-25　题 6.6

(二) 振动的合成

6.8 图 6-26 中所画的是两个谐振动的振动曲线，若这两个谐振动是可叠加的，则合成的余弦振动的初相位为（　　）。

A. $\pi/2$　　　B. π　　　C. $3\pi/2$　　　D. 0

6.9 一质点同时参与三个同方向、同频率的谐振动，它们的方程分别为

$x_1 = A\cos \omega t$

$x_2 = A\cos\left(\omega t + \dfrac{\pi}{3}\right)$

$$x_3 = A\cos\left(\omega t + \frac{2\pi}{3}\right)$$

则合振动的振幅和初相位为( )。

A. $3A, \pi$ B. $A, 0$ C. $2A, \pi/3$ D. $2A, \pi$

6.10 一系统做谐振动,周期为 T,以余弦函数表达振动时,初相位为零,在 $0 \leq t \leq T/2$ 范围内,系统在 $t =$ _____、_____时刻动能和势能相等。

6.11 两个同方向的谐振动曲线如图 6-27 所示。合振动的振幅为_____,合振动的振动方程为_____。

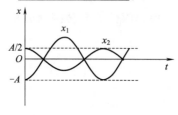

图 6-26 题 6.8

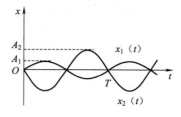

图 6-27 题 6.11

6.12 两个同方向、同频率、振幅均为 A 的谐振动,合成后振幅仍为 A,则这两个分振动的相位差为_____。

6.13 两个物体做同方向、同频率、同振幅的简谐振动。在振动过程中,每当第一个物体经过位移为 $A/\sqrt{2}$ 的位置并向平衡位置运动时,第二个物体也经过此位置,但向远离平衡位置的方向运动。利用旋转矢量法求得它们的相位差为_____。

6.14 一质点同时参与两个在同一直线上的简谐振动

$$x_1 = 4\cos\left(2t + \frac{\pi}{6}\right), \quad x_2 = 3\cos\left(2t - \frac{5\pi}{6}\right)$$

其合振动的振幅为_____,初相位为_____。(其中 x 以 cm 计,t 以 s 计)

6.15 两个同方向的简谐振动方程分别为

$$x_1 = 4 \times 10^{-2} \cos 2\pi\left(t + \frac{1}{8}\right) \text{ (SI)}, x_2 = 3 \times 10^{-2} \cos 2\pi\left(t + \frac{1}{4}\right) \text{ (SI)}$$

求合振动方程。

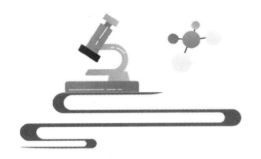

第7章 机械波

波动是一种常见的物质运动形式。例如：绳子上的绳波、空气中的声波、水面波、地震波等，这一类波动都是机械振动在弹性介质中的传播，称为机械波。波动并不限于机械波，无线电波、光波、X射线等也是波动，这种由交变电磁场在空间传播而形成的波动称为电磁波。另外，量子物理研究表明，微观粒子具有明显的波粒二象性，因此研究微观粒子运动规律时，波动概念也十分重要。尽管其他种类的波与机械波的本质不同，但它们都具有波动的共同特征，如都有一定的传播速度，都伴随着能量的传播，都能产生反射、折射、干涉和衍射现象，而且有相似的数学描述形式，因此研究机械波也是研究其他波动的基础。

本章主要讨论机械波的产生、平面简谐波的波动方程、波的能量、惠更斯原理及其在波的衍射等方面的应用、波的叠加原理和波的干涉、驻波等内容。

7.1 机械波的基本概念

一、机械波的产生

机械波的产生需要两个条件：一是要有做机械振动的物体，称为波源；二是要有能够传播这种机械振动的弹性介质。例如：声带的振动、吉他上弦的振动、雄蟋蟀翅膜的振动等都是波源，这些振动再以空气为介质进行传播就形成了声波，各种声波构成了地球上奇妙的声音环境；由于月球上没有空气作为传播声波的介质，因此月球是一个没有声音的寂静世界。并不是所有的波动传播都需要介质，电磁波就可以在真空中传播。

弹性介质之所以能够传播机械振动，是因为介质内各质元之间有弹性力相互作用。如图7-1所示，当绳子或弹簧一端的质元在外力作用下离开平衡位置时，绳子或弹簧端点处发生形变，于是，这一质元和邻近质元间将产生弹性相互作用力，这种作用力和反作用力一方面将已离开平衡位置的质元拉回到平衡位置，另一方面将位于平衡位置的质元拉离平衡位置，这样，由于各部分之间的弹性相互作用，振动状态就从绳子或弹簧一端向另一端传播开去。

二、波动的基本形式和传播特征

根据质元振动方向和波的传播方向的关系，机械波可以分为横波和纵波，这是波动的两种最基本形式。

1. 横波

质元振动方向与波的传播方向相垂直的波称为横波。图7-1(a)所示的绳子上传播的波就是横波。可以看到,当用手握住绳子一端上下抖动时,质元发生上下振动,绳子上会交替出现凸起的波峰和凹下的波谷,并且它们以一定的速度沿绳传播。

2. 纵波

质元振动方向与波的传播方向相平行的波称为纵波。图 7-1(b)所示的弹簧上传播的波就是纵波。可以看到,当用手左右推拉水平弹簧一端时,质元发生左右振动,弹簧上会出现交替的"稀疏"和"稠密"区域,并且它们以一定的速度传播出去。

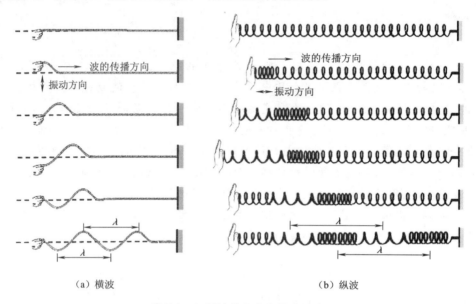

(a) 横波　　　　　　　　　　　　(b) 纵波

图 7-1　机械波的产生和基本形式

3. 复杂波

还有些形式复杂的波动,不能简单地归为横波和纵波,但是可以看成横波和纵波的叠加。例如:水面波中的水质元所做的运动既有上下运动,也有左右运动,但仍是在平衡位置附近做某种形式的振动。

4. 介质的弹性形变与波的基本形式

在弹性介质中形成横波时,相对于传播方向,相邻介质质元之间发生的是相对横向平移,即介质发生的是切变。横波可在固体中传播,就是因为固体能产生切变。而在弹性介质中形成纵波时,介质会发生压缩和拉伸,即介质发生的是体变(也称为容变)。固体、液体和气体都可产生体变,所以纵波能在固体、液体和气体中传播。

5. 波的传播特征

从图 7-1 还可以看出,无论是横波还是纵波,传播的只是振动状态,介质中的各质元并没有随着振动的传播而移走,它们仅在各自的平衡位附近做振动。所以,波是振动状态的传播,同时伴随着能量的传播,并没有质量的迁移。

三、波速、波的频率和波长

波速、波长和波的频率都是描述波动的重要物理量。

1. 波速

波动过程中,某一振动状态(即振动相位)在介质中的传播速度称为波速,也称相速,用 u

表示,单位为 m/s。波速的大小取决于介质的性质,在不同的介质中,波速不同。例如,在标准状态下,声波在空气中传播的速度为 331 m/s,而在氢气中传播的速度为 1 270 m/s。

应该注意,波速与介质中质点的振动速度是两个不同的概念,应加以区分。

2. 波的频率

因为波动是振动状态在空间的传播,而振动具有时间周期性,所以波动也具有时间周期性。波的周期等于波源的振动周期 T,波的频率等于波源的频率 ν,周期与频率的关系为 $\nu = \dfrac{1}{T}$。

3. 波长

在波的传播方向上,两个相邻的振动相位差为 2π 的质元之间的距离称为波长,用 λ 表示,单位为 m。波长反映出波的空间周期性。从波形来看,波长就是一个完整波的长度。例如:对于图 7-1(a)所示的横波,两相邻波峰(或波谷)之间的距离等于波长;而对图 7-1(b)所示的纵波,两相邻密集(或稀疏)中心之间的距离等于波长。

在一个周期内,波传播了一个波长的距离,有

$$\lambda = uT \text{ 或 } \lambda = \dfrac{u}{\nu} \tag{7-1}$$

上式对各类波均适用。因为波速由介质性质决定,波的频率由波源的振动频率决定,所以同一频率的波,在不同介质中的波长不同;不同频率的波在同一介质中的波长也不同。

例 7-1 已知室温下空气中的声速为 340 m/s,水中的声速为 1 450 m/s。求频率为 200 Hz 和 2 000 Hz 的声波在空气中和水中的波长各为多少。

解 由式(7-1)可得

空气中的波长分别为:$\lambda_1 = \dfrac{u_1}{\nu_1} = \dfrac{340}{200} = 1.7$ m;$\lambda_2 = \dfrac{u_2}{\nu_2} = \dfrac{340}{2\,000} = 0.17$ m

水中的波长分别为:$\lambda_1 = \dfrac{u_1}{\nu_1} = \dfrac{1\,450}{200} = 7.25$ m;$\lambda_2 = \dfrac{u_2}{\nu_2} = \dfrac{1\,450}{2\,000} = 0.725$ m

由以上结果可知,频率越大的声波在空气(或水)中的波长越小;同一频率的声波,在水中的波长比在空气中的要长得多。

四、波的几何描述

为直观地描述波在空间中的传播,通常沿波的传播方向画一些带箭头的线,称为波线。在波传播到的空间内,介质质点都在其平衡位置附近振动,某一时刻,把不同波线上振动相位相同的点连起来,所构成的曲面称为波面。这样作出的波面可以有任意多个,在画图时一般取相邻两个波面之间的距离等于一个波长,如图 7-2 所示。在这些波面中,存在一个唯一的特殊波面,该波面由波源最初振动状态传到的点所连成,称为波前或波阵面。波前是球面的波,称为球面波,如图 7-2(a)所示;波前是平面的波,称为平面波,如图 7-2(b)所示。在各向同性的介质中,波线与波面垂直。

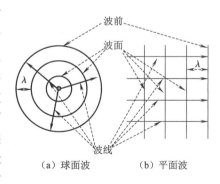

图 7-2 波的几何描述

7.2 平面简谐波的波动方程及其物理意义

设有一列平面波沿 x 方向传播,根据平面波的特征,要描述这列波,只需任取其中一条波线建立 Ox 坐标轴,然后求得任意 x 处质元的振动位移 y 随时间 t 的变化关系 $y = y(x,t)$,即可描述该列平面波。这种描述介质中各质元的振动位移随时间变化的方程称为波动方程。如果波源作简谐振动,并且在均匀、无吸收的介质中传播,则称这种波为简谐波。严格的简谐波是一种理想化的模型。任何非简谐的复杂波,都可看成由若干频率不同的简谐波叠加而成的。波面为平面的简谐波称为平面简谐波,这里仅研究这种最简单最基本的波。

一、平面简谐波的波动方程

先讨论沿 Ox 轴正向传播的平面简谐波。如图 7-3 所示,在原点 O 处有一质元做简谐振动,其振动方程为

$$y_O = A\cos(\omega t + \varphi_0) \tag{7-2}$$

式中,y_O 为原点 O 处质元在 t 时刻相对于平衡位置的位移;A 为振幅;ω 为角频率;φ_0 为初相位。设传播介质是均匀的、无吸收的,则波传播过程中各质元的振幅将保持不变。

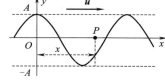

图 7-3 波动方程用图

在 Ox 轴正方向上任取一点 P,该点距坐标原点的距离为 x。当 O 点的振动传到 P 点时,P 点将以相同的振幅和频率重复 O 点的振动,只不过振动从 O 点传到 P 点需要一段时间 Δt,即 P 点振动比 O 点晚。要想求 P 点处 t 时刻的振动位移,需要找到 O 点在此时刻之前 $(t - \Delta t)$ 时刻的振动位移。用 $(t - \Delta t)$ 代替式 (7-2) 中的 t,即

$$y_P = A\cos[\omega(t - \Delta t) + \varphi_0] \tag{7-3}$$

设波在介质中的传播速度为 u,则传播距离 x 所用时间为 $\Delta t = \dfrac{x}{u}$,代入上式并省去角标得

$$y = A\cos\left[\omega\left(t - \frac{x}{u}\right) + \varphi_0\right] \tag{7-3a}$$

此即为沿 x 轴正向传播的平面简谐波的波动方程。

如果波沿 x 轴负向传播,则振动将从 P 点传到 O 点,即 P 点振动比 O 点早。要想求 P 点处 t 时刻的振动位移,需要找到 O 点在此时刻之后 $(t + \Delta t)$ 时刻的振动位移。用 $(t + \Delta t)$ 代替式 (7-2) 中的 t,并引入 $\Delta t = \dfrac{x}{u}$ 之后,即得沿 x 轴负向传播的平面简谐波的波动方程为

$$y = A\cos\left[\omega\left(t + \frac{x}{u}\right) + \varphi_0\right] \tag{7-4}$$

将上面的结果推广到更一般情况。若已知 Ox 轴上任一坐标点 x_0 处的质元振动方程为

$$y_{x_0} = A\cos(\omega t + \varphi_0)$$

则相应的波动方程为

$$y = A\cos\left[\omega\left(t \mp \frac{x - x_0}{u}\right) + \varphi_0\right] \tag{7-5}$$

式中，x 项前取负号表示波沿 x 正方向传播；x 项前取正号表示波沿 x 负方向传播。

考虑到关系 $\omega = 2\pi\nu = \dfrac{2\pi}{T}$ 和 $u = \dfrac{\lambda}{T} = \dfrac{\omega}{2\pi}\lambda$，波动方程还可以表示为

$$y = A\cos\left[2\pi\left(\dfrac{t}{T} \mp \dfrac{x}{\lambda}\right) + \varphi_0\right] \tag{7-5a}$$

$$y = A\cos\left[2\pi\left(\nu t \mp \dfrac{x}{\lambda}\right) + \varphi_0\right] \tag{7-5b}$$

$$y = A\cos[k(ut \mp x) + \varphi_0] \tag{7-5c}$$

式中，$k = \dfrac{2\pi}{\lambda}$ 称为角波数。

二、波动方程的物理意义

为理解波动方程的物理意义，下面以沿 x 轴正方向传播的波动方程式(7-3)为例进行说明。这里为简便起见，取 $\varphi_0 = 0$。

(1) 当 x 一定时，y 仅为时间 t 的函数。此时，波动方程式(7-3)表示的是 x 处质元作简谐振动的振动方程。图 7-4(a)~(e)分别给出波线上不同位置 $x = 0$、$\lambda/4$、$\lambda/2$、$3\lambda/4$、λ 处质元在 $t = 0$ 时刻的旋转矢量图和 y—t 曲线。从图中可以看出，它们的初相位依次为 0、$-\pi/2$、$-\pi$、$-3\pi/2$、-2π，即 $x = \lambda/4$ 处质元的初相位比 $x = 0$ 处的落后 $\pi/2$，其他质元也依次落后 $\pi/2$。

(2) 当 t 一定时，y 仅为坐标 x 的函数。此时，波动方程式(7-3)表示的是 t 时刻波线上各质元的位移 y 随 x 的分布情况。图 7-5(a)~(e)分别给出 $t = 0$、$T/4$、$T/2$、$3T/4$、T 时刻 O 点处的振动相位和 y—x 曲线。这些 y—x 曲线称为波形图。从图中可以看出，O 点处的振动状态经过一个周期 T 向右传播了一个波长 λ 的距离。

在任一时刻的波形图上取两个不同位置[如图 7-5(b)中的 x_1 和 x_2 位置]的质元，由式(7-5a)可得它们的振动相位分别为

$$\varphi_1 = 2\pi\left(\dfrac{t}{T} - \dfrac{x_1}{\lambda}\right), \varphi_2 = 2\pi\left(\dfrac{t}{T} - \dfrac{x_2}{\lambda}\right)$$

其相位差为

$$\Delta\varphi_{12} = \varphi_1 - \varphi_2 = 2\pi\left(\dfrac{t}{T} - \dfrac{x_1}{\lambda}\right) - 2\pi\left(\dfrac{t}{T} - \dfrac{x_2}{\lambda}\right) = 2\pi\dfrac{x_2 - x_1}{\lambda}$$

令式中 $x_2 - x_1 = \Delta x_{21}$，称为波程差，则上式可写为

$$\Delta\varphi_{12} = 2\pi\dfrac{\Delta x_{21}}{\lambda} \tag{7-6a}$$

从图 7-5(b)可以看出 $x_2 > x_1$，所以 $\Delta\varphi_{12} > 0$，即 $\varphi_1 > \varphi_2$，也就是 x_2 处的相位落后于 x_1 处的相位。当无须明确相位超前或落后关系时，式(7-6a)可以简单写成

$$\Delta\varphi = 2\pi\dfrac{\Delta x}{\lambda} \tag{7-6b}$$

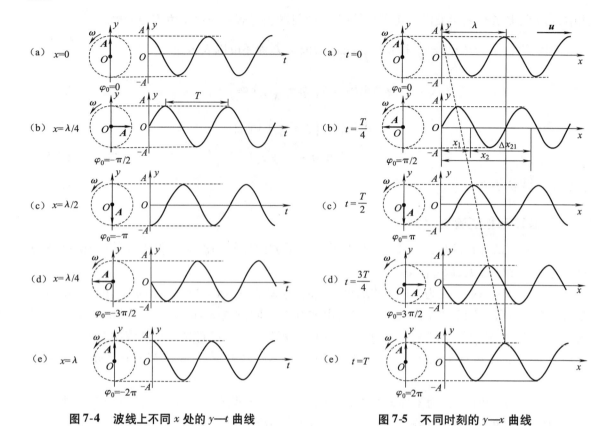

图 7-4 波线上不同 x 处的 y—t 曲线

图 7-5 不同时刻的 y—x 曲线

(3)当 t 和 x 都变化时,波动方程式(7-3)表示的是所有质元的位移 y 随时间 t 的整体变化情况。图 7-6 中分别用实线和虚线画出了 t 时刻和 $(t+\Delta t)$ 时刻的波形图,表明波在 Δt 时间内向右传播了 Δx 的距离,或者说,波在 t 时刻 x 处的相位,经过 Δt 时间传播到了 $(x+\Delta x)$ 处,其中 $\Delta x = u\Delta t$。也可以用波动方程表示为

$$y(x+\Delta x, t+\Delta t) = A\cos\left[\omega\left(t+\Delta t - \frac{x+\Delta x}{u}\right) + \varphi_0\right]$$
$$= A\cos\left[\omega\left(t - \frac{x}{u}\right) + \varphi_0\right] \qquad (7\text{-}7)$$
$$= y(x, t)$$

图 7-6 波形的传播

上式表明,波的传播是相位的传播,也是振动状态的传播,或者说是整个波形的传播,这也是将 u 称为相速的原因。如果随时间连续播放波形图,即可看到波形沿传播方向的行进,这种行进的波又称行波。

例 7-2 已知一平面简谐波的波动方程为 $y=0.05\cos[\pi(2.5t-x)]$ (SI)，求：

(1) 波长、周期和波速；

(2) $x=0.5$ m 处质元的振动方程，并画出振动曲线；

(3) $t=2.0$ s 时各质元的位移分布，并画出该时刻的波形图；

(4) $x_1=5$ m 和 $x_2=6$ m 处两质元的相位差。

解 (1) 将波动方程按式(7-5a)形式改写

$$y=0.05\cos\left[2\pi\left(\frac{2.5}{2}t-\frac{x}{2}\right)\right]$$

上式与式(7-5a)对比可得

$$T=\frac{2}{2.5}=0.8 \text{ s}, \lambda=2 \text{ m}$$

又据式(7-1)得

$$u=\frac{\lambda}{T}=2.5 \text{ m/s}$$

(2) 将 $x=0.5$ m 代入波动方程，得该位置质元的振动方程为

$$y=0.05\cos[\pi(2.5t-0.5)]=0.05\cos\left(2.5\pi t-\frac{\pi}{2}\right) \text{ (SI)}$$

按照上式可画出 $x=0.5$ m 处质元的振动曲线，如图 7-7(a)所示。

(3) 将 $t=2.0$ s 代入波动方程，得该时刻各质元的位移分布为

$$y=0.05\cos[\pi(2.5\times 2-x)]=0.05\cos(5\pi-\pi x)=0.05\cos(\pi x-\pi) \text{ (SI)}$$

按照上式可画出 $t=2.0$ s 时的波形图，如图 7-7(b)所示。

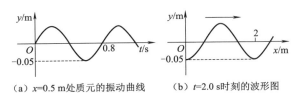

(a) $x=0.5$ m处质元的振动曲线　　(b) $t=2.0$ s时刻的波形图

图 7-7　例 7-2

(4) 将 $x_1=5$ m 和 $x_2=6$ m 及波长 $\lambda=2$ m 代入相位差公式(7-6b)得

$$\Delta\varphi=2\pi\frac{x_2-x_1}{\lambda}=2\pi\frac{6-5}{2}=\pi$$

例 7-3 已知一平面简谐波在 $t=0$ s 时刻的波形图，如图 7-8(a)所示。求

(1) 原点 O 处质元的振动方程；

(2) 波动方程；

(3) 该时刻 a、b 两点处质元的运动方向。

解 (1) 由图 7-8(a)可知 $A=0.1$ m，$u=0.2$ m·s^{-1}，$\frac{\lambda}{2}=0.5$ m，所以

$$T=\frac{\lambda}{u}=\frac{1}{0.2}=5 \text{ s}$$

又 $t=0$ s 时刻原点 O 处质元位于平衡位置，根据波向右传播可知，O 处质元运动方向应重复波

传来一侧(即其左侧)质元的振动状态,其运动速度 $v_O<0$。做旋转矢量图,如图7-8(b)所示,可知 O 处质元的初相位为 $\varphi_0=\pi/2$。

将 $A=0.1$ m, $T=5$ s 和 $\varphi_0=\pi/2$ 代入式(7-5a)得 O 处质元的振动方程为

$$y_O=0.1\cos\left(\frac{2\pi}{5}t+\frac{\pi}{2}\right) \text{ (SI)}$$

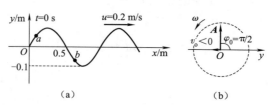

图7-8 例7-3

(2)由图7-8(a)可知波沿 x 轴正方向传播。根据波动方程式(7-3)可得

$$y=0.1\cos\left[\frac{2\pi}{5}\left(t-\frac{x}{0.2}\right)+\frac{\pi}{2}\right]=0.1\cos\left[\frac{2\pi}{5}(t-5x)+\frac{\pi}{2}\right] \text{ (SI)}$$

(3)由图7-8(a)可知波沿 x 轴正方向传播,因此 a 点左侧质元的振动状态将传给 a 点,所以 a 点运动方向应为 y 的负方向,即 $v_a<0$;同理,b 点运动方向应为 y 的正方向,即 $v_b>0$。

例 7-4 如图7-9所示,一平面简谐波以波速 $u=200$ m/s 沿直线向右传播,已知波线上 O 点的振动方程为 $y_O=0.05\cos(10\pi t+\pi)$ (SI),另有 B、C、D 点位置如图所示。

(1)若取 O 点为坐标原点,求波动方程;
(2)写出 B 点的振动方程,若以 B 点为坐标原点,求波动方程;
(3)分别求 BC 和 CD 之间的相位差,并说明各点之间相位的超前落后关系。

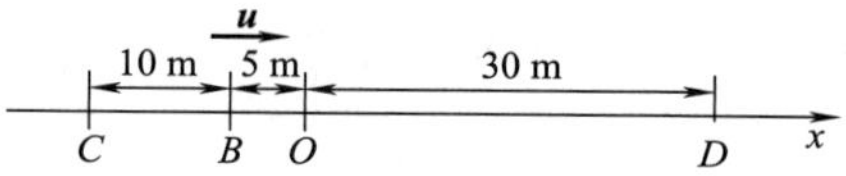

图7-9 例7-4

解 由 O 点的振动方程可知振幅 $A=0.05$ m;角频率 $\omega=10\pi$;初相位 $\varphi_0=\pi$,于是有

$$\nu=\frac{\omega}{2\pi}=\frac{10\pi}{2\pi}=5 \text{ s}^{-1}, \lambda=\frac{u}{\nu}=\frac{200}{5}=40 \text{ m}$$

(1)根据波动方程式(7-3)可得以 O 点为坐标原点的波动方程为

$$y=0.05\cos\left[10\pi\left(t-\frac{x}{u}\right)+\pi\right]=0.05\cos\left[10\pi\left(t-\frac{x}{200}\right)+\pi\right] \text{ (SI)}$$

(2)由图7-9可知,波沿 x 正方向传播,因此 B 点的振动超前 O 点。由式(7-6a)可得 O、B 两点间的相位差为

$$\Delta\varphi_{BO}=2\pi\frac{\Delta x_{OB}}{\lambda}=2\pi\times\frac{5}{40}=\frac{\pi}{4}$$

所以 B 点的振动方程为

$$y_B=0.05\cos\left(10\pi t+\pi+\frac{\pi}{4}\right)=0.05\cos\left(10\pi t+\frac{5\pi}{4}\right) \text{ (SI)}$$

于是以 B 点为坐标原点的波动方程为

$$y = 0.05\cos\left[10\pi\left(t - \frac{x}{u}\right) + \frac{5\pi}{4}\right] = 0.05\cos\left[10\pi\left(t - \frac{x}{200}\right) + \frac{5\pi}{4}\right] \text{ (SI)}$$

(3) 由图 7-9 可知，$\Delta x_{BC} = 10$ m，$\Delta x_{DC} = 10 + 5 + 30 = 45$ m，由式(7-6a)可得相位差分别为

$$\Delta\varphi_{CB} = 2\pi\frac{\Delta x_{BC}}{\lambda} = 2\pi \times \frac{10}{40} = \frac{\pi}{2}; \quad \Delta\varphi_{CD} = 2\pi\frac{\Delta x_{DC}}{\lambda} = 2\pi \times \frac{45}{40} = \frac{9\pi}{4}$$

直线上 C 点振动相位依次超前 B 点 $\pi/2$，超前 O 点 $3\pi/4$，超前 D 点 $9\pi/4$。

*7.3 波的能量

一、波动能量的传播

波动在介质中传播时，波源的振动通过弹性介质由近及远地传播出去，介质中各质元依次发生振动，故各质元具有振动动能；各振动质元之间发生的相对位移会引起介质形变，故波动介质内还具有弹性势能。波动的传播过程伴随着能量的传播，这是波动的一个重要特征。

设有一平面简谐纵波在密度为 ρ 的介质中沿 x 正方向传播，波动方程为

$$y = A\cos\left[\omega\left(t - \frac{x}{u}\right) + \varphi_0\right]$$

在位置 x 处取一体积为 dV 的小介质元，其质量为 $dm = \rho dV$。可以证明，在 t 时刻，该质元的振动动能和弹性势能相等，均为

$$dE_k = dE_p = \frac{1}{2}\rho dV A^2 \omega^2 \sin^2\left[\omega\left(t - \frac{x}{u}\right) + \varphi_0\right] \tag{7-8}$$

则质元的总机械能为

$$dE = dE_p + dE_k = \rho dV A^2 \omega^2 \sin^2\left[\omega\left(t - \frac{x}{u}\right) + \varphi_0\right] \tag{7-9}$$

由式(7-8)可以看出，质元的动能和势能随时间 t 的变化是同"步调"的，即在平衡位置处，由于振动速度最大，相对形变量也最大，所以质元动能和势能都达到最大值；在最大位移处，由于振动速度和相对形变量均为零，所以质元动能和势能也均为零。这与单个质点的简谐振动能量不同，单质点简谐振动的动能和势能"步调"是相反的。

由式(7-9)可以看出，质元的总机械能随时间周期性变化，说明单个质元的机械能不守恒，它在不断地吸收或放出能量，即能量随着波动在介质中传播，也可以认为波动是传递能量的一种方式。这与单个质点的简谐振动能量完全不同，单质点简谐振动的机械能是守恒的。

二、波的能量密度和能流密度

单位体积介质内波动的总机械能，称为波的能量密度，用 w 表示。由式(7-9)可有

$$w = \frac{dE}{dV} = \rho A^2 \omega^2 \sin^2\left[\omega\left(t - \frac{x}{u}\right) + \varphi_0\right] \tag{7-10}$$

由上式可知，能量密度 w 也是时间 t 的周期函数。

能量密度在一个时间周期内的平均值为

$$\overline{w} = \frac{1}{2}\rho A^2 \omega^2 \tag{7-11}$$

称为平均能量密度。这里用到了函数$\sin^2\left[\omega\left(t - \dfrac{x}{u}\right) + \varphi_0\right]$在一个时间周期内的平均值为1/2。由上式可见,$\overline{w}$与时间无关,说明介质内的任一介质元在一个周期内吸收进的和传播出去的能量相等,平均来说,介质中无能量积累。

能量在介质中的传播特性可以形象地看成能量在介质中的流动。单位时间内垂直通过某一面积的能量,称为通过该面积的能流,用P表示。如图7-10所示,在介质内取垂直于波速u的面积S,则$\mathrm{d}t$时间内通过该面积的能量应等于体积$Su\mathrm{d}t$中的能量,于是有

$$P = wuS \tag{7-12}$$

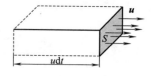

图7-10 平均能流

由上式可知,能流P也是时间t的周期函数。

在一个周期内能流P的平均值

$$\overline{P} = \overline{w}uS \tag{7-13}$$

称为平均能流。上式表明$\overline{P}$与时间无关。能流和平均能流的单位为瓦[特](W),所以波的能流也被称为波的功率。

垂直通过单位面积的平均能流,称为能流密度,用I表示

$$I = \frac{\overline{P}}{S} = \overline{w}u = \frac{1}{2}\rho A^2 \omega^2 u \tag{7-14}$$

由上式可知,I越大,单位时间内垂直通过单位面积的能量就越多,表示波动越强烈,所以I又被称为波的强度,单位为瓦[特]每平方米(W/m²)。

例7-5 在均匀、无吸收的介质中,从点波源发出的波为球面波,求证其振幅与离波源的距离成反比,并写出球面简谐波的波动方程。

证明 如图7-11所示,从点波源O发出的球面波,通过半径为r_1的球面S_1上的平均能流和通过半径为r_2的球面S_2上的平均能流应相等,即

$$\overline{w}_1 u S_1 = \overline{w}_2 u S_2$$

设介质密度为ρ,球面S_1和S_2上的振幅分别为A_1和A_2,则

$$\frac{1}{2}\rho A_1^2 \omega^2 4\pi r_1^2 = \frac{1}{2}\rho A_2^2 \omega^2 4\pi r_2^2$$

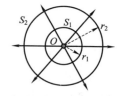

图7-11 例7-5

由上式得

$$\frac{A_1}{A_2} = \frac{r_2}{r_1}$$

即球面波的振幅与离波源的距离成反比。

设半径为r_0的球面上波的振幅为A_0,则任意半径为r的球面上波的振幅为$A = \dfrac{A_0 r_0}{r}$。根据式(7-3)可得球面简谐波的波动方程为

$$y = \frac{A_0 r_0}{r}\cos\left[\omega\left(t - \frac{r}{u}\right) + \varphi_0\right]$$

7.4 惠更斯原理和波的衍射

一、惠更斯原理

荷兰物理学家惠更斯(C. Huygens,1629—1695)在1690年发表的《光论》中为论证光的波动性而引入了著名的惠更斯原理：介质中波动传播到的各点都可以看作发射子波的波源,而在其后的任一时刻,这些子波的包络就构成了新的波阵面。对任何波动过程,子波和波阵面的概念都是适用的。

应用惠更斯原理,只要知道某一时刻波前的位置,用几何作图的方法就可以确定出下一时刻波前的位置,从而确定波传播的方向。下面以球面波为例进行说明。如图7-12(a)所示,从波源 O 发出的球面波以波速 u 在介质中传播,半径为 r_1 的球面 S_1 为某一时刻的波前。根据惠更斯原理,S_1 上的各质点都可以看作子波的波源,以这些子波源为球心,以 $u\Delta t$ 为半径画出半球形子波的波阵面,再作这些子波波阵面的包络面即为 $(t+\Delta t)$ 时刻新的波前 S_2。S_2 也是球面,其半径为 $r_2 = r_1 + u\Delta t$。如图7-12(b)所示,用惠更斯原理同样也可以作图得到平面波的新波前也是平面。

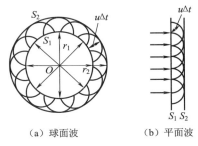

(a) 球面波　　(b) 平面波

图 7-12　用惠更斯原理求波前

二、波的衍射

波在传播过程中遇到障碍物时,能够绕过障碍物的边缘,在障碍物的几何阴影中传播的现象,称为波的衍射。例如：水波绕过堤坝传播到堤坝后的几何阴影区；高墙内的人声能绕过高墙传播到墙外；无线电波能绕过高山传播；光波通过圆孔形成明暗相间圆环条纹；等等。衍射现象是波动的重要特征之一。

用惠更斯原理能够对波的衍射现象进行定性解释。如图7-13(a)所示,平面波从左侧到达一个宽度与波长相近的狭缝时,将缝处波面上的各点视为子波的波源,按图7-12作图方法作出子波的包络面而得出新的波前。可以看到,狭缝右侧的波面靠近狭缝边缘处发生了弯曲,即波可以进入障碍物后面的几何阴影区传播。图7-13(b)中给出了实验水槽中水波通过狭缝时发生的衍射现象,与图7-13(a)对比可以发现,几何作图得到的缝后波面形状与实际波面形状相近。

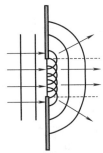 

(a) 惠更斯原理几何作图　　(b) 实验水槽中的水面波衍射

图 7-13　惠更斯原理解释水面波通过狭缝的衍射现象

波的衍射现象是否显著,与障碍物(或缝)的尺度和波长之比相关。若障碍物(或缝)尺度远大于波长,衍射现象不显著;若障碍物(或缝)尺度与波长接近,衍射现象显著。例如,通常男性说话声音的频率低于女性,于是男声声波的波长就比较长,其遇到障碍物时发生衍射较女声声波显著,所以"隔墙有耳"时比较容易听到男性说话。

另外,当波从一种介质传播到另一种介质分界面时,还可能会发生反射和折射现象,应用惠更斯原理,也可以对此规律用作图的方法进行解释。

7.5 波的叠加原理与波的干涉

一、波的叠加原理

日常生活中,经常会遇到两列或多列波同时通过同一区域的情况,这时就会发生波的叠加现象。例如,热闹嘈杂的菜市场中,混杂了各种叫卖、交谈的人声,但仍能分辨出不同人发出的声音;又如,各种颜色的探照灯光柱在交叉处改变了颜色,但在其他区域仍是各自的颜色;再如,两个水面圆形波纹相遇时彼此受到影响,但穿过后仍能保持原来各自的圆形不变,如图 7-14 所示。

图 7-14 水面波相遇

通过大量现象的观察和实验研究,可总结出如下规律:

(1)几列波在介质中传播并相遇后,仍然会保持它们各自原有的特征(频率、波长、振动方向等)不变,并按照原来的传播方向继续前进,好像没有遇到过其他波一样。

(2)在几列波的相遇区域内,介质质点的振动位移等于各列波单独存在时在该点引起的振动位移的矢量和。

上述规律称为波的叠加原理。必须指出,波的叠加原理对波动强度大到超出介质的弹性限度或在非线性介质中传播的情况一般不再适用。例如:造成破坏的爆炸冲击波,高功率激光在介质中的传播,等等。这里仅讨论叠加原理适用的小振幅波动的线性叠加情况。

二、波的干涉

任意两列或几列波的叠加结果往往比较复杂,但如果两列波频率相同、振动方向相同、相位相同或有固定相位差时,在叠加区域内会出现一些点振动始终加强、一些点振动始终减弱的稳定空间分布,这种现象称为波的干涉。能发生干涉的波称为相干波,其波源称为相干波源,发生干涉需要满足的条件称为相干条件。

首先,以水波干涉实验为例,结合惠更斯原理对干涉现象进行定性分析。

将两个装在振动支架上的小球下端紧靠水面,使两小球同步调沿竖直方向以相同频率振动,两个小球与水面接触点成为相干波源,在水面上产生两列圆形相干波,在两列波相遇的区域产生图 7-15(a)所示的干涉图样。由图中可看到明暗区域的规律分布,明处说明水面起伏较大;暗处说明水面起伏较小。应用惠更斯原理可以对上述实验结果进行定性分析,如图 7-15(b)所示。设 S_1、S_2 是两个小球与水面的接触点,各自发出圆形水面波的波峰和波谷分别用实线和虚线的圆弧表示,且两相邻波峰与波峰(或波谷与波谷)间的距离为一个波长 λ。在两列波相遇的区域,若波峰与波峰(或波谷与波谷)重合,则振动始终加强,合振幅最大;若波峰与波谷重合,则振动始终减弱,合振幅最小。比较图 7-15(a)和(b),可以发现,所得振动强弱规律相同。

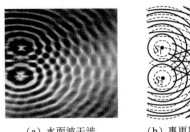
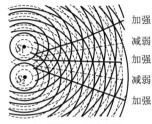

(a) 水面波干涉　　　(b) 惠更斯原理作图分析

图 7-15　惠更斯原理解释水面波干涉现象

下面应用波的叠加原理,结合 6.5 节中同方向、同频率简谐振动合成的结果进一步定量分析。

如图 7-16 所示,两个相干波源 S_1 和 S_2 以相同角频率 ω 做简谐振动,振动方程分别为

$$y_1 = A_{10}\cos(\omega t + \varphi_{10})$$
$$y_2 = A_{20}\cos(\omega t + \varphi_{20})$$

图 7-16　两列相干波的传播

式中,A_{10} 和 A_{20}、φ_{10} 和 φ_{20} 分别为两振动的振幅和初相位。设两波源发出的波在同一介质中传播,波长均为 λ。两列波分别传播距离 r_1 和 r_2 后在 P 点相遇,在相遇点处两列波的振动方程分别为

$$y_1 = A_1\cos\left(\omega t + \varphi_{10} - \frac{2\pi r_1}{\lambda}\right)$$

$$y_2 = A_2\cos\left(\omega t + \varphi_{20} - \frac{2\pi r_2}{\lambda}\right)$$

式中,A_1 和 A_2 分别为两列波在 P 点引起的振幅。上式表明 P 点处质元同时参与两个同方向、同频率的简谐振动,合振动仍为简谐振动。

根据 6.5 节中的结果,设 P 点处质元的合振动方程为

$$y = y_1 + y_2 = A\cos(\omega t + \varphi_0)$$

式中,合振动的初相位 φ_0 和合振幅 A 分别满足

$$\tan\varphi_0 = \frac{A_1\sin\left(\varphi_{10} - \dfrac{2\pi r_1}{\lambda}\right) + A_2\sin\left(\varphi_{20} - \dfrac{2\pi r_2}{\lambda}\right)}{A_1\cos\left(\varphi_{10} - \dfrac{2\pi r_1}{\lambda}\right) + A_2\cos\left(\varphi_{20} - \dfrac{2\pi r_2}{\lambda}\right)}$$

和

$$A = \sqrt{A_1^2 + A_2^2 + 2A_1A_2\cos\Delta\varphi} \tag{7-15a}$$

其中

$$\Delta\varphi = \left(\varphi_{20} - \frac{2\pi r_2}{\lambda}\right) - \left(\varphi_{10} - \frac{2\pi r_1}{\lambda}\right) = \varphi_{20} - \varphi_{10} - 2\pi\frac{r_2 - r_1}{\lambda} \tag{7-15b}$$

对于空间固定点,上式给出的相位差为常量,所以合振动振幅 A 也是常量。

由式(7-15a)和式(7-15b)可以看出,在相位差满足

$$\Delta\varphi = \varphi_{20} - \varphi_{10} - 2\pi\frac{r_2 - r_1}{\lambda} = \pm 2k\pi, \quad k = 0,1,2,\cdots \quad (7\text{-}16\text{a})$$

的空间各点,合振动的振幅最大,其值为 $A = A_1 + A_2$;在相位差满足

$$\Delta\varphi = \varphi_{20} - \varphi_{10} - 2\pi\frac{r_2 - r_1}{\lambda} = \pm(2k+1)\pi, \quad k = 0,1,2,\cdots \quad (7\text{-}16\text{b})$$

的空间各点,合振动的振幅最小,其值为 $A = |A_1 - A_2|$。于是两列波相遇的区域内就出现了某些点的振动始终加强,而某些点的振动始终减弱。式(7-16a)和式(7-16b)分别为相干波的干涉加强和减弱条件。

若两相干波源的振动初相位相等,即 $\varphi_{10} = \varphi_{20}$,并设两相干波源到相遇点 P 的距离差为波程差 $\delta = r_2 - r_1$,则干涉加强条件化简为

$$\delta = r_2 - r_1 = \pm k\lambda, \quad k = 0,1,2,\cdots \quad (7\text{-}17\text{a})$$

即在波程差等于零或为波长整数倍的空间各点,合振动的振幅最大,其值为 $A = A_1 + A_2$;干涉减弱条件化简为

$$\delta = r_2 - r_1 = \pm(2k+1)\frac{\lambda}{2}, \quad k = 0,1,2,\cdots \quad (7\text{-}17\text{b})$$

即在波程差等于半波长奇数倍的空间各点,合振动的振幅最小,其值为 $A = |A_1 - A_2|$。

不满足干涉加强和减弱条件的其他空间点,合振幅也不随时间变化,数值在最大值和最小值之间。

由以上讨论可知,两相干波在空间相遇点处的干涉加强和减弱条件,取决于两波源的初相位差和该点至两波源的波程差。

例 7-6 如图 7-17 所示,有两相干波源 S_1、S_2,其振动频率均为 $\nu = 100$ Hz,S_2 振动相位比 S_1 的超前 $\pi/2$。已知由两波源发出的波在同一介质中传播,波速为 $u = 400$ m/s,两列波各自传播距离 $r_1 = 16$ m 和 $r_2 = 23$ m 后在 P 点处相遇,且引起的振幅均为 A。求 P 点处介质质点的合振动振幅。

解 由式(7-1)和已知条件得

$$\lambda = \frac{u}{\nu} = \frac{400}{100} = 4 \text{ m}$$

根据式(7-15b),两列波在 P 点处引起的振动相位差为

$$\Delta\varphi = \varphi_{20} - \varphi_{10} - 2\pi\frac{r_2 - r_1}{\lambda}$$
$$= \frac{\pi}{2} - 2\pi\frac{23-16}{4}$$
$$= -3\pi$$

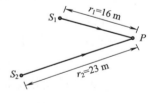

图 7-17 例 7-6

上式满足干涉减弱条件式(7-16b),所以 P 点处介质质点的合振动振幅为 $A = 0$。

例 7-7 图 7-18 为一种干涉消声的原理图。噪声声波由点 P 分成两路,分别传播 r_1 和 r_2 后在点 Q 相遇,若相遇时两列声波满足干涉相消条件即可达到消声目的。如果要消除频率为 400 Hz 的噪声,设声波速度为 340 m/s,求图中两个路径上的长度差 $\Delta r = r_2 - r_1$ 至少应为

多少。

解 由式(7-1)和已知得

$$\lambda = \frac{u}{\nu} = \frac{340}{400} = 0.85 \text{ m}$$

因为 r_1 和 r_2 路径上传播的两列波可以看成由点 P 处的共同子波源发出的，所以两列波为相干波且初相位相等。若要消音，两个路径上的长度差 $\Delta r = r_2 - r_1$ 应满足式(7-17b)的干涉减弱条件，即

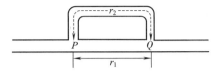

图 7-18 例 7-7

$$\Delta r = r_2 - r_1 = (2k+1)\frac{\lambda}{2}, \quad k = 0, 1, 2, \cdots$$

取 $k = 0$ 得

$$\Delta r_{\min} = r_2 - r_1 = \frac{\lambda}{2} = 0.425 \text{ m}$$

*7.6 驻波和半波损失

图 7-19 所示为出现在唐代的一种能喷水的铜盆——鱼洗，盆底扁平，盆沿左右各有一个把柄，称为双耳，盆底刻有四条鲤鱼，鱼与鱼之间刻有四条河图抛物线。当盆内注入一定量清水，用潮湿双手来回摩擦双耳时，伴随着鱼洗发出的嗡鸣声，盆中有如喷泉般的水珠从四条鱼嘴中喷射而出，水柱高达几十厘米。这种现象可以解释为一种特殊的波的干涉现象——驻波。

图 7-19 鱼洗

一、驻波的产生

图 7-20(a) 所示为弦线驻波演示实验示意图。将弦线的一端系在音叉上，另一端悬挂砝码，并通过两个劈尖架分别在 P、Q 两点使弦线水平拉紧。以一定频率振动音叉并调节劈尖至适当位置，可以观察到 P、Q 两点之间的弦线被一些始终静止不动的点分成了长度相等的几部分，并且静止点之间各点的振幅不等，中间振幅最大，图 7-20(b) 给出了四种不同情况。由于这种波没有波形的传播，所以称为驻波。那些始终静止的点称为驻波的波节，振幅最大的点称为驻波的波腹。

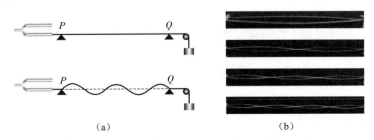

图 7-20 弦线驻波实验

驻波的产生过程可以解释如下：当音叉振动时，首先在弦线上产生向右传播的波，称为入射波，当波传播到点 Q 时发生反射，产生的反射波沿弦线向左传播，称为反射波，入射波和反射波在 PQ 段弦线上发生叠加而合成驻波。分析入射波和反射波的特点可知，它们来自相同的波源，满足干涉条件，是一对传播方向相反的相干波。另外，要形成驻波中的静止点，还需要两列波的振幅相等和传播速度相同。

由以上分析得出，弦线上的驻波是由振幅、频率和传播速度都相同的两列相干波，在同一直线上沿相反方向传播时形成的一种特殊的干涉现象。鱼洗喷水现象则是更复杂的二维驻波。

二、驻波方程

下面仍以弦线驻波为例，给出驻波方程，并讨论驻波的特征。

设有两列分别沿 Ox 轴正、负方向传播的相干波，其振幅相同且在传播过程中均保持不变，波动方程分别为

$$y_1 = A\cos 2\pi\left(\nu t - \frac{x}{\lambda}\right)$$

$$y_2 = A\cos 2\pi\left(\nu t + \frac{x}{\lambda}\right)$$

为方便起见，以上两式中 O 点处的初相位均取为零。根据波的叠加原理，两列波在任意点 x 处的合位移为

$$y = y_1 + y_2 = A\cos 2\pi\left(\nu t - \frac{x}{\lambda}\right) + A\cos 2\pi\left(\nu t + \frac{x}{\lambda}\right)$$

应用三角函数和差化积公式，上式可化简为

$$y = 2A\cos\left(2\pi \frac{x}{\lambda}\right)\cos(2\pi\nu t) \tag{7-18}$$

此即为弦线上的驻波方程。下面对驻波方程进一步讨论。

1. 波节和波腹

从驻波方程式 (7-18) 可以看出，$2A\cos\left(2\pi \frac{x}{\lambda}\right)$ 只与 x 有关，即弦线上 x 点处的质元作振幅为 $\left|2A\cos\left(2\pi \frac{x}{\lambda}\right)\right|$、频率为 ν 的简谐振动。

凡是满足 $\cos\left(2\pi \frac{x}{\lambda}\right) = 0$ 的点，振幅为零，这些点即为前面定义的波节，其位置满足

$$2\pi \frac{x}{\lambda} = \pm(2k+1)\frac{\pi}{2} \quad \text{或} \quad x = \pm(2k+1)\frac{\lambda}{4}, \quad k = 0, 1, 2, \cdots \tag{7-19}$$

凡是满足 $\left|\cos\left(2\pi \frac{x}{\lambda}\right)\right| = 1$ 的点，振幅为最大，这些点即为前面定义的波腹，其位置满足

$$2\pi \frac{x}{\lambda} = \pm k\pi \quad \text{或} \quad x = \pm k\frac{\lambda}{2}, \quad k = 0, 1, 2, \cdots \tag{7-20}$$

由式 (7-19) 和式 (7-20) 还可以得出相邻两波节或相邻两波腹之间的距离均为 $\lambda/2$。相邻两波节之间的各点，除波腹处振幅为 $2A$ 外，其他点的振幅在 0 与 $2A$ 之间，如图 7-20 所示。

上面得到的波节、波腹位置公式只适用于两列波在 O 点处的初相位均为零的情况，若初

始相位不满足上述条件,则驻波方程不一定为式(7-18)所示,但相邻两波节或相邻两波腹之间的距离仍为 $\lambda/2$ 不变。所以,可以利用驻波的这一特征通过测波节或波腹距离来确定未知波长。

2. 相位特征

由驻波方程式(7-18)可以看出,弦线上各点的振动相位与 $\cos\left(2\pi\dfrac{x}{\lambda}\right)$ 的正负相关。若 $\cos\left(2\pi\dfrac{x}{\lambda}\right)$ 为正,则相应点的相位均为 $2\pi\nu t$,若 $\cos\left(2\pi\dfrac{x}{\lambda}\right)$ 为负,则相应点的相位均为 $(2\pi\nu t+\pi)$。相位改变的分界点为 $\cos\left(2\pi\dfrac{x}{\lambda}\right)=0$ 的点,即波节。因此波节两边的相位相反,而相邻波节之间的相位相同。由半个周期内的波形图 7-21 也可以看出,波节两边的各点同时沿相反方向达到各自振幅,又同时沿相反方向通过平衡位;而相邻两波节之间各点则沿相同方向达到其振幅,又同时沿相同方向通过平衡位置。所以,弦线是按波节分段振动的,相邻两个波节之间的一个波段同步振动。整体来看,虽然每一时刻,驻波都有一定的波形,但波形不发生移动,各点以确定振幅在各自平衡位置附近振动。这也是驻波名称中"驻"的另一层含义。

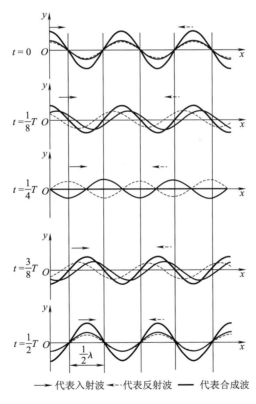

图 7-21 驻波

弦线上的驻波特征是普遍的,不仅对不同介质中的机械驻波适用,对电磁驻波也适用。

3. 能量特征

仍以图 7-20 和图 7-21 所示弦线驻波为例讨论驻波的能量。当弦线上各质元到达最大位移时,振动速度都为零,所以动能为零,此时弦线上各波段都不同程度发生了形变,其中波节处形变最大，波腹处形变最小；驻波能量表现为势能形式，并且大部分集中于波节附近。当弦线上各质点同时回到平衡位置时，弦线形变完全消失，势能为零，此时各质元的振动速度都达到各自的最大值，且波腹处质元振动速度最大；驻波能量表现为动能形式，并且大部分集中于波腹附近。其他时刻，动能和势能同时存在。可见，动能和势能的相互转化被限制在了一个驻波波段内，能量交替集中于波节和波腹附近，并不向外传播。所以，驻波能量不发生定向传递。这也是驻波名称中"驻"的又一层含义。驻波还可以看作物体整体的一种特殊振动形式，被称为共振。

三、半波损失

在图 7-20 所示的弦线驻波实验中，反射点 Q 处会形成波节，这说明入射波和反射波振动相位相反，即反射波较入射波的相位跃变了 π，相当于出现了半个波长的波程差，通常把这种现象形象地称为半波损失。实验还表明，如果弦线右端为自由端，入射波也会在自由端反射，但形成的驻波在自由端处为波腹，即反射波在该处不会发生半波损失。

研究表明，对于机械波而言，在两种介质分界处反射波有无半波损失，与介质密度 ρ 和波速 u 的乘积有关。通常将 ρu 较大的介质称为波密介质；ρu 较小的介质称为波疏介质。波从波疏介质垂直入射波密介质再被反射回波疏介质时，反射波较入射波会发生半波损失，驻波在反射处形成波节；反之，不发生半波损失，反射处形成波腹。

例 7-7 一弦上的驻波方程式为 $y = 0.06\cos 2\pi x \cos 110\pi t$（SI）。若将此驻波看成由传播方向相反、振幅及波速均相同的两列相干波叠加而成的，求：

(1) 两列相干波的振幅 A、波长 λ 和波速 u；

(2) 相邻两波节之间的距离 Δx；

(3) 波腹处的振幅 A_0 及 $x = 0.125$ m 处质元的振幅 A_1。

解 (1) 将题设中驻波方程式与式 (7-18) 比较可得，两列相干波的振幅、波长和频率分别为

$$A = 0.03 \text{ m}; \lambda = 1 \text{ m}; \nu = 55 \text{ Hz}$$

则波速为

$$u = \lambda\nu = 55 \text{ m/s}$$

(2) 相邻两波节之间的距离等于半个波长，即

$$\Delta x = \frac{\lambda}{2} = 0.5 \text{ m}$$

(3) 波腹处的振幅由驻波方程得

$$A_0 = 0.06 \text{ m}$$

将 $x = 0.125$ m 代入振幅公式得

$$A_1 = |0.06\cos 2\pi x| = 0.06\cos\frac{\pi}{4} \approx 0.042 \text{ m}$$

本 章 习 题

(一) 波动方程

7.1 一简谐波沿 x 轴正向传播，$t = T/4$ 时的波形曲线如图 7-22 所示，若振动以余弦函数

表示,且此题各点振动的初相取 $-\pi$ 到 π 之间的值,则(　　)。

A. 0 点的初位相为 $\varphi_0 = 0$
B. 1 点的初位相为 $\varphi_1 = -\pi/2$
C. 2 点的初位相为 $\varphi_2 = \pi$
D. 3 点的初位相为 $\varphi_3 = -\pi/2$

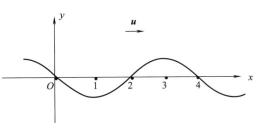

图 7-22　题 7.1

7.2　图 7-23 所示为一简谐波在 $t = 0$ 时刻的波形图,波速 $u = 200$ m/s,则图中 O 点的振动加速度的表达式为(　　)。

A. $y = 0.4\pi^2\cos(\pi t - \pi/2)$ (SI)
B. $y = 0.4\pi^2\cos(\pi t - 3\pi/2)$ (SI)
C. $y = -0.4\pi^2\cos(2\pi t - \pi)$ (SI)
D. $y = -0.4\pi^2\cos(2\pi t + \pi/2)$ (SI)

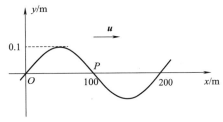

图 7-23　题 7.2

7.3　已知波源的振动周期为 4.00×10^{-2} s,波的传播速度为 300 m/s。波沿 x 轴正方向传播,则位于 $x_1 = 10.0$ m 和 $x_2 = 16.0$ m 的两质点的振动相位差为_____。

7.4　图 7-24 所示为一平面简谐波在 $t = 2$ s 时刻的波形图,波的振幅为 0.2 m,周期为 4 s,则图中 P 点处质点的振动方程为_____。

7.5　如图 7-25 所示,一平面简谐波沿 Ox 轴的负方向传播,波速大小为 u,若 P 处介质质点的振动方程为 $y_P = A\cos(\omega t + \varphi)$,求:

(1) O 处质点的振动方程;
(2) 该波的波动方程;
(3) 与 P 处质点振动状态相同的那些点的位置。

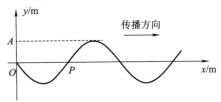

图 7-24　题 7.4

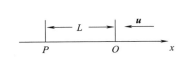

图 7-25　题 7.5

7.6　图 7-26 所示为一平面余弦波在 $t = 0$ 时刻与 $t = 2$ s(小于周期 T)时刻的波形图,求:

(1) 坐标原点处介质质点的振动方程;
(2) 该波的波动方程。

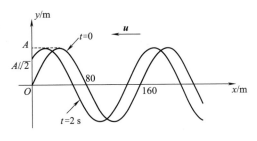

图 7-26　题 7.6

(二) 波的干涉

7.7 如图 7-27 所示，S_1 和 S_2 为两相干波源，它们的振动方向均垂直于图面，发出波长为 λ 的简谐波，P 点是两列波相遇区域中的一点，已知 $\overline{S_1P}=2\lambda$，$\overline{S_2P}=2.2\lambda$，两列波在 P 点发生相消干涉。若 S_1 的振动方程为 $y_1=A\cos\left(2\pi t+\dfrac{1}{2}\pi\right)$，则 S_2 的振动方程为（　　）。

A. $y_2=A\cos\left(2\pi t-\dfrac{1}{2}\pi\right)$

B. $y_2=A\cos(2\pi t-\pi)$

C. $y_2=A\cos\left(2\pi t+\dfrac{1}{2}\pi\right)$

D. $y_2=2A\cos(2\pi t-0.1\pi)$

图 7-27　题 7.7

7.8 如图 7-28 所示，两列波长为 λ 的相干波在 P 点相遇。波在 S_1 点振动的初相是 φ_1，S_1 到 P 点的距离是 r_1；波在 S_2 点的初相是 φ_2，S_2 到 P 点的距离是 r_2，以 k 代表零或正、负整数，则 P 点是干涉极大的条件为（　　）。

A. $r_2-r_1=k\lambda$

B. $\varphi_2-\varphi_1=2k\pi$

C. $\varphi_2-\varphi_1+2\pi(r_2-r_1)/\lambda=2k\pi$

D. $\varphi_2-\varphi_1+2\pi(r_1-r_2)/\lambda=2k\pi$

图 7-28　题 7.8

7.9 两个相干点波源 S_1 和 S_2，它们的振动方程分别是 $y_1=A\cos\left(\omega t+\dfrac{1}{2}\pi\right)$ 和 $y_2=A\cos\left(\omega t-\dfrac{1}{2}\pi\right)$。波从 S_1 传到 P 点经过的路程等于 2 个波长，波从 S_2 传到 P 点的路程等于 7/2 个波长。设两波波速相同，在传播过程中振幅不衰减，则两波传到 P 点的振动的合振幅为 _____。

7.10 如图 7-29 所示，两列平面简谐相干横波，在两种不同的介质中传播，在分界面上的 P 点相遇，频率 $\nu=100$ Hz，振幅 $A_1=A_2=1.00\times10^{-2}$ m，S_1 的相位比 S_2 的相位超前 $\pi/2$，在介质 1 中波速 $u_1=400$ m·s^{-1}，在介质 2 中波速 $u_2=500$ m·s^{-1}，$\overline{S_1P}=r_1=4.00$ m，$\overline{S_2P}=r_2=3.75$ m，求 P 点的合振幅。

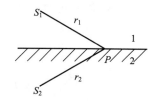

图 7-29　题 7.10

7.11 在均匀介质中，有两列余弦波沿 Ox 轴传播，波动方程分别为

$$y_1=A\cos[2\pi(\nu t-x/\lambda)]\,;\,y_2=2A\cos[2\pi(\nu t+x/\lambda)]$$

试求 Ox 轴上合振幅最大与合振幅最小的那些点的位置。

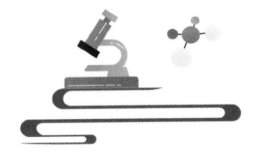

*第 8 章 狭义相对论概述

19世纪末期,随着电磁学理论的建立,经典物理已经发展到较高水平,人们所能接触到的宏观、低速运动的物理问题大都可以从理论上进行解释。当时,以英国物理学家开尔文为代表的学术界主流观点认为:"物理学大厦已经建成,后辈科学家只需要做一些修补的工作,物理学的晴朗天空中只有两朵小小的乌云。"第一朵乌云是迈克尔逊-莫雷实验。科学家试图通过这个实验找到光的传播介质以太,进而确定牛顿力学中提到的宇宙中绝对静止参考系的存在,但最终以失败告终。第二朵乌云是黑体辐射实验的紫外灾难。在经典物理体系内无法解释实验曲线在短波区内的现象,理论数据出现与实验曲线严重不符的发散。

实践是检验真理的唯一标准。当理论与事实不符时,理论需要加以修改完善以适应实际情况。随着对两朵乌云问题的解决,物理学发展历史上最伟大的革命随之到来。相对论和量子力学作为 20 世纪最重要的理论登上历史舞台,它们极大地拓展了人类认识世界的能力,为随后人类科技事业的突飞猛进奠定了重要基础。

狭义相对论是关于时空的理论,它揭示了作为物质存在形式的时间和空间在本质上的统一性。本章介绍狭义相对论的内容概要。

8.1　伽利略变换　经典力学时空观

一、经典力学的相对性原理

力学定律在所有惯性系中形式都相同,这称为伽利略相对性原理,也称为经典力学的相对性原理。

在牛顿力学体系中,宇宙中存在绝对静止参考系,其他参考系都相对于绝对静止参考系运动。经典力学的相对性原理表明,无法通过力学实验现象找到绝对静止参考系。

二、伽利略变换

由质点运动学可知,描述物体的运动状态,必须首先选择参考系。当选择不同的参考系时,对于同一个物体的运动,描述其运动状态的物理量(例如位置、速度、加速度),会有不同的表述形式。在经典力学框架下,描述物体运动状态的物理量,在两个做相对运动的参考系之间的变换式称为伽利略变换。

如图 8-1 所示,有两个参考系 S 系和 S' 系,二者的 x 轴、x' 轴重合,

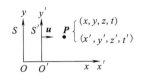

图 8-1　两个参考系相对运动

初始时刻两个参考系原点重合。计时开始后,S' 系以速度 u 相对于 S 系向右做匀速直线运动。若在 P 点发生一个事件,其在 S 系中观测的时空坐标为 (x,y,z,t),在 S' 系中观测的时空坐标为 (x',y',z',t'),按照经典力学观点,可得它们之间的变换关系为

$$\begin{cases} x' = x - ut \\ y' = y \\ z' = z \\ t' = t \end{cases} \quad \text{或} \quad \begin{cases} x = x' + ut' \\ y = y' \\ z = z' \\ t = t' \end{cases} \tag{8-1}$$

式(8-1)称为伽利略坐标变换式。利用求导的方法还可以得到伽利略速度变换式(8-2)和伽利略加速度变换式(8-3)。

$$\begin{cases} v'_x = v_x - u \\ v'_y = v_y \\ v'_z = v_z \end{cases} \quad \text{或} \quad \begin{cases} v_x = v'_x + u \\ v_y = v'_y \\ v_z = v'_z \end{cases} \tag{8-2}$$

$$a' = a \tag{8-3}$$

三、经典力学时空观

1. 同时的绝对性

由伽利略坐标变换式可以得到:如果两个事件 P_1 和 P_2 在 S 系中是同时发生的,那么它们在 S' 系中也一定是同时发生的,这称为同时的绝对性。

2. 时间间隔的绝对性

由伽利略坐标变换式可以得到:如果两个事件 P_1 和 P_2 在 S 系中发生的时间间隔为 $\Delta t = t_2 - t_1$,在 S' 系中发生的时间间隔为 $\Delta t' = t'_2 - t'_1$,则有 $\Delta t = \Delta t'$,即时间间隔是绝对的。

3. 空间间隔的绝对性

由伽利略坐标变换式可以得到:两个事件在两个参考系中发生的空间间隔也是绝对的。

总之,在经典力学时空观里,同时是绝对的,时间间隔(时间)是绝对的,空间间隔(空间)是绝对的,与物体运动没有关系。

19 世纪末期,经典力学时空观遇到巨大挑战,旧理论无法解释诸如迈克尔逊-莫雷实验等一系列问题,新的物理理论呼之欲出,时代需要一场伟大变革,完成这一任务的是爱因斯坦。

8.2 洛伦兹变换 狭义相对论时空观

一、狭义相对论的基本假设

1. 相对性原理

物理学规律在所有惯性系中形式都是相同的,所有的惯性系都是等价的。

2. 光速不变原理

在所有惯性系中,真空中的光速都是相同的,大小都是 c。

由以上两条基本假设可以看出,宇宙中没有哪个参考系是特殊的,没有绝对静止参考系的存在,寻找以太也就失去了意义。由两条基本假设出发,还可以推导出不同惯性系之间的时空

坐标变换式,称为洛伦兹变换。以两条基本假设和洛伦兹变换为基础,可以得到狭义相对论的主要理论体系。

二、洛伦兹变换

如图 8-1 所示,有两个参考系 S 系和 S' 系,二者的 x 轴、x' 轴重合,以两个参考系坐标原点重合时为计时的起点,S' 系以速度 u 相对于 S 系向右做匀速直线运动。若在 P 点发生一个事件,其在 S 系中观测的时空坐标为 (x,y,z,t),在 S' 系中观测的时空坐标为 (x',y',z',t'),依据狭义相对论两条基本假设,可得它们之间的变换关系为

$$\begin{cases} x'=\gamma(x-ut) \\ y'=y \\ z'=z \\ t'=\gamma\left(t-\dfrac{u}{c^2}x\right) \end{cases} \quad \text{或} \quad \begin{cases} x=\gamma(x'+ut') \\ y=y' \\ z=z' \\ t=\gamma\left(t'+\dfrac{u}{c^2}x'\right) \end{cases} \tag{8-4}$$

式(8-4)称为洛伦兹坐标变换式,其中 $\gamma=\dfrac{1}{\sqrt{1-u^2/c^2}}>1$。

除此之外,还可以得到洛伦兹速度变换式和洛伦兹加速度变换式。

由洛伦兹坐标变换式可以看出:时间和空间是相互联系的,这与经典情况不同;为了保证 γ 有意义,必然有光速是物体运动速度的上限。当物体的运动速度比较小时,洛伦兹变换会回归到伽利略变换。这说明经典力学并没有失效,只是明确了它的适用范围。当研究低速运动时,仍然可以用经典力学;当研究高速运动时,只能用相对论力学。

三、狭义相对论时空观

1. 同时的相对性

由洛伦兹变换可以得到:在 S 系中观测同时发生的两个事件,在 S' 系中观测不一定同时发生。同时的概念具有相对性,与参考系的选择有关,或者说与物体的运动有关。

可以用"爱因斯坦火车"思想实验来说明同时的相对性。如图 8-2 所示,火车参考系 S' 相对于地面参考系 S 以速度 u 向右做匀速直线运动。车厢的中央有一个光源,可以向两侧发光。车厢的左右两端分别放置光信号接收器 A 和 B。以 A 和 B 接收到光信号作为两个事件,研究它们是否同时发生。当在火车参考系中观测时,光源向两侧发出的光速度大小相同,传播距离相同,所以时间相同,A 和 B 接收到光信号这两个事件是同时发生的。当在地面参考系中观测时,根据光速不

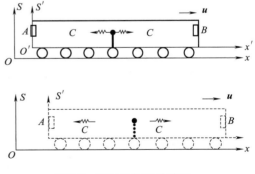

图 8-2　同时的相对性演示

变原理,光源向两侧发出的光速度大小仍然相同,但传播距离不相同,A 先接收到光信号,B 后接收到光信号,这两个事件不是同时发生的。

2. 尺缩效应

由洛伦兹变换可以得到:若参考系 S' 相对于参考系 S 以速度 u 沿 X 轴正向做匀速直线运

动,如图 8-3 所示,则静止在 S' 系中的固有长度为 l_0 的物体,若在 S 系中观测,其长度会缩短为

$$l = l_0 \sqrt{1 - u^2/c^2} \tag{8-5}$$

这一现象称为尺缩效应。需要注意的是,物体长度的缩短只发生在运动方向上,在与运动垂直的方向上物体长度不变化。

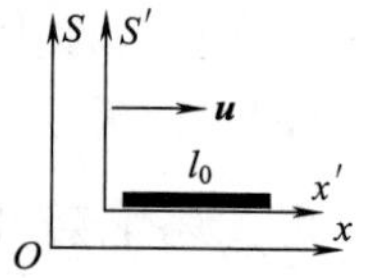

图 8-3 尺缩效应

例 8-1 假设某飞行器相对观察者静止时长度为 10 m,若以 $0.01c$ 的速度飞行(c 是真空中的光速),按照狭义相对论理论,求在地面观测它在运动方向上的长度。

解 根据题意

$$l_0 = 10 \text{ m}$$
$$u = 0.01c$$
$$l = l_0 \sqrt{1 - u^2/c^2}$$
$$= 10 \sqrt{1 - (0.01c)^2/c^2}$$
$$\approx 9.9995 \text{ m}$$

由此可见,以 $0.01c$ 运动的物体,其长度的变化极其微小,而在人类生活的宏观世界,物体的运动速度更是远小于 $0.01c$,所以狭义相对论的尺缩效应几乎观测不到。当物体运动速度接近于光速的时候,尺缩效应会十分明显。

3. 钟慢效应

物体上发生一个物理过程需要时间,若此过程由与它保持相对静止的观测者观测得到,则称此段时间为固有时间,记为 Δt_0。

由洛伦兹变换可以得到:若观测者与物体之间有相对运动,运动速度为 u,观测者观测到此过程发生的时间为 Δt,则有

$$\Delta t = \frac{\Delta t_0}{\sqrt{1 - u^2/c^2}} \tag{8-6}$$

因为 $\dfrac{1}{\sqrt{1-u^2/c^2}} > 1$,所以 $\Delta t > \Delta t_0$,即相对于观测者运动的时钟走时比观测者自己的时钟慢,这一现象称为钟慢效应,也称时间膨胀。

例 8-2 某种介子是一不稳定粒子,平均寿命是 2.6×10^{-8} s(在自己的参考系中测得),如果此介子相对于实验室以 $0.8c$ 的速度运动,那么在实验室参考系中测量的介子寿命为多少?

解 根据题意

$$\Delta t_0 = 2.6 \times 10^{-8} \text{ s}$$
$$u = 0.8c$$
$$\Delta t = \frac{\Delta t_0}{\sqrt{1 - u^2/c^2}}$$
$$\approx 4.33 \times 10^{-8} \text{ s}$$

四、狭义相对论动力学基础

1. 质速关系

根据洛伦兹变换和动量守恒定律,可以导出物体的质量与速率的关系为

$$m = \frac{m_0}{\sqrt{1 - u^2/c^2}} \tag{8-7}$$

式中,m_0 是物体的静止质量,即物体相对观测者静止时的质量;u 是物体相对观测者的运动速度;m 是物体相对观测者运动时的质量,称为相对论质量或运动质量。式(8-7)称为质速关系。可以看出:当物体运动起来以后,其质量相对于静止质量会增加。当 $u \ll c$ 时,运动质量和静止质量几乎相等,式(8-7)回归到经典力学中的形式。当物体运动速度接近光速时,质量增加会十分明显。当静止质量不为零的物体运动速度 $u \to c$ 时,其运动质量 $m \to \infty$,这是没有实际意义的,从这个角度也可以说明真空中的光速 c 是物体运动速度的上限。

例 8-3 电子的静止质量为 $m_0 = 9.11 \times 10^{-31}$ kg,当电子以速率 $u = 0.98c$ 运动时,求电子的质量。

解 根据题意

$$m_0 = 9.11 \times 10^{-31} \text{ kg}$$

$$u = 0.98c$$

$$m = \frac{m_0}{\sqrt{1 - u^2/c^2}}$$

$$= 5.03 m_0$$

$$= 4.58 \times 10^{-30} \text{ kg}$$

2. 相对论中的能量

根据动能定理,还可以得到物体的相对论动能为

$$E_k = mc^2 - m_0 c^2 \tag{8-8}$$

爱因斯坦称式(8-8)中的 $m_0 c^2$ 为静能,记为 E_0;mc^2 为总能量,记为 E。则有

$$\text{总能量} \quad E = mc^2 \tag{8-9}$$

$$\text{静能} \quad E_0 = m_0 c^2 \tag{8-10}$$

式(8-9)又称质能关系。其中 m 是物体的运动质量。

由质能关系可以看出,质量和能量是相当的,通过光速平方联系在一起。损失的质量将以能量的形式释放出来,所以物质损失很小的质量可以转变为巨大的能量。它为人类的核能和平利用提供了理论依据。

本 章 习 题

8.1 在狭义相对论中,下列说法中正确的是(　　)。
(1)一切运动物体相对于观察者的速度都不能大于真空中的光速;
(2)质量、长度、时间的测量结果都是随物体与观察者的运动状态而改变的;
(3)在一惯性系中发生于同一时刻,不同地点的两个事件在其他一切惯性系中也是同时发生的;

(4)惯性系中观察者观察一个与他做匀速相对运动的时钟时,会看到这时钟比与他相对静止的相同时钟走得慢些。

A.(1)(3)(4) B.(1)(2)(4)
C.(2)(3)(4) D.(1)(2)(3)

8.2 一宇航员要到离地球 5 光年的星球去旅行,如果宇航员希望把这路程缩短为 3 光年,则他乘的火箭相对于地球的速度为_____。

8.3 K 系和 K' 系是坐标轴相互平行的两个惯性系 K' 系相对于 K 系沿 Ox 轴正方向匀速运动,一根刚性尺静止在 K' 系中,与 $O'x'$ 轴成 $30°$,今在 K 系中观察得该尺与 Ox 轴成 $45°$,则 K' 系相对于 K 系的速度是_____。

8.4 静止时边长为 50 cm 的立方体,当它沿着与它的一个棱平行的方向相对于地面以速度 2.4×10^8 m/s 运动时,在地面上测得它的体积是_____。

8.5 有一速度为 u 的飞船沿 x 轴正方向飞行,飞船头尾各有一脉冲光源在工作,处于船尾的观察者测得船头光源发出的光脉冲的传播速度大小为_____,处于船头的观察者测得船尾光源发出的光脉冲传播速度大小为_____。

8.6 α 粒子在加速器中被加速到动能为静止能量的 4 倍时,其质量 m 与静止质量 m_0 的关系为_____。

8.7 根据相对论力学,动能为 1/4 MeV 的电子,其运动速度约等于(1 M = 10^6,1 eV = 1.60×10^{-19} J,电子静止质量 $m_0 = 9.11 \times 10^{-31}$ kg)_____。

8.8 设电子静止质量为 m_e,将一个电子从静止加速到速率为 $0.6c$,需做功_____。

8.9 在速率 $v =$ _____ 的情况下,粒子的动能等于它的静止能量。

第9章
真空中的静电场

电磁现象是自然界普遍存在的基本现象,电磁相互作用是目前人类已知的四种相互作用之一,是人们认识得较为深入的一种相互作用,同时电磁现象也与人类文明的发展息息相关。因此,了解和掌握电磁现象及其背后的物理规律,无论从理论还是实践上来说都具有很重要的意义。

本书对电磁现象的讨论分为真空中的静电场、静电场中的导体、电流和磁场以及电磁感应等。本章研究真空中的静电场,首先讨论电荷与库仑定律,然后讲述电场线与高斯定理、静电环路定理与电势能,最后讨论电势、等势面与电势梯度等。

9.1 电荷 库仑定律 电场强度

一、电荷

我们知道,世间万物都是由原子构成,原子由带正电的原子核与带负电的电子构成,而原子核则由带正电的质子与不带电的中子组成。单个电子与单个质子所具有的电荷的绝对值是相等的,其电荷是不可再分的,称为基本电荷。这个基本电荷在1913年被美国物理学家密立根用油滴实验测出,其值为 $e = 1.602 \times 10^{-19}$ C,单位为库[仑](C)。

在一般情况下,每个原子中的电子数与质子数相同,整体呈电中性。当物体失去了一些电子时,物体带正电;若物体带了过多的电子,则物体带负电。所以任何物体所带电量都是电子所带电量的整数倍。任何带电体的电量只能取分立、不连续的量值的性质称为电荷的量子化。

如果在一个系统中,原本各物体都是电中性的,若一些电子从一个物体转移到另一个物体上,那么这两个物体将分别带正、负电,但是整体上系统仍然呈电中性,即系统的电荷代数和保持不变,这就是电荷守恒定律。电荷守恒定律是自然界的基本守恒定律之一,就像能量守恒定律、动量守恒定律和角动量守恒定律一样。无论是宏观领域还是微观领域,电荷守恒定律都成立。

二、库仑定律

电荷与电荷之间是有力的作用的。法国物理学家库仑在1785年用扭秤实验测定了两个带电球体之间的相互作用力,并在实验的基础上提出了两个点电荷之间相互作用的规律,即库仑定律:真空中,两个静止的点电荷之间的相互作用力,其大小与它们电荷的乘积成正比,与它们之间距离的二次方成反比;作用力的方向沿着两点电荷的连线,同号电荷相斥,异号电荷相吸。

其中"点电荷"是一个理想模型,当带电体之间的距离远大于其本身的尺寸时,就可以把该带电体视作没有形状和大小的点电荷。

如果使用公式来定量描述库仑定律,则如图9-1所示,真空中有两个点电荷q_1和q_2,r表示由电荷q_1指向电荷q_2的矢量,e_r是由电荷q_1指向电荷q_2的单位矢量,即$e_r = r/r$。那么电荷q_2受到电荷q_1的作用力F为

$$F = \frac{1}{4\pi\varepsilon_0} \frac{q_1 q_2}{r^2} e_r \tag{9-1}$$

式中,q_1和q_2为代数量,正电荷时为正值,负电荷时为负值;ε_0为真空介电常数,其数值为$\varepsilon_0 = 8.85 \times 10^{-12} \mathrm{C}^2 \cdot \mathrm{N}^{-1} \cdot \mathrm{m}^{-2}$。

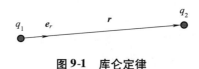

图 9-1 库仑定律

三、电场强度

以现代物理的观点来看,物质之间的相互作用需要媒介。电荷与电荷之间的电磁作用力需要电磁场作为媒介。对于本章所关注的静电场问题来说,静止的电荷会在周围的空间激发静电场,处于该静电场中的其他电荷要受到电场力的作用。当电荷在电场中运动的时候电场力也要对电荷做功。

1. 电场强度

为了定量描述电场,我们首先在真空中放置一个电量为$+Q$的带电体,然后研究它所产生的静电场的性质。如图9-2所示,把一个试验电荷$+q_0$放到电场中,观察静电场对该试验电荷的作用力的情况。需要强调的是,试验电荷的几何尺寸要足够小,要能够视作点电荷,这样才能研究空间中一点的电场性质;且试验电荷所带电量也要足够小,不致影响场源带电体原本的电荷分布,进而影响原有电场的分布。

图 9-2 试验电荷在静电场中所受的力

当在电场中移动试验电荷时可以发现,试验电荷在电场中不同点处,受到的电场力F的大小和方向均有可能不同;而在电场中某点处,受到的电场力F的方向是确定的,其大小只与试验电荷的电量有关,力F与试验电荷电量q_0的比值F/q_0是一个不变的矢量,显然该矢量表征了空间这一点电场的性质。这个矢量称为电场强度,用符号E表示,有

$$E = F/q_0 \tag{9-2a}$$

电场强度的单位为伏[特]每米(V/m),$1 \mathrm{V/m} = 1 \mathrm{N/C}$。

2. 点电荷的电场强度

由库仑定律及电场强度定义式,可以得到真空中点电荷周围的电场强度表达式。若由场

源点电荷指向试验电荷的矢量为 r,其单位矢量为 e_r,则在试验电荷位置处的电场强度为

$$E = \frac{F}{q_0} = \frac{1}{4\pi\varepsilon_0}\frac{Q}{r^2}e_r \tag{9-2b}$$

由上式可以看出,点电荷周围的电场强度是球对称的。另外需注意,若场源电荷是正电荷,则电场强度方向与 e_r 方向相同;如果场源电荷是负电荷,则电场强度的方向与 e_r 方向相反。

3. 电场强度的叠加原理

一般来说,空间可能存在若干点电荷组成的点电荷系,计算空间某点的电场强度就要考虑每个点电荷的影响。下面从力的叠加原理出发给出电场的叠加原理。

不失一般性,我们先假设空间中有三个场源点电荷 Q_1、Q_2 和 Q_3,如图 9-3 所示。在空间任意一点 P 处放置一个试验电荷 q_0,三个场源点电荷到 P 点的矢量分别为 r_1、r_2 和 r_3,其单位矢量分别为 e_1、e_2 和 e_3,若试验电荷受到的作用力分别为 F_1、F_2 和 F_3,根据力的叠加原理,试验电荷受到的合力为 $F = F_1 + F_2 + F_3$。

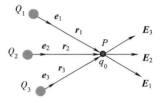

图 9-3 电场强度的叠加原理

再根据电场强度的定义,可得 P 点处的电场强度为

$$E = \frac{F}{q_0} = \frac{F_1}{q_0} + \frac{F_2}{q_0} + \frac{F_3}{q_0}$$

而三个场源点电荷各自单独存在时在 P 点处产生的电场强度分别为

$$E_1 = \frac{F_1}{q_0}, E_2 = \frac{F_2}{q_0}, E_3 = \frac{F_3}{q_0}$$

于是有 $E = E_1 + E_2 + E_3$,这表明三个点电荷在 P 点处激发的电场强度等于各个点电荷单独存在时在 P 点各自激发的电场强度的矢量和。很自然地,可以把这个结论推广到由任意个点电荷组成的点电荷系,即:点电荷系所激发的电场中某点的电场强度等于各个点电荷单独存在时在该点所激发的电场强度的矢量和。这就是电场强度的叠加原理,公式写为

$$E = \sum_i E_i = \frac{1}{4\pi\varepsilon_0}\sum_i \frac{Q_i}{r_i^2} e_{ri} \tag{9-3}$$

式中,r_i 表示第 i 个点电荷到 P 点的距离;e_{ri} 表示第 i 个点电荷指向 P 点的单位矢量。

还可以将上述电场强度的叠加原理继续推广到电荷连续分布的带电体。连续带电体上的每个电荷微元 dq,都可视作点电荷系中的点电荷;再将离散点电荷系的电场强度求和变为连续电荷分布的电场强度积分,则对于电荷连续分布的带电体($dq = \rho dV, \rho$ 是体电荷密度)有

$$E = \iiint_V \frac{1}{4\pi\varepsilon_0}\frac{\rho}{r^2} e_r dV \tag{9-4a}$$

有时电荷分布在很薄的薄层内,可以认为是带电面($dq = \sigma dS, \sigma$ 是面电荷密度),则有

$$E = \iint_S \frac{1}{4\pi\varepsilon_0}\frac{\sigma}{r^2} e_r dS \tag{9-4b}$$

有时电荷分布在细长的线状物上,可认为是带电线($dq = \lambda dl, \lambda$ 是线电荷密度),则有

$$E = \int_l \frac{1}{4\pi\varepsilon_0}\frac{\lambda}{r^2} e_r dl \tag{9-4c}$$

例 9-1 计算电偶极子的电场强度。我们把两个电荷量大小相等、符号相反、相距为 r_0 的

点电荷 $+q$ 和 $-q$ 构成的点电荷系称为电偶极子。一般 r_0 远小于这两个点电荷到我们关心的场点的距离。由 $-q$ 指向 $+q$ 的矢量 $\boldsymbol{r}_0$ 称为电偶极子的轴，$q\boldsymbol{r}_0$ 称为电偶极子的电偶极矩，用符号 $\boldsymbol{p}$ 表示，有 $\boldsymbol{p}=q\boldsymbol{r}_0$。电偶极子也是一个理想模型，在电子工程及材料等领域有重要应用。请利用电场叠加原理计算：(1) 电偶极子轴线延长线上一点的电场强度；(2) 电偶极子轴线中垂线上一点的电场强度。

解 电偶极子是由一对等量正负电荷组成的，其在空间一点的电场强度就由正负电荷各自单独存在时在该点产生的电场强度矢量叠加得到。

(1) 如图 9-4(a) 所示，取电偶极子轴线的中点 O 为坐标原点，由 O 点指向正电荷的轴线为 x 轴，则电偶极子正负电荷在轴线上坐标为 x 的 A 点处的产生的电场强度分别为

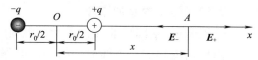

(a) 电偶极子轴线延长线上一点的电场强度

$$\boldsymbol{E}_+ = \frac{1}{4\pi\varepsilon_0}\frac{q}{(x-r_0/2)^2}\boldsymbol{i}$$

$$\boldsymbol{E}_- = -\frac{1}{4\pi\varepsilon_0}\frac{q}{(x+r_0/2)^2}\boldsymbol{i}$$

则 A 点处的总电场强度为

$$\boldsymbol{E}=\boldsymbol{E}_++\boldsymbol{E}_-=\frac{q}{4\pi\varepsilon_0}\left[\frac{2xr_0}{(x^2-r_0^2/4)^2}\right]\boldsymbol{i}$$

一般情况下，A 点到 O 点的距离远大于电偶极子正负电荷间的距离，即 $x\gg r_0$，此时有 $(x^2-r_0^2/4)\approx x^2$，再利用 $\boldsymbol{p}=q\boldsymbol{r}_0$，则上式可写为

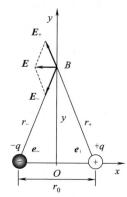

(b) 电偶极子轴线中垂线上一点的电场强度

图 9-4 例 9-1

$$\boldsymbol{E}=\frac{1}{4\pi\varepsilon_0}\frac{2qr_0}{x^3}\boldsymbol{i}=\frac{1}{4\pi\varepsilon_0}\frac{2\boldsymbol{p}}{x^3}$$

这表明，电偶极子轴线延长线上远处一点的电场强度与到电偶极子中点的距离三次方成反比，与电偶极矩大小成正比。

(2) 如图 9-4(b) 所示，取电偶极子轴线的中点 O 为坐标原点，由 O 点指向正电荷的轴线为 x 轴，则电偶极子正负电荷的轴线中垂线为 y 轴，正负电荷在 y 轴上的 B 点处产生的电场强度分别为

$$\boldsymbol{E}_+ = \frac{1}{4\pi\varepsilon_0}\frac{q}{r_+^2}\boldsymbol{e}_+$$

$$\boldsymbol{E}_- = -\frac{1}{4\pi\varepsilon_0}\frac{q}{r_-^2}\boldsymbol{e}_-$$

式中，r_+ 和 r_- 分别是正负电荷到点 B 的距离，因为 B 点在中垂线上，所以 $r_+=r_-=r$，即

$$r_+=r_-=r=\sqrt{y^2+\left(\frac{r_0}{2}\right)^2}$$

$\boldsymbol{e}_+$ 和 $\boldsymbol{e}_-$ 分别是从正负电荷指向 B 点的单位矢量，有

$$\boldsymbol{e}_+=\boldsymbol{r}_+/r=\left(-\frac{r_0}{2}\boldsymbol{i}+y\boldsymbol{j}\right)/r$$

$$e_- = r_-/r = \left(\frac{r_0}{2}\boldsymbol{i} + y\boldsymbol{j}\right)/r$$

代入 $\boldsymbol{E}_+$ 和 $\boldsymbol{E}_-$ 的表达式中,有

$$\boldsymbol{E}_+ = \frac{1}{4\pi\varepsilon_0}\frac{q}{r^3}\left(-\frac{r_0}{2}\boldsymbol{i} + y\boldsymbol{j}\right)$$

$$\boldsymbol{E}_- = -\frac{1}{4\pi\varepsilon_0}\frac{q}{r^3}\left(\frac{r_0}{2}\boldsymbol{i} + y\boldsymbol{j}\right)$$

则根据电场叠加原理,B 点处的电场强度 $\boldsymbol{E}$ 为

$$\boldsymbol{E} = \boldsymbol{E}_+ + \boldsymbol{E}_- = -\frac{1}{4\pi\varepsilon_0}\frac{qr_0}{r^3}\boldsymbol{i} = -\frac{1}{4\pi\varepsilon_0}\frac{\boldsymbol{p}}{r^3}$$

一般情况下,B 点到 O 点的距离远大于电偶极子正负电荷间的距离,即 $y \gg r_0$,此时有 $r = \sqrt{y^2 + \left(\frac{r_0}{2}\right)^2} \approx y$,则有

$$\boldsymbol{E} = -\frac{1}{4\pi\varepsilon_0}\frac{\boldsymbol{p}}{r^3} \approx -\frac{1}{4\pi\varepsilon_0}\frac{\boldsymbol{p}}{y^3}$$

这表明,电偶极子中垂线上一点的电场强度与到电偶极子中点的距离三次方成反比,与电偶极矩大小成正比,电场强度的方向与电偶极矩的方向相反。

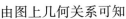 9-2 真空中有一均匀带电直线段,其电荷线密度为 λ,长度为 L。到此线段垂直距离为 h 处有一 P 点,P 点到线段两端点的连线与线段的角度分别为 θ_1 和 θ_2。求 P 点处电场强度。

解 如图 9-5 所示建立坐标系,P 点坐标为 (x_P, y_P),则 $y_P = h$。取到原点距离为 l 的线元 $\mathrm{d}l$,其带电量为 $\lambda \mathrm{d}l$,可视作点电荷。则此电荷元在 P 点产生的电场强度的大小为

$$\mathrm{d}E = \frac{1}{4\pi\varepsilon_0}\frac{\lambda \mathrm{d}l}{r^2}$$

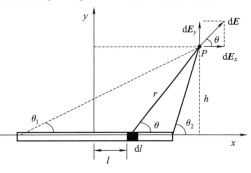

该电场强度方向沿着 $\mathrm{d}l$ 到 P 点的连线,与 x 轴夹角为 θ,所以有

$$\mathrm{d}E_x = \mathrm{d}E\cos\theta = \frac{1}{4\pi\varepsilon_0}\frac{\lambda \mathrm{d}l}{r^2}\cos\theta$$

$$\mathrm{d}E_y = \mathrm{d}E\sin\theta = \frac{1}{4\pi\varepsilon_0}\frac{\lambda \mathrm{d}l}{r^2}\sin\theta$$

图 9-5 例 9-2

由图上几何关系可知

$$r = \frac{h}{\sin\theta} = h\csc\theta$$

$$\mathrm{d}l = \mathrm{d}(x_P - h\cot\theta) = h\csc^2\theta\,\mathrm{d}\theta$$

代入 $\mathrm{d}E_x$ 和 $\mathrm{d}E_y$ 表达式得到

$$\mathrm{d}E_x = \frac{\lambda}{4\pi\varepsilon_0 h}\cos\theta\,\mathrm{d}\theta$$

$$\mathrm{d}E_y = \frac{\lambda}{4\pi\varepsilon_0 h}\sin\theta\,\mathrm{d}\theta$$

将以上两式积分可得

$$E_x = \int dE_x = \int_{\theta_1}^{\theta_2} \frac{\lambda}{4\pi\varepsilon_0 h} \cos\theta d\theta = \frac{\lambda}{4\pi\varepsilon_0 h}(\sin\theta_2 - \sin\theta_1) \quad (9\text{-}5a)$$

$$E_y = \int dE_y = \int_{\theta_1}^{\theta_2} \frac{\lambda}{4\pi\varepsilon_0 h} \sin\theta d\theta = \frac{\lambda}{4\pi\varepsilon_0 h}(\cos\theta_1 - \cos\theta_2) \quad (9\text{-}5b)$$

则 P 点的电场强度为

$$\boldsymbol{E} = \boldsymbol{E}_x + \boldsymbol{E}_y = E_x \boldsymbol{i} + E_y \boldsymbol{j}$$

下面对这一结果进行讨论。

(1) 假定该带电线段向左无限延伸,形成一个半无限长的带电直线(即射线),则 θ_1 趋向于 0, E_x 和 E_y 两个电场分量变为

$$E_x = \frac{\lambda}{4\pi\varepsilon_0 h} \sin\theta_2$$

$$E_y = \frac{\lambda}{4\pi\varepsilon_0 h}(1 - \cos\theta_2)$$

若该半无限长直线,左端无限延长,且右端与 P 点在 x 轴上坐标相同,即 θ_1 趋向于 0, $\theta_2 = 90°$,则 E_x 和 E_y 两个电场分量变为

$$E_x = \frac{\lambda}{4\pi\varepsilon_0 h}$$

$$E_y = \frac{\lambda}{4\pi\varepsilon_0 h}$$

半无限长的带电线是理想模型,这个模型可用于 P 点到带电线段的距离远小于带电线段的长度,且 P 点靠近带电线段一个端点的情况。

(2) 假定该带电线段向两端无限延伸,形成一个无限长的带电直线, θ_1 趋向于 0,同时 θ_2 趋向于 180°,则 E_x 和 E_y 两个电场分量变为

$$E_x = 0$$

$$E_y = \frac{\lambda}{2\pi\varepsilon_0 h}$$

无限长的带电线也是个理想模型,这个模型可用于 P 点到带电线段的距离远小于带电线段的长度,且 P 点靠近带电线段中点的情况。

例 9-3 半径为 R 的细圆环均匀带电,总电荷为 $+q$,请计算通过环心点 O 并垂直圆环平面的轴线上任一点 P 处的电场强度。

解 如图 9-6(a) 所示建立坐标系,P 点到环心的距离为 x。因为圆环均匀带电,所以其电荷线密度为 $\lambda = q/2\pi R$。在圆环上取线元 dl,其带电量为 $dq = \lambda dl$,将其视作点电荷,则此电荷元在 P 点处产生的电场强度为

$$d\boldsymbol{E} = \frac{1}{4\pi\varepsilon_0} \frac{\lambda dl}{r^2} \boldsymbol{e}_r$$

式中,$\boldsymbol{e}_r$ 是由电荷元 dq 指向 P 点的单位矢量。将 $d\boldsymbol{E}$ 分解为沿 x 轴的分量 dE_x 和垂直于 x 轴的分量 $dE_\perp$,由于这个带电体系

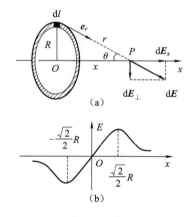

图 9-6 例 9-3

具有轴对称性,所有垂直于 x 轴的电场强度分量互相抵消,所以最终 P 点的电场强度只具有沿 x 轴的分量。每个电荷元在 P 点产生的电场强度沿 x 轴的分量为 $\mathrm{d}E_x = \mathrm{d}E\cos\theta$,且有 $r = \sqrt{x^2 + R^2}$,则 P 点的电场强度为

$$\begin{aligned} E &= \int_l \mathrm{d}E_x = \int_l \mathrm{d}E\cos\theta \\ &= \int \frac{\lambda \mathrm{d}l}{4\pi\varepsilon_0 r^2} \cdot \frac{x}{r} \\ &= \frac{\lambda x}{4\pi\varepsilon_0 r^3} \int_0^{2\pi R} \mathrm{d}l \\ &= \frac{qx}{4\pi\varepsilon_0 (x^2 + R^2)^{3/2}} \end{aligned}$$

下面对这一结果进行讨论。

(1) 当 P 点到 O 点的距离远远大于圆环半径,即 $x \gg R$ 时,则 $(x^2 + R^2)^{3/2} \approx x^3$,这时有

$$E \approx \frac{1}{4\pi\varepsilon_0} \frac{q}{x^2}$$

这一结果与点电荷周围的电场强度表达式一致,说明在距离较远时可以把带电圆环看作点电荷来处理。这个结果也印证了点电荷模型的合理性,即当带电体本身的尺寸远小于到场点的距离时,该带电体就可以视作没有形状、没有大小的点电荷。

(2) 当 P 点处于环心 O 点时,$x = 0$,所以 $E = \dfrac{qx}{4\pi\varepsilon_0 (x^2 + R^2)^{3/2}} = 0$,即均匀带电圆环的环心处电场强度为零。

(3) 由结果可知,均匀带电圆环对轴线上任意点处的电场强度,是该点到环心 O 的距离 x 的函数,图 9-6(b) 中画出了这个函数的图像,并可以由 $\mathrm{d}E/\mathrm{d}x = 0$ 求得电场强度极大值的位置,由

$$\frac{\mathrm{d}}{\mathrm{d}x}\left[\frac{qx}{4\pi\varepsilon_0 (x^2 + R^2)^{3/2}}\right] = 0$$

计算可得 $x = \pm\dfrac{\sqrt{2}}{2}R$,即带电圆环轴线上电场强度最大的位置在距 O 点 $\pm\dfrac{\sqrt{2}}{2}R$ 处。

例 9-4 有一半径为 R、电荷均匀分布的薄圆盘,其电荷面密度为 σ。求通过盘心且垂直盘面的轴线上任意一点处的电场强度。

解 建立如图 9-7 所示坐标系,薄圆盘位于 yz 平面内,盘心位于坐标原点 O 点,过盘心且垂直于盘面的轴线为 x 轴,轴线上 P 点到原点的距离为 x。把圆盘分为无限多同心细圆环带,其半径为 r,宽度为 $\mathrm{d}r$ 的圆环带面积为 $2\pi r \mathrm{d}r$,所带电荷为 $\mathrm{d}q = \sigma 2\pi r \mathrm{d}r$,由例 9-3 可知,该带电圆环带在 P 点处产生的电场强度为

$$\begin{aligned} \mathrm{d}E_x &= \frac{x \mathrm{d}q}{4\pi\varepsilon_0 (x^2 + r^2)^{3/2}} \\ &= \frac{\sigma}{2\varepsilon_0} \frac{x r \mathrm{d}r}{(x^2 + r^2)^{3/2}} \end{aligned}$$

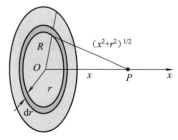

图 9-7 例 9-4

由于圆盘上所有带电圆环带产生的电场强度都是沿着 x 轴同一方向的，所以可得整个带电圆盘在 P 点处产生的电场强度为

$$E = \int dE_x$$
$$= \frac{\sigma x}{2\varepsilon_0} \int_0^R \frac{r dr}{(x^2 + r^2)^{3/2}}$$
$$= \frac{\sigma x}{2\varepsilon_0} \left(\frac{1}{\sqrt{x^2}} - \frac{1}{\sqrt{x^2 + R^2}} \right)$$

当 $x \ll R$ 时，带电圆盘可以视作无限大的均匀带电平面，这时有

$$\frac{1}{\sqrt{x^2}} - \frac{1}{\sqrt{x^2 + R^2}} \approx \frac{1}{\sqrt{x^2}}$$

于是有

$$E = \frac{\sigma}{2\varepsilon_0}$$

上式中不含坐标 x，说明在无限大均匀带电平面外的电场是一个匀强场，方向与平面垂直。

9.2 高斯定理及其应用

一、电场线

为了直观、形象地描述电场，在电场空间中引入一系列假想的曲线，规定曲线每一点的切线方向与该点电场强度方向一致，曲线密集的地方电场强度大，曲线稀疏的地方电场强度小；电场线的密度，即通过电场中某点垂直于 E 的单位面积的电场线数，等于该点处电场强度 E 的大小。这样的曲线称为电场线，是由英国物理学家法拉第首先提出的。图 9-8 是几种典型电场的电场线。

由这些图像可以分析得出，静电场的电场线具有以下特点：

（1）电场线有头有尾，始于正电荷或无穷远，终止于负电荷或延伸至无穷远，在没有电荷处不中断。

（2）因为空间任意一点的电场都有确定的方向，所以任何两条电场线都不能相交。

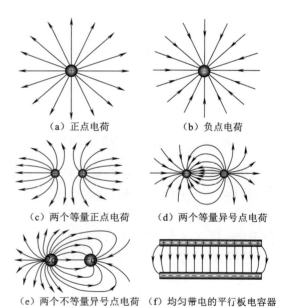

（a）正点电荷　（b）负点电荷
（c）两个等量正点电荷　（d）两个等量异号点电荷
（e）两个不等量异号点电荷　（f）均匀带电的平行板电容器

图 9-8　几种典型的电场线分布

二、电场强度通量

通过空间某个面的电场线的数目称为通过这个面的电场强度通量，用符号 Φ_e 来表示。

下面分几种情况讨论电场强度通量的具体计算方法。

（1）如图9-9（a）所示，匀强电场 E 垂直穿过一个面积为 S 的平面，根据电场线密度的定义，通过该平面的电场强度通量为

$$\Phi_e = ES$$

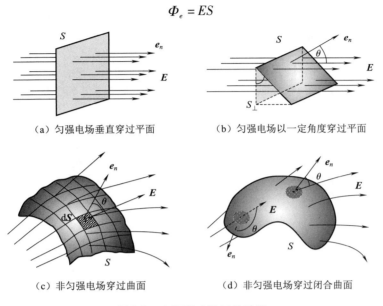

(a) 匀强电场垂直穿过平面　　　(b) 匀强电场以一定角度穿过平面

(c) 非匀强电场穿过曲面　　　(d) 非匀强电场穿过闭合曲面

图 9-9　电场强度通量的计算

（2）如图9-9（b）所示，匀强电场 E 以一定角度穿过一个面积为 S 的平面。将 S 面在垂直于电场方向作投影面 $S_\perp$，由于电场线在没有电荷处连续，穿过 S 面的电场线数与穿过 $S_\perp$ 面的线数相同，为 $\Phi_e = ES_\perp = ES\cos\theta$。定义面积矢量 S，规定其大小为面积 S，方向为该平面的单位法向矢量 e_n，则有 $S = S\,e_n$。e_n 与 E 的夹角为 θ，则这时通过该平面的电场强度通量为

$$\Phi_e = ES\cos\theta = E\cdot S\,e_n = E\cdot S$$

（3）如图9-9（c）所示，任意电场穿过一个任意曲面。这时可以把曲面分割为无限多个面积微元 dS，每个面积微元 dS 可以看作平面，且把穿过该面积微元的电场视作匀强电场，计算出其电场强度通量 $d\Phi_e = E\cdot dS$；再把所有面积微元的电场强度通量 $d\Phi_e$ 累加起来（即积分），即可得到整个曲面的电场强度通量

$$\Phi_e = \int d\Phi_e = \iint_S E\cdot dS = \iint_S E\cos\theta\,dS$$

（4）如图9-9（d）所示，任意电场穿过一个闭合曲面，与上面的情况类似，穿过一个面积微元的电场强度通量仍为 $d\Phi_e = E\cdot dS$，但区别在于电场线有穿入闭合曲面的，也有穿出闭合曲面的，这两种情况下电场强度通量的符号不同。我们规定：闭合曲面上每个面积元的面积矢量 dS 的方向均指向曲面外，则电场线穿出闭合曲面时，由于 $\theta < 90°$，电场强度通量为正；穿入闭合曲面时，由于 $\theta > 90°$，通量为负，则穿过闭合曲面的电场强度通量为

$$\Phi_e = \int d\Phi_e = \oint_S E\cdot dS = \oint_S E\cos\theta\,dS$$

三、高斯定理

下面具体地计算点电荷及点电荷系的电场对闭合曲面的电场强度通量，并导出高斯定理。

(1) 点电荷的电场对以点电荷为球心的球面的电通量。如图9-10(a)所示,点电荷 q 位于球面球心处,球面半径为 R,在球面上电场强度的大小处处相等,方向处处垂直于球面。球面上一面元的电场强度通量为 $\mathrm{d}\Phi_e = \boldsymbol{E} \cdot \mathrm{d}\boldsymbol{S}$,则根据电场强度通量的定义,可求得球面上的电场强度通量为

$$\Phi_e = \int \mathrm{d}\Phi_e = \oiint_S \boldsymbol{E} \cdot \mathrm{d}\boldsymbol{S} = \oiint_S \frac{q}{4\pi\varepsilon_0 R^2}\mathrm{d}S = \frac{q}{4\pi\varepsilon_0 R^2}\oiint_S \mathrm{d}S = \frac{q}{\varepsilon_0}$$

若该点电荷带正电,则电场强度方向处处垂直于球面向外,电场强度通量为正值;若该点电荷带负电,则电场强度方向处处垂直于球面向内,电场强度通量为负值。

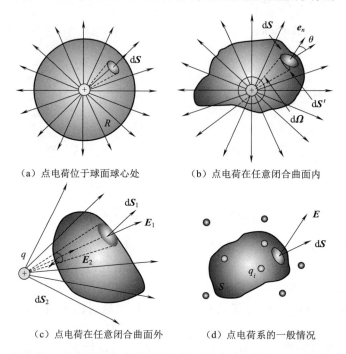

(a) 点电荷位于球面球心处　　(b) 点电荷在任意闭合曲面内

(c) 点电荷在任意闭合曲面外　　(d) 点电荷系的一般情况

图9-10　点电荷及点电荷系的电场对闭合曲面的电场强度通量

(2) 点电荷的电场对任一包围该电荷的闭合曲面的电场强度通量。如图9-10(b)所示,点电荷 q 位于一任意闭合曲面 S 内,则在该闭合曲面内总可以找到一个球面 S',使得点电荷位于球面球心处。因为电场线在无电荷处不中断,所以原闭合曲面 S 的总电场强度通量与球面 S' 相同,为

$$\Phi_e = \int \mathrm{d}\Phi_e = \int \mathrm{d}\Phi_e' = \frac{q}{\varepsilon_0}$$

(3) 点电荷的电场对任一不包围该电荷的闭合曲面的电场强度通量。如图9-10(c)所示,点电荷 q 在一任意闭合曲面外,因为电场线在无电荷处不中断,则每一条电场线都会先穿入再穿出该闭合曲面,穿入穿出的电场强度通量异号,所以总的电场强度通量为0,即

$$\mathrm{d}\Phi_1 = \boldsymbol{E}_1 \cdot \mathrm{d}\boldsymbol{S}_1 > 0$$
$$\mathrm{d}\Phi_2 = \boldsymbol{E}_2 \cdot \mathrm{d}\boldsymbol{S}_2 < 0$$
$$\mathrm{d}\Phi_1 + \mathrm{d}\Phi_2 = 0$$

所以
$$\Phi_e = \int d\Phi_e = 0$$

(4) 点电荷系的电场对任一闭合曲面的电通量。如图 9-10(d) 所示，这是点电荷系的一般情况。根据前面得出的结论，可以把点电荷分为在闭合曲面内和在闭合曲面外两类，在闭合曲面外的点电荷激发的电场对曲面的通量为零，因此只计算在闭合曲面内的点电荷对该闭合曲面电场强度通量的贡献即可：

$$\Phi_e = \int d\Phi_e = \sum_{k=1}^{n} \Phi_{ek}$$

$$\Phi_{ej}^{\text{out}} = 0$$

$$\Phi_{ei}^{\text{in}} = \frac{q_i^{\text{in}}}{\varepsilon_0}$$

所以
$$\Phi_e = \sum_{i=1}^{n_{\text{in}}} \Phi_{ei} = \sum_{i=1}^{n_{\text{in}}} \frac{q_i^{\text{in}}}{\varepsilon_0}$$

上述各式中，Φ_{ek} 是第 k 个点电荷对该闭合曲面的通量；Φ_{ej}^{out} 是第 j 个闭合曲面外的点电荷对该闭合曲面的电场强度通量；Φ_{ei}^{in} 是第 i 个闭合曲面内的点电荷对该闭合曲面的电场强度通量；q_i^{in} 是第 i 个闭合曲面内的点电荷的带电量；n 是点电荷的总数目；n_{in} 是闭合曲面内点电荷的数目。可以得出结论，在真空中的静电场，穿过任一闭合曲面的电场强度通量，等于该曲面所包围的所有电荷的代数和除以 ε_0。这就是高斯定理，公式为

$$\Phi_e = \oiint_S \boldsymbol{E} \cdot d\boldsymbol{S} = \frac{1}{\varepsilon_0} \sum_{i=1}^{n_{\text{in}}} q_i^{\text{in}} \tag{9-6}$$

高斯定理是由德国数学家、物理学家高斯提出的，是静电场的重要定理。闭合曲面内为正电荷时，曲面的电场强度通量为正，表示有电场线穿出，对应于电场线起始于正电荷。反之，若闭合曲面内为负电荷时，曲面的电场强度通量为负，表示有电场线穿入，对应于电场线终止于负电荷。高斯定理表明静电场是有源场。需要注意的是，虽然闭合曲面的电场强度通量只跟曲面内的电荷有关，但是闭合曲面上某点的电场强度是由曲面内外全体电荷来决定的。在应用高斯定理解决问题时，通常把闭合曲面称为高斯面。

四、高斯定理的应用

高斯定理的一个重要应用就是计算电荷分布具有高度对称性的带电体周围的电场强度。在大学物理范畴内，主要利用高斯定理处理球对称、轴对称及面对称带电体周围的电场强度分布，下面举例说明。

例 9-5 设有一半径为 R、均匀带电量为 Q 的球面，求球面内外任意点的电场强度。

解 先来分析对称性。因为是均匀带电的球面，电荷分布是球对称的，所以周围空间的电场强度也一定是球对称分布的，均沿径向。原因是，假如某点电场不沿径向，将球面沿过球心的轴线旋转，则电场分布整体也发生旋转，而电荷分布不变，则该点处电场在旋转前后方向不一致，产生矛盾。如图 9-11(a)、(b) 所示，若以 O 点为球心作一半径为 r 的高斯面，则球面上各处电场强度大小一定都相等，其方向沿径向，垂直于球面。

首先令高斯面位于带电球面内部，即 $0 < r < R$，如图 9-11(a) 所示，则高斯面内部没有电

荷,根据高斯定理

$$\oiint_S \boldsymbol{E} \cdot \mathrm{d}\boldsymbol{S} = E4\pi r^2 = \sum \frac{q^{\mathrm{in}}}{\varepsilon_0} = 0$$

所以有 $E = 0 (0 < r < R)$,即均匀带电球面内部电场强度为 0。

再令高斯面位于带电球面外部,即 $r > R$,如图 9-11(b)所示,则高斯面内部有全部的球面所带电荷,根据高斯定理

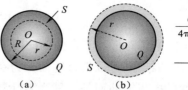
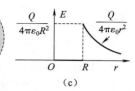

图 9-11　例 9-5

$$\oiint_S \boldsymbol{E} \cdot \mathrm{d}\boldsymbol{S} = E4\pi r^2 = \sum \frac{q^{\mathrm{in}}}{\varepsilon_0} = \frac{Q}{\varepsilon_0}$$

所以有

$$E = \frac{1}{4\pi\varepsilon_0} \frac{Q}{r^2} \quad (r > R)$$

即均匀带电球面在其外部的电场,与等量电荷全部集中在球心时的电场强度相同。把内外部电场表达式写在一起

$$E = \begin{cases} 0 & \text{当 } 0 < r < R \\ \dfrac{1}{4\pi\varepsilon_0} \dfrac{Q}{r^2} & \text{当 } r > R \end{cases} \tag{9-7}$$

电场强度的大小随距球心的距离 r 的变化如图 9-11(c)所示。可以看到,球面内 $(0 < r < R)$ 电场强度为 0,球面外 $(r > R)$ 电场强度与 r^2 成反比,在 $r = R$ 处电场强度有跃变。

例 9-6　设有一半径为 R,均匀带电量为 Q 的实心球体,求球体内外任意点的电场强度。

解　先来分析对称性。因为是均匀带电的实心球体,电荷分布是球对称的,所以周围空间的电场强度也一定是球对称分布的。证明方法同例 9-5。若以 O 点为球心作一半径为 r 的高斯面,则球面上各处电场强度大小一定都相等,其方向沿径向,垂直于球体表面。

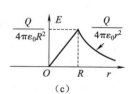

图 9-12　例 9-6

首先令高斯面位于带电球体内部,即 $0 < r < R$,如图 9-12(a)所示。球体带电密度为 $\rho = \dfrac{Q}{\frac{4}{3}\pi R^3}$,则高斯面内部的电荷为 $q = \rho \dfrac{4}{3}\pi r^3 = \dfrac{Q}{\frac{4}{3}\pi R^3} \dfrac{4}{3}\pi r^3 = \dfrac{Qr^3}{R^3}$,根据高斯定理

$$\oiint_S \boldsymbol{E} \cdot \mathrm{d}\boldsymbol{S} = E4\pi r^2 = \sum \frac{q^{\mathrm{in}}}{\varepsilon_0} = \frac{Qr^3}{\varepsilon_0 R^3}$$

所以有 $E = \dfrac{Qr}{4\pi\varepsilon_0 R^3} \quad (0 < r < R)$,即均匀带电球体内部电场强度与 r 成正比。

再令高斯面位于带电球体外部,即 $r > R$,如图 9-12(b)所示,则高斯面内部有全部的球体所带电荷,根据高斯定理

$$\oiint_S \boldsymbol{E} \cdot \mathrm{d}\boldsymbol{S} = E 4\pi r^2 = \sum \frac{q^{\mathrm{in}}}{\varepsilon_0} = \frac{Q}{\varepsilon_0}$$

所以有

$$E = \frac{1}{4\pi\varepsilon_0} \frac{Q}{r^2} \quad (r > R)$$

即均匀带电球体在其外部的电场，与等量电荷全部集中在球心时的电场强度相同。我们把内外部电场表达式写在一起

$$E = \begin{cases} \dfrac{Qr}{4\pi\varepsilon_0 R^3} & \text{当 } 0 < r < R \\ \dfrac{1}{4\pi\varepsilon_0} \dfrac{Q}{r^2} & \text{当 } r > R \end{cases} \quad (9\text{-}8)$$

电场强度的大小随距球心的距离 r 的变化如图 9-12(c) 所示。可以看到，球体内 $(0 < r < R)$ 电场强度与 r 成正比，球体外 $(r > R)$ 电场强度与 r^2 成反比，在 $r = R$ 处电场强度为 $\dfrac{Q}{4\pi\varepsilon_0 R^2}$。

例 9-7 设有一无限长均匀带电直线，电荷线密度为 λ，求距直线为 r 处的电场强度。

解 先来分析对称性。因为是无限长的均匀带电直线，所以其电场分布应该具有轴对称性。证明方法同例 9-5。如图 9-13 所示，作一个圆柱形的高斯面，圆柱的高度为 h，半径为 r，圆柱的中轴线与带电直线重合。则电场强度垂直于高斯面侧面，与高斯面上下底面平行，只有圆柱侧面有电场强度通量。根据高斯定理有

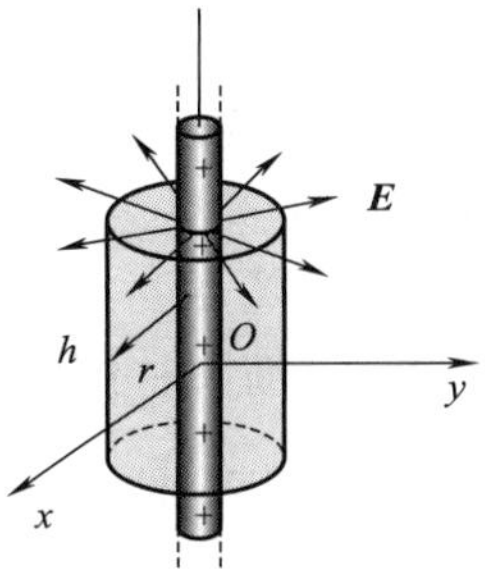

$$\oiint_S \boldsymbol{E} \cdot \mathrm{d}\boldsymbol{S} = E 2\pi r h = \sum \frac{q^{\mathrm{in}}}{\varepsilon_0} = \frac{\lambda h}{\varepsilon_0}$$

$$E = \frac{\lambda}{2\pi r \varepsilon_0} \quad (9\text{-}9)$$

图 9-13 例 9-7

即无限长均匀带电直线外一点的电场强度，与该点到带电直线的垂直距离成反比，与电荷线密度成正比。需要说明的是，并不存在真正的无限长的带电直线，所谓"无限长"带电直线也是个理想模型，只要带电直线本身的长度远大于场点到带电直线的垂直距离，这个理想模型就适用。

例 9-8 设有一无限长均匀带电圆柱面，半径为 R，电荷线密度为 λ（即沿轴线单位长度的圆柱面带电为 λ），求距圆柱面轴线为 r 处的电场强度。

解 先来分析对称性。因为是无限长的均匀带电圆柱面，电荷分布是轴对称的，所以其电场分布也应该具有轴对称性。如图 9-14 所示，作一个圆柱形的高斯面，高斯面的高度为 L，半径为 r，高斯面的中轴线与带电圆柱面的轴线重合。则电场强度如图 9-14 所示垂直于高斯面的侧面，与高斯面上下底面平行，只有圆柱侧面有电场强度通量。

当高斯面半径 $r < R$ 时，高斯面内没有电荷，根据高斯定理有

$$\oiint_S \boldsymbol{E} \cdot \mathrm{d}\boldsymbol{S} = E 2\pi r L = \sum \frac{q^{\mathrm{in}}}{\varepsilon_0} = 0$$

所以 $E = 0$ $(0 < r < R)$，即无限长均匀带电圆柱面内部电场强度

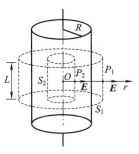

图 9-14 例 9-8

为 0。

当高斯面半径 $r > R$ 时,高斯面内电荷为 λL,根据高斯定理有

$$\oiint_S \boldsymbol{E} \cdot \mathrm{d}\boldsymbol{S} = E 2\pi r L = \sum \frac{q^{\mathrm{in}}}{\varepsilon_0} = \frac{\lambda L}{\varepsilon_0}$$

$$E = \frac{\lambda}{2\pi r \varepsilon_0}$$

即无限长均匀带电圆柱面外一点的电场强度,与该点到带电圆柱面轴线的垂直距离成反比,与单位长度圆柱面所带电荷成正比。把内外部电场强度表达式写在一起

$$E = \begin{cases} 0 & \text{当 } 0 < r < R \\ \dfrac{\lambda}{2\pi r \varepsilon_0} & \text{当 } r > R \end{cases} \tag{9-10}$$

同样需要说明的是,与"无限长"带电直线一样,无限长带电圆柱面也是个理想模型,只要带电圆柱面本身的长度远大于其半径及场点到轴线的垂直距离,这个理想模型就适用。

例 9-9 设有一无限长均匀带电圆柱体,半径为 R,电荷线密度为 λ(即单位长度的圆柱体带电为 λ),求距圆柱体轴线为 r 处的电场强度。

解 先来分析对称性。因为是无限长的均匀带电圆柱体,所以其电场分布应该具有轴对称性。如图 9-15 所示,作一个圆柱形的高斯面,高斯面的高度为 L,半径为 r,高斯面的中轴线与带电圆柱体的轴线重合。则电场强度如图 9-15 所示垂直于高斯面侧面,与高斯面上下底面平行,只有圆柱侧面有电场强度通量。

当高斯面半径 $r < R$ 时,高斯面内电荷为 $\dfrac{\lambda L}{\pi R^2 L} \pi r^2 L = \dfrac{\lambda L r^2}{R^2}$,根据高斯定理有

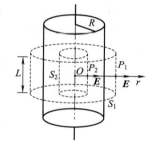

图 9-15　例 9-9

$$\oiint_S \boldsymbol{E} \cdot \mathrm{d}\boldsymbol{S} = E 2\pi r L = \sum \frac{q^{\mathrm{in}}}{\varepsilon_0} = \frac{\lambda L r^2}{\varepsilon_0 R^2}$$

所以 $E = \dfrac{\lambda r}{2\pi \varepsilon_0 R^2}$,即无限长均匀带电圆柱体内部电场强度与 r 成正比。

当高斯面半径 $r > R$ 时,高斯面内电荷为 λL,根据高斯定理有

$$\oiint_S \boldsymbol{E} \cdot \mathrm{d}\boldsymbol{S} = E 2\pi r L = \sum \frac{q^{\mathrm{in}}}{\varepsilon_0} = \frac{\lambda L}{\varepsilon_0}$$

$$E = \frac{\lambda}{2\pi r \varepsilon_0}$$

即无限长均匀带电圆柱体外一点的电场强度,与该点到带电圆柱体轴线的垂直距离成反比,与单位长度圆柱体所带电荷成正比。将内外部电场表达式写在一起

$$E = \begin{cases} \dfrac{\lambda r}{2\pi \varepsilon_0 R^2} & \text{当 } 0 < r < R \\ \dfrac{\lambda}{2\pi r \varepsilon_0} & \text{当 } r > R \end{cases} \tag{9-11}$$

例 9-10 设有一无限大均匀带电平面,电荷面密度为 σ,求距平面为 r 处某点的电场强度。

解 先来分析对称性。因为是无限大带电平面,两侧电场强度就应该具有面对称性,两侧的电场强度方向均应垂直于带电平面,方向向外(若平面带负电则向内)。如图 9-16 所示,作一个圆柱形的高斯面,底面面积为 S,则只有圆柱形的两个底面有电场线穿过,侧面与场强方向平行,通量为零。根据高斯定理有

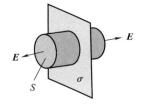

图 9-16 例 9-10

$$\oint_S \boldsymbol{E} \cdot \mathrm{d}\boldsymbol{S} = 2ES = \sum \frac{q^{\mathrm{in}}}{\varepsilon_0} = \frac{\sigma S}{\varepsilon_0}$$

$$E = \frac{\sigma}{2\varepsilon_0} \tag{9-12}$$

上式表明,无限大均匀带电平面的电场强度与场点到平面的距离无关,而且电场强度的方向与带电平面垂直,为匀强电场。若平面带正电,则电场强度由平面指向无穷远,若平面带负电,则电场强度由无穷远指向带电平面。同样需要说明的是,真正的无限大带电平面是不存在的,所谓"无限大"带电平面也是个理想模型,只要带电平面本身的尺度远大于场点到带电平面的垂直距离,这个理想模型就近似适用。

9.3 静电场的环路定理 电势能

一、静电场力做功

电荷在静电场中运动时,静电场力会对电荷做功。如图 9-17 所示,在固定的场源点电荷 q 所产生的电场中,将试验电荷 q_0 由 A 移动至 B,我们来计算这个过程中电场力所做的功。设某时刻试验电荷 q_0 处于 AB 路径上的 C 点,并沿路径移动了元位移 $\mathrm{d}\boldsymbol{l}$,由场源点电荷 q 到试验电荷 q_0 的位矢为 $\boldsymbol{r}$,则电场力对试验电荷所做的元功 $\mathrm{d}A$ 为

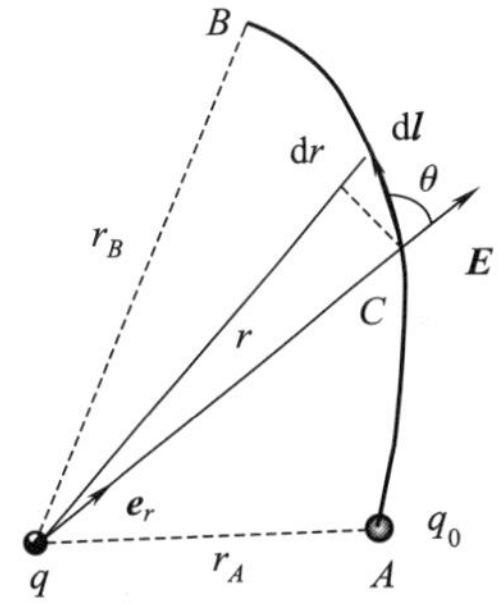

$$\mathrm{d}A = q_0 \boldsymbol{E} \cdot \mathrm{d}\boldsymbol{l} = \frac{qq_0}{4\pi\varepsilon_0 r^2} \boldsymbol{e}_r \cdot \mathrm{d}\boldsymbol{l}$$

根据几何关系 $\boldsymbol{e}_r \cdot \mathrm{d}\boldsymbol{l} = \mathrm{d}l\cos\theta = \mathrm{d}r$,则有 $\mathrm{d}A = \frac{qq_0}{4\pi\varepsilon_0 r^2}\mathrm{d}r$,于是在试

图 9-17 静电场力做功

验电荷由 A 移动至 B 的过程中,静电场力所做的总功为

$$A_{AB} = \frac{qq_0}{4\pi\varepsilon_0}\int_{r_A}^{r_B}\frac{\mathrm{d}r}{r^2} = \frac{qq_0}{4\pi\varepsilon_0}\left(\frac{1}{r_A} - \frac{1}{r_B}\right) \tag{9-13}$$

式中,r_A 和 r_B 分别是试验电荷在起点 A 和终点 B 到场源点电荷的距离。可以看到,在点电荷产生的电场中,电场力对运动电荷所做的功,只与其运动的起点位置和终点位置有关,和具体的路径无关。

下面研究试验电荷 q_0 在一个任意的静电场中运动时所做的功。任何静电场 $\boldsymbol{E}$ 都是由电荷连续分布的带电体和点电荷激发的,其中带电体又可以看成由点电荷组成的点电荷系,而点电荷系的静电场强度是由各点电荷静电场叠加而成的,因此试验电荷 q_0 在静电场 $\boldsymbol{E}$ 中运动时,电场力对 q_0 所做的功等于激发该电场的所有点电荷电场力对 q_0 做功的代数和,即

$$A = q_0 \int_l \boldsymbol{E} \cdot \mathrm{d}\boldsymbol{l} = q_0 \int_l (\boldsymbol{E}_1 + \boldsymbol{E}_2 + \boldsymbol{E}_3 + \cdots) \cdot \mathrm{d}\boldsymbol{l}$$

$$= q_0 \int_l \boldsymbol{E}_1 \cdot \mathrm{d}\boldsymbol{l} + q_0 \int_l \boldsymbol{E}_2 \cdot \mathrm{d}\boldsymbol{l} + q_0 \int_l \boldsymbol{E}_3 \cdot \mathrm{d}\boldsymbol{l} + \cdots \quad (9\text{-}14)$$

$$= \sum_i q_0 \int_l \boldsymbol{E}_i \cdot \mathrm{d}\boldsymbol{l}$$

上式中求和符号内每个点电荷的电场力做功都与路径无关,由此得出结论:试验电荷在任何静电场中移动时,静电场力做功只与做功路径的起点和终点位置有关,与路径的具体形状无关。

二、静电场的环路定理

由静电场力做功与路径无关出发,可以得到静电场的环路定理。如图 9-18 所示,一试验电荷在电场中沿着闭合曲线路径 ABCDA 运动一周,电场力所做的功为

$$A = q_0 \oint_{ABCDA} \boldsymbol{E} \cdot \mathrm{d}\boldsymbol{l}$$

$$= q_0 \int_{ABC} \boldsymbol{E} \cdot \mathrm{d}\boldsymbol{l} + q_0 \int_{CDA} \boldsymbol{E} \cdot \mathrm{d}\boldsymbol{l}$$

$$= q_0 \int_{ABC} \boldsymbol{E} \cdot \mathrm{d}\boldsymbol{l} - q_0 \int_{ADC} \boldsymbol{E} \cdot \mathrm{d}\boldsymbol{l}$$

$$= 0$$

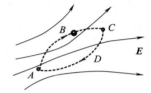

图 9-18 静电场力沿闭合曲线路径做功

因为电场力做功与路径无关,所以沿路径 ABC 和沿路径 ADC 做功一样,上式结果为零。又因为上式中电场是任意的,闭合路径 ABCDA 也是任选的,所以可以得到一般性结论

$$\oint_L \boldsymbol{E} \cdot \mathrm{d}\boldsymbol{l} = 0 \quad (9\text{-}15)$$

式中,L 为任一闭合路径。上式说明,在静电场中,电场强度 $\boldsymbol{E}$ 沿任意闭合路径 L 的线积分为零。场强 $\boldsymbol{E}$ 沿一闭合路径的线积分,又称 $\boldsymbol{E}$ 的环流,上式又可以表述为:$\boldsymbol{E}$ 的环流等于零。这就是静电场的环路定理,它表明静电场力是保守力,静电场是保守场。

三、电势能

静电场力与万有引力一样,也是保守力,做功与路径无关,可以仿照引入引力势能的办法,在静电场中引入电势能。正如引力做的功等于引力势能的减小量,静电场力做的功也等于静电势能的减小量。

如图 9-19 所示,一静电场中有 A、B 两点,将一试验电荷 q_0 由 A 点移动到 B 点的过程中,静电场力做功为 A_{AB},并设其在 A 点具有的静电势能为 W_A,B 点具有的静电势能为 W_B,则 A_{AB} 与 W_A、W_B 之间的关系为

$$A_{AB} = W_A - W_B = q_0 \int_A^B \boldsymbol{E} \cdot \mathrm{d}\boldsymbol{l} \quad (9\text{-}16)$$

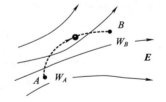

图 9-19 静电场中的电势能

电势能与重力势能一样具有相对性。图 9-19 中 A、B 两点间电势能的差值 $W_A - W_B$ 是确定的,但是 AB 两点的电势能 W_A 和 W_B 则需要指定参考点后,才能求出具体的数值。参考点的选取是任意的,要根据具体问题选择方便计算的参考点。

如果选择 B 点为电势能的参考点，令 $W_B = 0$。当试验电荷在 A 点时，系统的电势能为

$$W_A = q_0 \int_A^B \boldsymbol{E} \cdot \mathrm{d}\boldsymbol{l}$$

等于将试验电荷从 A 点移动到电势能零点电场力做的功。通常，当场源电荷分布在有限区域时，选择试验电荷 q_0 在无限远时的电势能为零，此时有

$$W_A = q_0 \int_A^\infty \boldsymbol{E} \cdot \mathrm{d}\boldsymbol{l}$$

另外，电势能也是系统共有的，即由试验电荷和场源电荷所激发的电场共有，实际是两者的相互作用能。

例 9-11 现有一试验电荷 q_0，试求其在无限长均匀带电直导线旁 A、B 两点间电势能的差。如图 9-20 所示，无限长带电直导线上的电荷线密度为 λ，A、B 两点到无限长带电直导线的距离分别为 r_A 和 r_B。

解 无限长均匀带电直导线周围的电场强度

$$E = \frac{\lambda}{2\pi\varepsilon_0 r}$$

则由式(9-16)，可以求出试验电荷在 AB 两点间电势能的差为

$$\begin{aligned} A_{AB} &= W_A - W_B \\ &= q_0 \int_A^B \boldsymbol{E} \cdot \mathrm{d}\boldsymbol{l} \\ &= q_0 \int_{r_A}^{r_B} \frac{\lambda}{2\pi\varepsilon_0 r} \mathrm{d}r \\ &= \frac{q_0 \lambda}{2\pi\varepsilon_0} \ln \frac{r_B}{r_A} \end{aligned}$$

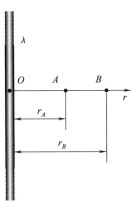

图 9-20 例 9-11

若令 B 点为参考点（即令 $W_B = 0$），则试验电荷在 A 点的电势能 W_A 就等于 A_{AB}。此题中，如果选择电势能的参考点 B 在无穷远，则会得到 A 点电势能为无穷大。为避免这种情况，当场源电荷分布在无限区域时，选择试验电荷 q_0 在有限区域内某点时的电势能为零，即参考点选在有限区域内某点。

9.4 电势　等势面　电势梯度

一、电势

1. 电势及电势差

电势能为静电场和试验电荷组成的系统共有，与电场的分布及电场中的试验电荷都有关系，不能用来描述电场本身的性质。根据式(9-16)，试验电荷在电场中具有的电势能与其电荷成正比，将试验电荷在电场空间中具有的电势能除以它的电荷，其结果只与电场自身性质有关，这就是电势。即

$$U_A = \frac{W_A}{q_0}, \quad U_B = \frac{W_B}{q_0}, \quad U_{AB} = \frac{W_A - W_B}{q_0} = \frac{A_{AB}}{q_0}$$

则式(9-16)可变形为

$$U_{AB} = U_A - U_B = \int_A^B \boldsymbol{E} \cdot \mathrm{d}\boldsymbol{l} \tag{9-17}$$

式中,U_A 是电场中 A 点的电势;U_B 是电场中 B 点的电势;U_{AB} 是 AB 两点间的电势差,也称为电压。定义了电势差之后,电场力做功[即式(9-16)]还可以表述为 $A_{AB} = q_0 U_{AB}$。

由以上分析可知,电势也是相对值。若要确定电场中 A 点电势的值,则必须指定参考点 B 点的位置及其电势的值。参考点的选取可以是任意的。一般来说,对于有限带电体所产生的电场,选取无穷远为零电势点,则电场中 A 点的电势为

$$U_A = \int_A^\infty \boldsymbol{E} \cdot \mathrm{d}\boldsymbol{l} \tag{9-18}$$

此时电势在数值上等于单位正电荷在该点时系统的电势能,也等于把单位正电荷从 A 点移动到无限远点电场力做的功。电势是标量,但有正负。电势的单位是伏[特],符号为 V。在电子电路等应用领域中,也经常把接地端选为零电势点。

而对于无限大的带电体,则不能选取无穷远作为零电势点。如无限大均匀带电平面,其电场强度与到平面的距离无关,为匀强场。若取无穷远作为零电势点,按照电势的定义,在任何空间位置的电势都是无穷大,无法使用。所以对于无限大带电体的电场,通常选择空间中有限区域内一点 B 作为零电势点,则电场中 A 点的电势为

$$U_A = U_{AB} + U_B = \int_A^B \boldsymbol{E} \cdot \mathrm{d}\boldsymbol{l} \tag{9-19}$$

2. 点电荷电场的电势

现有一点电荷 q,其电场中任一点 A 处到点电荷的距离为 r,以无穷远为零电势点。则根据电势的定义,选取沿径向延伸到无穷远的射线作为积分路径,$\boldsymbol{E}$ 和 $\mathrm{d}\boldsymbol{l}$ 方向相同,可得点电荷电场中 A 点电势为

$$U_A = \int_A^\infty \boldsymbol{E} \cdot \mathrm{d}\boldsymbol{l} = \int_r^\infty E\mathrm{d}r = \int_r^\infty \frac{1}{4\pi\varepsilon_0}\frac{q}{r^2}\mathrm{d}r = \frac{1}{4\pi\varepsilon_0}\frac{q}{r} \tag{9-20}$$

由上式可以看出,当点电荷电量 $q > 0$ 时,其电场中各点电势为正值,随 r 的增加而降低,无穷远是电势最低点;当 $q < 0$ 时,其电场中各点电势为负值,随 r 的增加而升高,无穷远是电势最高点。

3. 电势的叠加原理

一个点电荷电场的电势分布我们清楚了,多个点电荷所组成的点电荷系电场的电势分布怎么计算呢?由电场强度叠加原理可知,点电荷系的电场是由组成它的每个点电荷的电场矢量叠加而成的,即

$$\boldsymbol{E} = \boldsymbol{E}_1 + \boldsymbol{E}_2 + \boldsymbol{E}_3 + \cdots + \boldsymbol{E}_n = \sum_{i=1}^n \boldsymbol{E}_i$$

于是,点电荷系电场中任一点 A 的电势为

$$U_A = \int_A^\infty \boldsymbol{E} \cdot \mathrm{d}\boldsymbol{l}$$

$$= \int_A^\infty (\boldsymbol{E}_1 + \boldsymbol{E}_2 + \boldsymbol{E}_3 + \cdots + \boldsymbol{E}_n) \cdot \mathrm{d}\boldsymbol{l}$$

$$= \int_A^\infty \boldsymbol{E}_1 \cdot \mathrm{d}\boldsymbol{l} + \int_A^\infty \boldsymbol{E}_2 \cdot \mathrm{d}\boldsymbol{l} + \int_A^\infty \boldsymbol{E}_3 \cdot \mathrm{d}\boldsymbol{l} + \cdots + \int_A^\infty \boldsymbol{E}_n \cdot \mathrm{d}\boldsymbol{l}$$

$$= \sum_{i=1}^{n} \int_{A}^{\infty} \boldsymbol{E}_i \cdot \mathrm{d}\boldsymbol{l}$$

$$= \sum_{i=1}^{n} U_{Ai}$$

式中，E_i 为点电荷 q_i 激发的场强；U_{Ai} 为点电荷 q_i 单独存在时点 A 的电势。将式(9-20)代入上式可得

$$U_A = \sum_{i=1}^{n} \frac{1}{4\pi\varepsilon_0} \frac{q_i}{r_i} \tag{9-21}$$

上式表明，点电荷系所激发的电场中的某点的电势，等于各点电荷单独存在时在该点电势的代数和，这就是静电场的电势叠加原理。

在求解电荷连续分布的有限大带电体在空间某点的电势时，可将它分解为无限多的电荷微元，将每个电荷微元 $\mathrm{d}q$ 视作点电荷，将式(9-21)的求和变为积分，则可以求出其电势为

$$U = \frac{1}{4\pi\varepsilon_0} \int \frac{\mathrm{d}q}{r} \tag{9-22}$$

需要注意的是，因为式(9-21)及式(9-22)的电势参考点是无穷远，所以不能用来计算无限大带电体的电势。另外，静电场的电场强度叠加是矢量求和，而电势叠加是代数求和。

例 9-12 如图 9-21(a)所示，真空中有一电荷为 Q、半径为 R 的均匀带电球面，以无穷远为电势零点，求球面内外任意一点的电势。

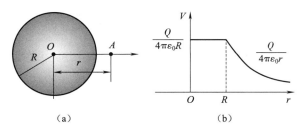

图 9-21　例 9-12

解 由例 9-5，我们知道均匀带电球面在空间任一点的电场强度是

$$E = \begin{cases} 0 & \text{当 } 0 < r < R \\ \dfrac{1}{4\pi\varepsilon_0} \dfrac{Q}{r^2} & \text{当 } r > R \end{cases}$$

假定 A 点到球心的距离为 r，若 A 点在球面外，则这时 A 点的电势为

$$U_A = \int_A^\infty \boldsymbol{E} \cdot \mathrm{d}\boldsymbol{l} = \int_r^\infty E \mathrm{d}r = \int_r^\infty \frac{1}{4\pi\varepsilon_0} \frac{Q}{r^2} \mathrm{d}r = \frac{1}{4\pi\varepsilon_0} \frac{Q}{r}$$

若 A 点在球面内，这时 A 点的电势要分两段计算，第一段是 A 点到球面，这一段电场强度为 0，第二段是球面外，电场强度与 r 的二次方成反比。则此时 A 点的电势为

$$U_A = \int_A^\infty \boldsymbol{E} \cdot \mathrm{d}\boldsymbol{l} = \int_r^\infty E \mathrm{d}r = \int_r^R 0 \mathrm{d}r + \int_R^\infty \frac{1}{4\pi\varepsilon_0} \frac{Q}{r^2} \mathrm{d}r = \frac{1}{4\pi\varepsilon_0} \frac{Q}{R}$$

将这两段综合起来，可以得到空间任意一点的电势为

$$U_A(r) = \begin{cases} \dfrac{1}{4\pi\varepsilon_0} \dfrac{Q}{R} & \text{当 } 0 < r < R \\ \dfrac{1}{4\pi\varepsilon_0} \dfrac{Q}{r} & \text{当 } r > R \end{cases} \quad (9\text{-}23)$$

将该函数作图,如图 9-21(b) 所示,可以看到球面内电势相等,是等势体;球面外电势随 r 的一次方下降。

二、等势面

电场中电势相等的点所构成的面称为等势面。因为等势面上任意两点电势相等,所以当电荷 q 沿等势面任意运动时,电场力均不做功,即 $q\boldsymbol{E} \cdot \mathrm{d}\boldsymbol{l} = 0$。又因为 q、$\boldsymbol{E}$ 和 $\mathrm{d}\boldsymbol{l}$ 均不为零,所以电场强度 $\boldsymbol{E}$ 必须与等势面上的任意位移微元 $\mathrm{d}\boldsymbol{l}$ 垂直,即等势面上任意一点的电场强度 $\boldsymbol{E}$ 均与通过该点的等势面垂直。

正如电场线的疏密表示电场的强弱,如果在绘制等势面时规定所有相邻的等势面之间的电势差相等,则等势面的空间疏密也表征了电场的强弱。图 9-22 展示了两种典型电场分布所对应的等势面,可以看到等势面越密的地方,电场就越强。

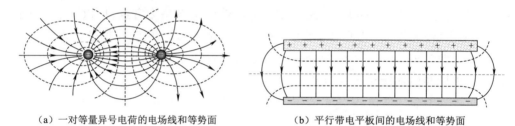

(a) 一对等量异号电荷的电场线和等势面　　　　(b) 平行带电平板间的电场线和等势面

图 9-22　典型电场分布所对应的等势面,实线是电场线,虚线是等势面

*三、电势梯度

设在静电场中有两个空间距离很近的等势面,如图 9-23 所示,它们的电势分别是 U 和 $U + \Delta U$。在两个等势面上分别取距离很近的点 A 和点 B,位移矢量为 $\Delta \boldsymbol{l}$。A 点处电场强度为 $\boldsymbol{E}$,因为距离很近,可以近似认为由 A 点到 B 点电场强度没有变化。则 AB 两点间的电势差 ΔU 为

$$\Delta U = -\boldsymbol{E} \cdot \Delta \boldsymbol{l} = -E\Delta l \cos\theta = -E_l \Delta l$$

式中,E_l 为沿着位移矢量 $\Delta \boldsymbol{l}$ 方向的电场强度分量。

当 Δl 趋于无穷小时,有

$$E_l = -\lim_{\Delta l \to 0} \frac{\Delta U}{\Delta l} = -\frac{\mathrm{d}U}{\mathrm{d}l} \quad (9\text{-}24)$$

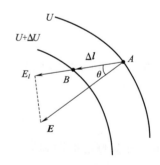

图 9-23　电场强度与电势梯度

由上式可以知道,电场中某一点的电场强度沿任一方向的分量,等于这一点的电势沿该方向单位长度上电势变化率的负值。当令 $\Delta \boldsymbol{l}$ 的方向与该点电场强度 $\boldsymbol{E}$ 方向重合时,还能得到一个重要结论:电场强度等于电势梯度的负值,即

$$\boldsymbol{E} = -\left(\frac{\partial U}{\partial x}\boldsymbol{i} + \frac{\partial U}{\partial y}\boldsymbol{j} + \frac{\partial U}{\partial z}\boldsymbol{k}\right) = -\mathrm{grad}\, U = -\nabla U \quad (9\text{-}25)$$

在工程实践中,电势差是一个易于测量的物理量,人们通常是先测量空间各点的电势分布,画出等势面,再依据电场和电势的关系求出电场强度分布。

*例9-13 正电荷 q 均匀分布在半径为 R 的细圆环上。请用电场强度与电势的关系,求该均匀带电细圆环轴线上到环心距离 x 的 P 点处的电场强度。

解 如图9-24(a)所示建立坐标系。细圆环带正电荷 q,则其电荷线密度为 $\lambda = q/2\pi R$。在环上取一线元 dl,则其带电为 $dq = \lambda dl = \dfrac{q}{2\pi R}dl$,可视为点电荷。根据式(9-20),该点电荷在 P 点产生的电势为 $\dfrac{1}{4\pi\varepsilon_0}\dfrac{dq}{\sqrt{x^2+R^2}} = \dfrac{1}{4\pi\varepsilon_0}\dfrac{qdl}{2\pi R\sqrt{x^2+R^2}}$。又因为环上各带电线元到 P 点距离都相等,所以根据式(9-22),带电圆环在 P 点产生的电势为

$$U_P = \dfrac{1}{4\pi\varepsilon_0}\int\dfrac{dq}{r} = \dfrac{1}{4\pi\varepsilon_0}\int_l\dfrac{qdl}{2\pi R\sqrt{x^2+R^2}} = \dfrac{1}{4\pi\varepsilon_0}\dfrac{q}{\sqrt{x^2+R^2}}$$

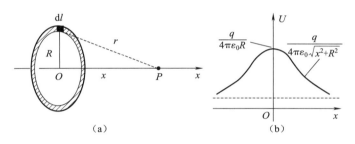

图 9-24 例 9-13

图9-24(b)中给出了 x 轴上电势随坐标 x 而变化的曲线。下面根据电场与电势的关系来求 P 点的电场强度。根据式(9-24)有

$$E_x = -\dfrac{\partial U}{\partial x}$$
$$= -\dfrac{\partial}{\partial x}\left(\dfrac{1}{4\pi\varepsilon_0}\dfrac{q}{\sqrt{x^2+R^2}}\right)$$
$$= \dfrac{qx}{4\pi\varepsilon_0(x^2+R^2)^{3/2}}$$

上式与例9-3直接用电场叠加的方法求出的结果是一致的。

本 章 习 题

(一)静电场

9.1 在边长为 a 的正方体中心处放置一电荷量为 Q 的点电荷,则正方体顶角处的电场强度的大小为( )。

A. $\dfrac{Q}{12\pi\varepsilon_0 a^2}$ B. $\dfrac{Q}{6\pi\varepsilon_0 a^2}$ C. $\dfrac{Q}{3\pi\varepsilon_0 a^2}$ D. $\dfrac{Q}{\pi\varepsilon_0 a^2}$

9.2 如图9-25所示,沿 x 轴放置的"无限长"分段均匀带电直线,电荷线密度在 $x<0$ 区域为 $+\lambda$,在 $x>0$ 区域为 $-\lambda$,则在 xOy 坐标平面内,在点 $(0,a)$ 的电场强度为( )。

A. 0

B. $\dfrac{\lambda}{2\pi\varepsilon_0 a}\boldsymbol{i}$

C. $\dfrac{\lambda}{4\pi\varepsilon_0 a}\boldsymbol{i}$

D. $\dfrac{\lambda}{4\pi\varepsilon_0 a}(\boldsymbol{i}+\boldsymbol{j})$

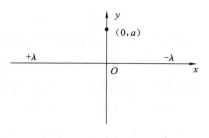

图 9-25 题 9.2

9.3 下列说法中正确的是(　　)。

A. 电场中某点场强的方向,就是将点电荷放在该点所受电场力的方向

B. 在以点电荷为中心的球面上,由该点电荷所产生的场强处处相同

C. 场强可由 $E=F/q$ 定出,其中 q 为试验电荷,q 可正、可负,F 为试验电荷所受的电场力

D. 以上说法都不正确

9.4 在真空中有两个带电平行板,带电量分别为 $+q$ 和 $-q$,板面积为 S,间距为 d,则两板间的相互作用力为(忽略边缘效应,板的线度远远大于 d)(　　)。

A. $\dfrac{q^2}{4\pi\varepsilon_0 d^2}$

B. $\dfrac{q^2}{\varepsilon_0 s}$

C. $\dfrac{q^2}{2\varepsilon_0 s}$

D. 因为不是点电荷无法计算

9.5 电荷量为 -5×10^{-9} C 的试验电荷放在电场中某点时,受到 20×10^{-9} N 的向下的力,则该点的电场强度大小为_____,方向_____。

9.6 如图 9-26 所示,无限长带电直线,电荷线密度为 λ,弯成图示的形状,圆的半径为 R,则圆心 O 处的电场强度 $E=$_____。

9.7 如图 9-27 所示,真空中一长为 L 的均匀带电细直杆,总电荷为 $+q$,试求在直杆延长线上与杆的一端距离为 d 的 P 点的电场强度。

9.8 如图 9-28 所示,半径为 R 的非均匀带电圆环,在 xOy 坐标平面内,圆环上电荷线密度 $\lambda=\lambda_0\cos\varphi$,$\varphi$ 是半径 R 与 x 轴所成的夹角,λ_0 是常量,求环心 O 处的电场强度。

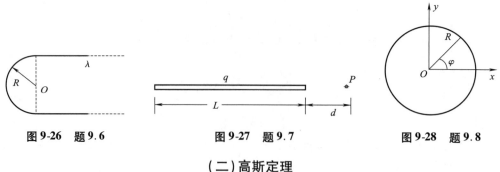

图 9-26　题 9.6　　　　图 9-27　题 9.7　　　　图 9-28　题 9.8

(二) 高斯定理

9.9 高斯定理 $\oint_S \boldsymbol{E}\cdot\mathrm{d}\boldsymbol{S}=\int_V \rho\mathrm{d}V/\varepsilon_0$ (　　)。

A. 适用于任何静电场

B. 只适用于真空中的静电场

C. 只适用于具有球对称性、轴对称性和平面对称性的静电场
D. 只适用于虽不具有 C 中所述的对称性，但可以找到合适的高斯面的静电场

9.10 如图 9-29 所示，在闭合曲面 S 内有一点电荷 Q，曲面 S 外有一点 P，当把另一点电荷 q 从无限远处移向 P 的过程中（   ）。
A. 通过 S 闭合曲面的 Φ_e 不变，闭合曲面上各点 E 不变
B. 通过 S 闭合曲面的 Φ_e 变化，闭合曲面上各点 E 变化
C. 通过 S 闭合曲面的 Φ_e 变化，闭合曲面上各点 E 不变
D. 通过 S 闭合曲面的 Φ_e 不变，闭合曲面上各点 E 变化

图 9-29　题 9.10

9.11 如图 9-30 所示，一个电荷为 q 的点电荷位于立方体的 A 角上，则通过侧面 $abcd$ 的电场强度通量等于（   ）。

A. $\dfrac{q}{6\varepsilon_0}$

B. $\dfrac{q}{12\varepsilon_0}$

C. $\dfrac{q}{24\varepsilon_0}$

D. $\dfrac{q}{48\varepsilon_0}$

图 9-30　题 9.11

9.12 若通过某闭合曲面的 $\Phi_e=0$，则由此可知（   ）。
A. 曲面上各点 E 必定均为 0　　　　B. 在闭合曲面内必定没有电荷
C. 闭合曲面包围的净电荷必为 0　　　D. 曲面内各点的 E 必定为 0

9.13 真空中一半径为 R 的均匀带电球面带有电荷 $Q(Q>0)$。今在球面上挖去非常小一块的面积 ΔS（连同电荷），如图 9-31 所示，假设不影响其他处原来的电荷分布，则挖去 ΔS 后球心处电场强度的大小 $E=$ _____，其方向为 _____。

9.14 如图 9-32 所示，真空中两个正点电荷 Q，相距 $2R$。若以其中一点电荷所在处 O 点为中心，以 R 为半径作高斯面 S，则通过该球面的电场强度通量 $\Phi_e=$ _____；若以 r_0 表示高斯面外法线方向的单位矢量，则高斯面上 a、b 两点的电场强度分别为 _____，_____。

9.15 一半径为 R 的带电球体，其电荷体密度 $\rho=kr^2$，$k=$ 常量，r 是距球心的距离，求：该带电体的电场分布规律。

9.16 如图 9-33 所示，两个同轴的均匀无限长带电圆柱面，其沿轴线电荷线密度分别是 $+\lambda$ 和 $-\lambda$，内外圆柱面半径分别是 R_1 和 R_2，求：电场的分布规律。

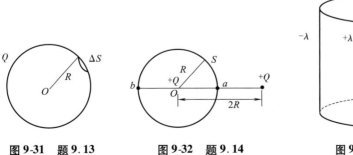

图 9-31　题 9.13　　图 9-32　题 9.14　　图 9-33　题 9.16

(三) 电势及电势能

9.17 真空中一半径为 R 的球面均匀带电 Q，在球心 O 处有一电荷为 q 的点电荷，如图 9-34 所示，设无穷远处为电势零点，则在球内与球心 O 距离为 r 的 P 点处的电势为( )。

A. $\dfrac{q}{4\pi\varepsilon_0 r}$

B. $\dfrac{1}{4\pi\varepsilon_0}\left(\dfrac{q}{r}+\dfrac{Q}{R}\right)$

C. $\dfrac{q+Q}{4\pi\varepsilon_0 r}$

D. $\dfrac{1}{4\pi\varepsilon_0}\left(\dfrac{q}{r}+\dfrac{Q-q}{R}\right)$

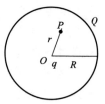

图 9-34　题 9.17

9.18 真空中半径分别为 R 和 $2R$ 的两个同心球壳，内球壳带电量为 Q，外球壳带电量为 $-3Q$，一点电荷 q 从内球面静止释放，则当电荷到达外球面时，它的动能为( )。

A. $\dfrac{qQ}{4\pi\varepsilon_0 R}$ B. $\dfrac{qQ}{2\pi\varepsilon_0 R}$

C. $\dfrac{qQ}{8\pi\varepsilon_0 R}$ D. $\dfrac{3qQ}{8\pi\varepsilon_0 R}$

9.19 两个无限长同轴均匀带电圆柱面，内外圆柱面半径分别为 R_1 和 R_2，若内外两圆柱面电势差为 U，则两圆柱面间距轴为 r 的任一点的电场强度为( )。

A. $\dfrac{U}{r}(R_2-R_1)$ B. $\dfrac{U}{r\ln\dfrac{R_2}{R_1}}$

C. $\dfrac{U}{r(R_2-R_1)}$ D. 条件不足无法确定

9.20 一半径 $R=0.20$ m 的均匀带电球面，令无限远为电势零点，球心电势为 300 V，则球面上电荷面密度 $\sigma=$ ＿＿＿＿＿＿＿＿＿＿。

9.21 如图 9-35 所示，一均匀带电直线电荷线密度为 λ，长为 L，令无限远为电势零点，在直线延长线上，有 P 点与直线端点距离为 a，则该点的 $U=$ ＿＿＿＿＿＿＿＿＿＿。

9.22 如图 9-36 所示，在半径为 R 的球壳上均匀带有电荷 Q，将一个点电荷 q ($q\ll Q$) 从球内 a 点经球壳上一个小孔移到球外 b 点。则此过程中电场力做功为 $A=$ ＿＿＿＿＿＿＿＿＿＿。

9.23 如图 9-37 所示，电荷面密度分别为 $+\sigma$ 和 $-\sigma$ 的两块"无限大"均匀带电平行平面，分别与 x 轴垂直相交于 $x_1=a$，$x_2=-a$ 两点。设坐标原点 O 处电势为零，试求空间的电势分布表示式并画出其曲线。

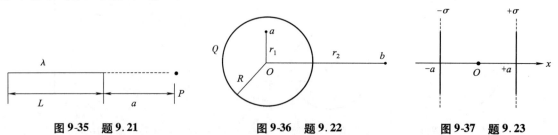

图 9-35　题 9.21　　图 9-36　题 9.22　　图 9-37　题 9.23

9.24 电荷以相同的面密度 σ 分布在半径为 $r_1 = 0.10$ m 和 $r_2 = 0.20$ m 的两个同心球面上。设无限远处电势为零,球心处的电势为 $U_0 = 300$ V。

(1) 求电荷面密度 σ。

(2) 若要使球心处的电势也为零,外球面上应放掉多少电荷?

($\varepsilon_0 = 8.85 \times 10^{-12}$ C$^2 \cdot$ N$^{-1} \cdot$ m^{-2})

第 10 章
静电场中的导体 电容

上一章研究了真空中静电场的性质和规律，本章首先讨论当静电场中存在导体时，导体与静电场的相互作用。处在电场中的导体，由于内部有大量自由电子，在电场力作用下会发生定向移动和累积，出现静电感应现象。导体表面感应电荷的分布，又会影响内外电场的分布，导致导体内部场强为零，外部电场也发生变化。

电容器是电路的重要元件之一，也是电工技术的基础。本章还讨论电容和电容器、电容的串并联、电容器的储能，并由电容器的储能得到电场的能量密度公式。

10.1 静电场中的导体

处于静电场的金属导体，在外电场作用下，会出现静电感应现象，导体中的自由电子受电场力的作用，而发生定向移动，从而在导体表面感应电荷的分布。这种感应电荷分布又会产生新的附加电场，附加电场与外电场叠加，使导体内电场强度为零，自由电子不再运动，此时导体达到静电平衡。导体内部场强为零。

一、静电场中的导体与静电平衡

通常的金属物质都是导体。导体的特点是其内部存在大量的自由电子，电子携带负电荷，原子核中的原子携带等量异号的正电荷。正、负电荷总数相等，原子呈现电中性。失去电子的原子成为正离子，正离子携带等量的正电荷，正离子组成晶格点阵，保持不动。带负电的电子做永不停歇的热运动，如图 10-1 所示，箭头代表每个电子的运动速度方向，大量电子做杂乱的、无规则的热运动。

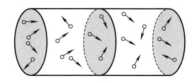

图 10-1 无外电场时导体中的自由电子

当导体自身不带电，也不受外电场的影响时，金属导体内大量的负电荷（自由电子）和正电荷(正离子组成的晶格点阵)相互中和,整个导体呈电中性。这时,在导体中正负电荷均匀分布,导体中任一部分都是电中性的。自由电子除了保持永不停歇的微观热运动外,没有宏观的定向移动,也不会出现电荷累积现象。

1. 静电感应现象

当导体处于外电场中时,导体中的自由电子在外电场力的作用下做宏观定向移动,导致电荷在导体中重新分布,从而出现感应电荷,使得导体某些部位带正电,某些部位带负电,这就是静电感应现象。

若将导体置于外电场 E_0 中,如图 10-2 所示,导体内部所有电子受到一个电场力 $F = qE_0$,力的方向与外电场方向相反。在电场力 F 作用下,所有电子沿与 E_0 相反的方向移动。电子定向移动的结果,使导体的左右两端形成电荷累积,导体的左端累积了大量电子而带负电,右端因失去电子,等效于累积了大量正离子而带正电,如图 10-2 所示。由于电荷累积,导致导体内产生一个新的附加电场 E',即感应电荷产生的电场。E' 和 E_0 方向相反。初始时刻 $|E'| < |E_0|$,导体内部合场强不为零,自由电子受力也不为零,随着自由电子的继续移动,两端累积的正、负电荷进一步增加,附加电场 E' 不断增强。最终在导体内部,E' 和 E_0 大小相等,方向相反,且作用在同一条直线上,两种场强叠加,彼此抵消。所以,在导体内部合场强处处等于零。即 $E' + E_0 = 0$。此时,自由电子所受合力也为零,导体内电荷不再移动。我们把导体中没有电荷做定向移动的状态称为静电平衡状态。当导体内部场强处处为零,导体内部电荷不再做定向移动时,就说导体处于静电平衡状态。

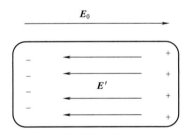

图 10-2 导体内部电场叠加

当导体达到静电平衡时,由于导体表面感应电荷及感应电场的出现,不仅导致导体内部场强处处为零,同时也会影响导体外部场强分布。图 10-3 中的(a)和(b),分别表示在匀强电场中放入导体球前和放入导体球后,球体外部的电场分布情况变化。

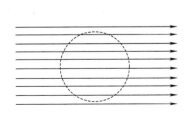

(a)原来的匀强电场(虚线圆区域表示即将放入的导体球)

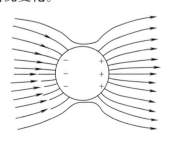

(b)放入导体球后电场分布情况(导体内 $E=0$)

图 10-3 电场分布情况

2. 导体的静电平衡条件

导体的静电平衡状态是外电场与感应电荷激发的附加电场的叠加效果,当导体内部合场强等于 0 时,导体内部电子所受合力为零,故电子停止定向移动。但此时导体表面的场强不等于零,为了保持静电平衡状态,即自由电子不发生定向移动,就必须保证导体表面的场强垂直于导体表面,如图 10-4 所示。这一结论可用反证法证明:如果场强 E 的方向不和导体表面垂直,则 E 在导体表面就会有一个不为零的切向分量,就会使得导体表面的电子在 E 的切向分量作用下发生移动,从而破坏静电平衡状态。因此,从电场强度看,导体的静电平衡条件为:

①导体内部任一点的场强为零;
②导体表面处的场强与导体表面垂直。

下面讨论静电平衡时导体的电势分布特征。在导体内部任取两点 A 和 B,两点之间的电势差为 $U_{AB} = \int_A^B \boldsymbol{E} \cdot \mathrm{d}\boldsymbol{l}$。由于导体内部 $E=0$,因此 $U_{AB}=0$,即导体内部电势相等。下面讨论导体表面上任意两点 A 和 B 之间的电势差 $U_{AB} = \int_A^B \boldsymbol{E} \cdot \mathrm{d}\boldsymbol{l}$。由于导体表面处的场强与导体表面垂直,即 E 垂直于 $\mathrm{d}\boldsymbol{l}$,同样有 $U_{AB}=0$,导体表面上电势也相等。因此,从电势角度看,导体的静电平衡条件为:

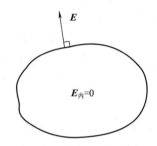

图 10-4 导体静电平衡条件
(电场强度的分布特征)

①整个导体是个等势体;
②导体表面是等势面。

3. 静电平衡时,导体上的电荷分布

带电导体处于静电平衡时,其导体上的电荷分布满足以下规律:

(1)导体携带的全部电荷,只能分布在表面上,导体内部没有净电荷。

这一点可以通过高斯定理证明如下:

如图 10-5 所示,一个带电导体处于静电平衡状态,设该导体的面电荷密度为 σ,体电荷密度为 $\rho_内$,在导体内部任取一个闭合曲面 S 作为高斯面(图中的虚线代表高斯闭合曲面 S),对于闭合曲面 S 求曲面积分,根据高斯定理可知

$$\oiint_S \boldsymbol{E} \cdot \mathrm{d}\boldsymbol{S} = \frac{\sum q_i}{\varepsilon_0}$$

静电平衡时,导体内部各点的场强 E 处处为零,则通过高斯面 S 的电场强度通量必为零,即

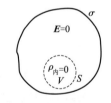

图 10-5 导体内部
任取一闭合曲面
作为高斯面
(用虚线表示)

$$\oiint_S \boldsymbol{E} \cdot \mathrm{d}\boldsymbol{S} = \frac{\sum q_i}{\varepsilon_0} = 0$$

$$\sum q_i = \rho_内 = 0 \quad \sum q_i = \int_V \rho \mathrm{d}V = 0 \tag{10-3}$$

即在高斯面内没有净电荷。由于高斯面可取在导体内的任意位置,任意的大小,因此导体内任一高斯面内都没有净电荷分布,也就是说,导体内部没有净电荷。

上述观点也可以通过定性分析得出。假如导体内某部位有净电荷,由于同种电荷互相排

斥（因正负电荷会发生电中和，故只能是同种电荷），电荷趋向于相互保持最远距离，故电荷都应该分布在导体表面上。

（2）导体表面附近电场强度，正比于该处的电荷面密度。

既然导体所有电荷都分布在表面上，设导体面电荷密度为 σ，由高斯定理出发，求出 σ 的值。

如图 10-6 所示，在导体表面附近，作一个闭合的圆柱形高斯面，其两个底面面积都是 dS，分别位于导体表面内、外两侧，圆柱形侧面与导体表面垂直，根据高斯定理

$$\oint \boldsymbol{E} \cdot d\boldsymbol{S} = \frac{\Delta q}{\varepsilon_0}$$

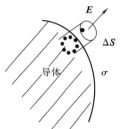

图 10-6 导体表面附近的电场

式中，等式左边的电通量可展开成三部分积分之和，即

$$\oint \boldsymbol{E} \cdot d\boldsymbol{S} = \int_{\text{外底面}} \boldsymbol{E} \cdot d\boldsymbol{S} + \int_{\text{内底面}} \boldsymbol{E} \cdot d\boldsymbol{S} + \int_{\text{侧面}} \boldsymbol{E} \cdot d\boldsymbol{S}$$

$$= \int_{\text{外底面}} \boldsymbol{E} \cdot d\boldsymbol{S} = E \cdot \Delta S$$

考虑到导体内部场强为零，所以上式右边展开式第二项积分为零；由于导体表面场强垂直于表面，所以侧面电通量为零，即右边展开式第三项积分也为零。所以只剩下外底面积分有贡献，则

$$E \cdot \Delta S = \frac{\Delta q}{\varepsilon_0} = \frac{\sigma \cdot \Delta S}{\varepsilon_0}$$

$$E = \frac{\sigma}{\varepsilon_0} \tag{10-4}$$

导体表面附近场强的方向如下：若导体带正电，则电场强度 E 垂直于导体表面并指向导体外侧；若导体带负电，则电场强度 E 垂直导体表面指向内侧。

（3）对于孤立导体，其电荷面密度与该处的曲率有关，曲率较大的地方其电荷面密度也较大。

所谓孤立导体，是指导体周围没有其他导体或带电体，因此不受外电场的影响。若孤立导体携带电荷时，由于其内部没有净电荷，电荷只能分布在导体表面上。如果导体是形状规则的球体，电荷自然是在球面上均匀分布，球面各处电荷面密度相等。如果导体形状不规则，表面电荷会怎样分布呢？为了回答这个问题，我们来看下面的例题。

例 10-1 如图 10-7 所示，两个距离非常远的导体球 a 和 b 用细导线连接。已知球 a 的半径为 R，电荷面密度为 σ_a，球 b 的半径为 r，电荷面密度为 σ_b，$R > r$。求两球表面电荷面密度的比值。

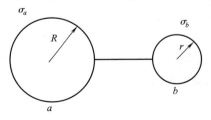

图 10-7 例 10-1

解 两个球用导线连接,形成等势体,两球体电势一定相等。又因为两球距离非常远,可认为是两个孤立的导体球,电荷在各自的表面上均匀分布。因此,两球的电势分别为

$$\begin{cases} U_a = \dfrac{Q_a}{4\pi\varepsilon_0 R} \\ U_b = \dfrac{Q_b}{4\pi\varepsilon_0 r} \end{cases}$$

式中,$Q_a = \sigma_a 4\pi R^2$;$Q_b = \sigma_b 4\pi r^2$。

由 $U_a = U_b$,得 $\sigma_a R = \sigma_b r$,即

$$\frac{\sigma_b}{\sigma_a} = \frac{R}{r}$$

由于 $R > r$,所以 $\sigma_b > \sigma_a$,即大球的面电荷密度小,小球的面电荷密度大。

如果将两个导体球和导线整体看作一个孤立导体,其电荷面密度与曲率半径成反比。由于曲率与曲率半径成反比,故电荷面密度和曲率成正比。需要指出的是,此结论并不适用于任意的孤立导体。

对于一般的形状不规则的孤立带电导体表面,越是尖端的地方,由于曲率越大,附近电场也更强,如图 10-8 所示。当达到一定量值时,可使空气中的少量残留离子在电场力的加速作用之下而高速运动,与其他空气分子碰撞并使之电离,从而产生大量离子。空气中和导体上电荷同号的离子,因排斥作用而加速远离;那些和导体上电荷异号的离子,因吸引作用向尖端加速靠近。这种使空气被击穿而产生的放电现象,称为尖端放电。自然界也有很多尖端放电现象的例子。在强电场作用下,物体曲率大的地方,等势面密度也大,电场强度剧增,致使尖端附近空气被电离而产生气体放电现象,也就是闪电,如图 10-9 所示。

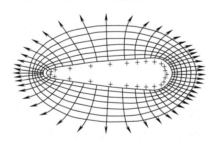

图 10-8 孤立导体表面的电荷分布

图 10-9 尖端放电现象

二、空腔导体和静电屏蔽

当导体内部有空腔时,称为空腔导体,如金属桶、金属外壳、空心球形导体等。此外,空腔导体还具有自身的一些特点。就应用角度来讲,空腔导体可以分为以下两种情况:

1. 空腔导体内无电荷(第一类空腔)

如果空腔内部没有电荷,通常被称为第一类空腔。根据高斯定理,选图 10-10 所示高斯面 S,由于高斯面全部处于金属层内部,所以高斯面上每一点的场强均为零,则

$$\oiint_S \boldsymbol{E} \cdot \mathrm{d}\boldsymbol{S} = \frac{\sum q_i}{\varepsilon_0} = 0$$

所以
$$\sum q_i = 0$$

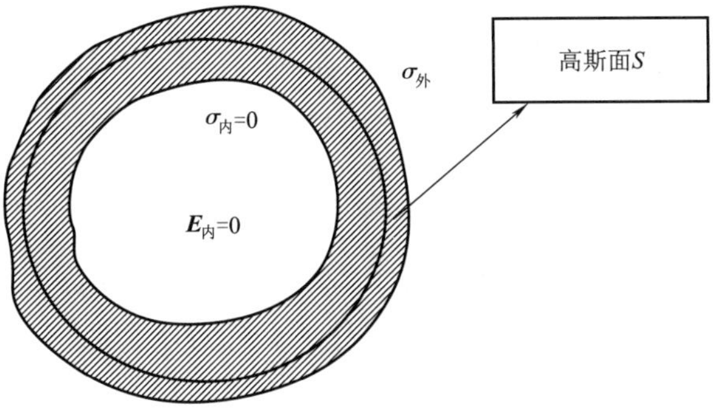

图 10-10 第一类空腔导体(空腔内无电荷)

即高斯面 S 内部电荷的代数和为零。由于导体内部和空腔中无电荷,可知空腔内表面上电荷的代数和为零。假如内表面上的 P 点处有正电荷,而 Q 点处有负电荷。根据电场线的性质,一定有电场线从 P 点的正电荷发出,终止到 Q 点的负电荷。如果以此电场线为积分路径,可得 $U_{PQ} = \int_P^Q \boldsymbol{E} \cdot \mathrm{d}\boldsymbol{l} > 0$,则 P、Q 两点间一定存在电势差,这和导体是等势体是矛盾的。因此,空腔内表面只能带同种电荷。又因为内表面总电荷和为零,可得出结论:空腔内表面不带电($\sigma_\text{内} = 0$),如图 10-11 所示。

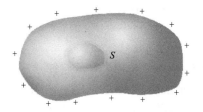

图 10-11 第一类空腔电荷分布

总之,对于第一类空腔,所有电荷只分布在空腔导体的外表面上,导体内部以及空腔内表面上均没有电荷存在。

当第一类空腔导体处于外电场中,外电场的作用使得空腔导体外表面上的电荷重新分布,但空腔导体内部以及内表面电荷始终为零,空腔导体内部和空腔内部的场强也始终为零。反

过来,空腔导体外表面电荷的电场,也会改变原有的外电场,如图 10-12 所示。但空腔导体内部和空腔内部的场强也始终为零,不受外电场的影响,故可以利用第一类空腔导体来屏蔽外电场,如图 10-13 所示。

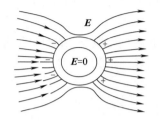
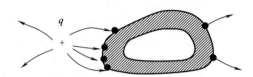

图 10-12 空腔导体外表面电荷的电场   图 10-13 有外电场的第一类空腔导体

2. 空腔导体内有电荷(第二类空腔)

当空腔导体内部有电荷时,通常称为第二类空腔。

第二类空腔导体达到静电平衡时,由于静电感应,空腔导体内表面上会带有与内部电荷等值异号的电荷,外表面会感应出等值同号电荷。

若空腔内部电荷为 q,则空腔导体内表面所带电荷为 $-q$,此结论可以用高斯定理证明如下:如图 10-14 所示,作一个任意闭合曲面 S 为高斯面(图中黑色圆周表示立体球面 S 的横切面),由于高斯面完全在金属层内穿过,高斯面上的电场强度处处为零,穿过高斯面 S 的电通量也等于 0。由高斯定理,得

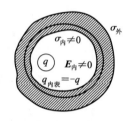

图 10-14 第二类空腔导体
(空腔内有电荷 q)

$$\oint_S \boldsymbol{E} \cdot \mathrm{d}\boldsymbol{S} = \frac{\sum q_i}{\varepsilon_0} = 0$$

由 $\sum q_i = 0$ 得知

$$\sum_{S_内} q_i = q_内 + q = 0$$

$$q_内 = -q$$

若设空腔内表面的电荷面密度平均值为 $\overline{\sigma_内}$,则

$$\overline{\sigma_内} = \frac{-q}{S_内} \neq 0$$

空腔导体外表面上所带的电荷可根据电荷守恒定律求得。此时,电荷分布符合电荷守恒条件。比如,空腔导体带的总电荷为 Q,则外表面上携带的电荷应为 $Q+q$。此时,空腔内的电场仅由腔内电荷 q 和空腔内表面的感应电荷分布 $\sigma_内$ 决定,和外电场或外部带电体无关,或者说,导体空腔外部的电荷和空腔外表面的电荷对空腔内的电场没有影响。

三、静电屏蔽

具有空腔的导体,若空腔内部无电荷(第一类空腔导体),则在导体内部和空腔部分内场强均为零,不受外电场或其他外部带电体的影响,这种现象称为静电屏蔽。

对于第二类空腔导体(即空腔内有电荷),腔内电荷的电场可以"穿透"导体并延伸到导体

外部,这里"穿透"的电场实质是腔内电荷通过在空腔外表面感应出等量异号电荷所激发的电场。此时,空腔导体的内部和外部都有电场。空腔内的电场仅由腔内电荷 q 和空腔内表面的感应电荷分布 $s_内$ 决定,和外电场或外部带电体无关。但是,空腔导体外部的电场则由导体外的带电体和空腔外表面的电荷分布决定。因此,腔内电荷的电量变化将引起空腔外表面电荷的变化,进而引起空腔导体外部电场的变化。当空腔导体外部无其他带电体或导体时,其电场分布如图 10-15(a)所示。显然,这时的空腔不能屏蔽导体外部的电场。如果把第二类空腔导体接地(通常认为大地的电势为零),如图 10-15(b)所示,则导体外表面电荷将被导入大地,外表面无电荷,空腔导体外部的电场也就消失了。因此,接地的空腔导体,可以屏蔽掉导体内部电场对外部空间的影响。

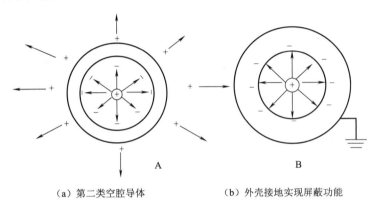

(a)第二类空腔导体　　　　　　(b)外壳接地实现屏蔽功能

图 10-15　第二类空腔导体及其接地

总之,当空腔内部无电荷时,空腔导体外部的带电体不会影响空腔内部的电场;当空腔内部有电荷时,接地的空腔导体,腔内的带电体对导体外部没有影响。

静电屏蔽在生产技术中具有广泛的应用,如精密仪器通常在外面加上金属外壳,就是避免外电场的干扰。

例 10-2　如图 10-16 所示,一个带电量为 q_1 的金属球半径为 R_1,放在另一个带电量为 q 的金属球壳内,球壳内、外半径分别为 R_2 和 R_3。试求此系统的电荷、电场和电势分布。

解　根据第二类空腔导体的电荷分布规律,电荷 q_1 分布在金属球的表面上,电荷 q 分布在金属球壳的内、外表面上,内表面的电荷为

$$q_2 = -q_1$$

外表面的电荷为

$$q_3 = q + q_1$$

由高斯定理得各区域场强分布为

$$E = \begin{cases} 0 & \text{当 } r < R_1, R_2 < r < R_3 \\ \dfrac{q}{4\pi\varepsilon_0 r^2} & \text{当 } R_1 < r < R_2 \\ \dfrac{Q+q}{4\pi\varepsilon_0 r^2} & \text{当 } r > R_3 \end{cases}$$

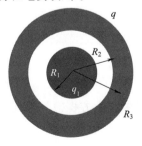

图 10-16　例 10-2

利用电势的叠加原理,可得各区域的电势为

$$U = \begin{cases} \dfrac{q_1}{4\pi\varepsilon_0 R_1} + \dfrac{-q_1}{4\pi\varepsilon_0 R_2} + \dfrac{q+Q}{4\pi\varepsilon_0 R_3} & \text{当 } r < R_1 \\ \dfrac{q_1}{4\pi\varepsilon_0 r} + \dfrac{-q_1}{4\pi\varepsilon_0 R_2} + \dfrac{q+Q}{4\pi\varepsilon_0 R_3} & \text{当 } R_1 < r < R_2 \\ \dfrac{q+Q}{4\pi\varepsilon_0 R_3} & \text{当 } R_2 < r < R_3 \\ \dfrac{Q+q}{4\pi\varepsilon_0 r} & \text{当 } r > R_3 \end{cases}$$

例 10-3 如图 10-17 所示，两块平行放置的面积为 S 的金属板，各带电量 Q_1、Q_2，板距与板的线度相比很小。求：（1）静电平衡时，金属板电荷的分布和周围电场的分布；（2）若把第二块金属板接地，以上结果如何？

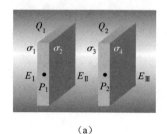
(a)

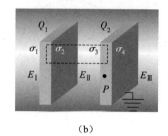
(b)

图 10-17　例 10-3

解　（1）根据两块导体板电荷守恒，得出

$$(\sigma_1 + \sigma_2)s = Q_1 \tag{1}$$

$$(\sigma_3 + \sigma_4)s = Q_2 \tag{2}$$

由高斯定理可知，一无限大平面附近电场强度公式为

$$E_i = \frac{\sigma_i}{2\varepsilon_0}$$

根据静电平衡条件，导体内部的场强为零，则 P_1、P_2 处的场强都是零

$$P_1: \frac{\sigma_1}{2\varepsilon_0} - \frac{\sigma_2}{2\varepsilon_0} - \frac{\sigma_3}{2\varepsilon_0} - \frac{\sigma_4}{2\varepsilon_0} = 0$$

得出

$$\sigma_1 - \sigma_2 - \sigma_3 - \sigma_4 = 0 \tag{3}$$

$$P_2: \sigma_1 + \sigma_2 + \sigma_3 - \sigma_4 = 0 \tag{4}$$

求解由方程（1）、（2）、（3）、（4）组成的方程组，可以得出

$$\sigma_1 = \sigma_4 = \frac{Q_1 + Q_2}{2s}$$

$$\sigma_2 = -\sigma_3 = \frac{Q_1 - Q_2}{2s}$$

电场分布：

$$E_{\mathrm{I}} = -\frac{1}{2\varepsilon_0}(\sigma_1 + \sigma_2 + \sigma_3 + \sigma_4) = -\frac{\sigma_1}{\varepsilon_0} = -\frac{Q_1 + Q_2}{2\varepsilon_0 s}$$

$$E_{\text{II}} = \frac{1}{2\varepsilon_0}(\sigma_1 + \sigma_2 - \sigma_3 - \sigma_4) = \frac{\sigma_2}{\varepsilon_0} = \frac{Q_1 - Q_2}{2\varepsilon_0 s}$$

$$E_{\text{III}} = \frac{1}{2\varepsilon_0}(\sigma_1 + \sigma_2 + \sigma_3 + \sigma_4) = \frac{\sigma_1}{\varepsilon_0} = \frac{Q_1 + Q_2}{2\varepsilon_0 s}$$

（2）如果第二块板接地，则 $\sigma = 0$

根据电荷守恒，分析第一块金属板两个表面上的总电荷，得到

$$\sigma_1 + \sigma_2 = Q_1/s \tag{1}$$

根据高斯定理，作图 10-17(b) 所示高斯面

$$\sigma_2 + \sigma_3 = 0 \tag{2}$$

P 点处于金属层内部，根据平衡条件得到 $E_p = 0$，因此

$$\sigma_1 + \sigma_2 + \sigma_3 = 0 \tag{3}$$

将（1）、（2）、（3）三式联立得

$$\sigma_1 = \sigma_4 = 0$$

$$\sigma_2 = -\sigma_3 = \frac{Q_1}{s}; \quad E_{\text{I}} = 0, \quad E_{\text{II}} = \frac{Q_1}{\varepsilon_0 s}, \quad E_{\text{III}} = 0$$

10.2 电容 电容器

一、孤立导体的电容

所谓孤立导体，是指距离其他物体足够远的导体。理论和实验表明，孤立导体的电势 U 与其所带的电量 Q 成正比，二者的关系可以写为

$$C = \frac{Q}{U} \tag{10-5}$$

式中，比例系数 C 称为孤立导体的电容，是表征导体容纳电荷能力的物理量。其物理意义是导体具有单位电势时，所能容纳的电量。孤立导体的电容是导体的一种固有属性，与其是否带电无关，只由导体形状和大小来决定。

例如：真空中有一个孤立的导体球，其半径为 R、带电量为 Q，则导体的电势为

$$U = \frac{Q}{4\pi\varepsilon_0 R}$$

由式（10-5）可知，孤立导体球的电容为

$$C = \frac{Q}{U} = 4\pi\varepsilon_0 R$$

可见，孤立导体球的电容与其半径成正比，与导体是否带电无关。

在国际单位制中，电容的单位为法[拉]（F），$1\ \text{F} = 1\ \text{C/V}$。

实际应用中，法这个单位太大，常用较小的单位微法（μF）和皮法（pF）。

$$1\ \mu\text{F} = 10^{-6}\ \text{F}$$

$$1\ \text{pF} = 10^{-12}\ \text{F}$$

二、电容器

1. 电容器的定义

电容器是现代电工技术和电子技术中的重要元件。我们把电势差与电量成正比,且不受其他导体影响的两个导体所组成的系统称为电容器。如图 10-18 所示,导体 A 被一空腔导体 B 围起来,由于静电屏蔽作用,A、B 之间电势差 $U_A - U_B$ 不会受腔外其他导体的影响。如果使导体 A 带上 $+Q$ 的电荷,则空腔导体 B 的内表面上会感应出 $-Q$ 的电荷。

显然,A、B 之间的电势差与导体 A 所带的电量成正比。于是,导体 A 和 B 这对导体系就构成了一个电容器,导体 A、B 称为电容器的极板。

电容器电容的定义为:电容器两极板的任何一个极板所带的电量 Q 与两极板间电势差 $U_A - U_B$ 的比值,即

$$C = \frac{Q}{U_A - U_B} \quad (10\text{-}6)$$

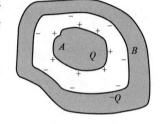

图 10-18 电容器

式中,Q 为任一极板上电荷的绝对值。电容器电容的物理意义为:两极板上的电势差每升高一个单位时极板上存储电量的增加值。电容器的电容 Q 只与两极板的大小、形状、相对位置以及极板间的电介质有关,与电量 Q 和电势差 $U_A - U_B$ 无关。电容器电容的单位与孤立导体的电容的单位相同。

2. 电容器的分类

电容器的分类有很多种方式:若按可调分类,可分为可调电容器、微调电容器、双连电容器和固定电容器;若按所充介质分类,可分为空气电容器、云母电容器、陶瓷电容器、纸介电容器和电解电容器;若按体积分类,可分为大型电容器、小型电容器和微型电容器;若按形状分类,可分为平行板电容器、圆柱形电容器和球形电容器。

3. 电容器的应用

电容器在电路中最直接的作用就是:通交流、隔直流。对于交流电,利用电容器反复充电的特点,再加上电感线圈的延迟作用,可以组成振荡器、时间延迟电路等。振荡器是信号发射的必备元件。

利用电容器可以充放电的特性,可以把它作为存储电能的元件,或者当作电源来使用;此外,利用电容对电流影响的多样性,可以在真空器件中建立各种电场;电容器还是组成各种电子仪器的必要元件。

4. 电容的计算

计算电容的一般步骤为:先假设电容器的两极板带有等量异号电荷,进而求出两极板之间的电场强度的分布,再计算两极板之间的电势差,最后根据电容器电容的定义求得电容。虽然电容只代表容纳电荷的能力,与是否带电无关,但为了计算电容必须先假定其带电,然后再做出计算。

下面分别计算平板电容器、圆柱形电容器和球形电容器的电容,并进一步分析研究电容器的性质和应用。

(1)平行板电容器。

平行板电容器由两块彼此靠得很近且相互平行的金属板组成。图 10-19 是平行板电容器

示意图。

设极板面积为 S,相距为 d(d = 极板线度,此时两极板可视作无限大平面),并设两极板 A 和 B 分别带有电荷 $+q$ 和 $-q$,极板上的电荷面密度分别为 $+\sigma$ 和 $-\sigma$,则两板间电场强度的大小为

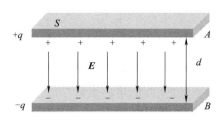

图 10-19　平行板电容器

$$E = \frac{\sigma}{\varepsilon_0} = \frac{q}{\varepsilon_0 S}$$

两极板之间的电势差为

$$U_A - U_B = Ed = \frac{qd}{\varepsilon_0 S}$$

由电容器的定义式(10-6),可得平行板电容器的电容为

$$C = \frac{q}{U_{AB}} = \frac{\varepsilon_0 S}{d}$$

平行板电容器的电容与极板的面积成正比,与极板之间的距离成反比,与电容器是否带电无关。

(2)球形电容器。

球形电容器由半径分别为 R_1 和 R_2 的同心金属球壳构成,如图 10-20 所示。

设内外球壳分别带有 $+q$ 和 $-q$ 的电荷,由高斯定理可知,在两球壳之间距球心为 r 处的电场强度大小为

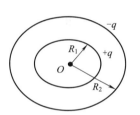

图 10-20　球形电容器示意图

$$E = \frac{q}{4\pi\varepsilon_0 r^2} \quad (R_1 < r < R_2)$$

两球壳间的电势差为

$$U_{12} = \int_{R_1}^{R_2} \boldsymbol{E} \cdot \mathrm{d}\boldsymbol{l} = \frac{q}{4\pi\varepsilon_o}\left(\frac{1}{R_1} - \frac{1}{R_2}\right)$$

最后根据电容定义式(10-6),得

$$C = \frac{q}{U_{12}} = \frac{4\pi\varepsilon_0 R_1 R_2}{R_2 - R_1} \tag{10-8}$$

由上式可知:①当 $R_2 \to \infty$ 时,即外球壳在无限远处时,$C = 4\pi\varepsilon_0 R_1$,这就是前面讨论的孤立导体球电容。②当两极板就不变,令 $R_2 - R_1 = d$,$R_2 = R_1 = R$,代入式(10-8)得 $C = 4\pi\varepsilon_0 R^2/d = \varepsilon_0 S/d$,在极限条件下,球形电容器的电容表达式变成了平板电容器的电容表达式,说明平板电容器储存电荷的能力更强。

(3)圆柱形电容器电容。

如图 10-21 所示,两个圆柱形圆筒,内外半径分别是 R_1 和 R_2。

设两极板带电量分别为 q 和 $-q$,单位长度的电量分别为 λ 和 $-\lambda$,由高斯定理可知,在两柱面之间距轴线为 r 处的电场强度大小为

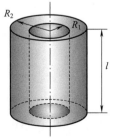

图 10-21　圆柱形电容器示意图

$$E = \frac{q}{2\pi\varepsilon_0 rl} \quad (R_1 < r < R_2)$$

$$C = \frac{q}{U_{12}} = \frac{2\pi\varepsilon_0 l}{\ln(R_2/R_1)}$$

由此可见,圆柱越长,电容越大;两圆柱之间的间隙越小,电容越大。

三、电容器的并联和串联

在实际的电路设计中,经常需要将几个电容器并联或串联起来使用。下面讨论电容器的并联和串联。

1. 电容器的并联

图 10-22 所示的连接方式即为电容器的并联。并联的特点是:每个电容器两端的电压相等。

设将两个电容器 C_1、C_2 并联后接在电压为 U 的电路上,则 C_1 和 C_2 上的电量分别为

$$Q_1 = C_1 U, Q_2 = C_2 U$$

两电容器上的总电量为

$$Q = Q_1 + Q_2 = C_1 U + C_2 U = (C_1 + C_2)U$$

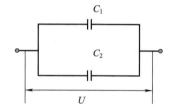

图 10-22 电容器并联

如果用一个电容器来等效地代替这两个并联的电容器,使它两端电压为 U 时,所带电量也为 Q,那么这个等效电容器的电容(即这两个电容器并联时的等效电容)为

$$C = \frac{Q}{U} = C_1 + C_2 \tag{10-10}$$

上式说明,当几个电容器并联时,其等效电容等于这几个电容器电容之和。可见,并联电容可以使总电容增大。

多个电容器并联后,其总电容量为各并联电容量之和。电容器并联,可以等效看成增大了极板面积:金属极板面积就相当于各个并联电容器的总面积。

2. 电容器的串联

将电容器的极板首尾相接,连入电路中,称为电容器的串联,如图 10-23 所示。

电容器串联接入电路中,其特点就是每个电容器极板所带的电量相等,总电压等于各电容分压之和

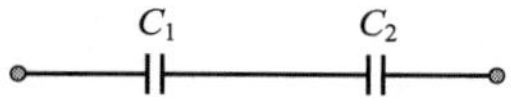

$$U = U_1 + U_2 = \frac{Q}{C_1} + \frac{Q}{C_2} = \left(\frac{1}{C_1} + \frac{1}{C_2}\right)Q$$

图 10-23 电容器串联

如果用一个电容器来等效地代替这两个串联的电容器,使它的两端电压为 U 时,所带电量也为 Q,那么这个等效电容器的电容(即这两个电容器串联时的等效电容)为

$$C = \frac{Q}{U} = \frac{1}{\frac{1}{C_1} + \frac{1}{C_2}}$$

将上式化简整理,得

$$\frac{1}{C} = \frac{1}{C_1} + \frac{1}{C_2} \tag{10-10}$$

上式表明,当几个电容器串联时,其等效电容的倒数等于每个电容器电容的倒数之和;串联电容器的等效电容小于其中任何一个电容器的电容。但应注意到,每个电容器上的电压均小于总电压,因此串联可以提高电容器的耐压能力。

*10.3 静电场的能量

随着电力工业的极大发展和电力设施的广泛应用,电能消耗已经是当今社会非常可观的一项能量来源。电能可以转化成动能、化学能、热能、光能、微波能等多种形式的能源,从而得到多种形式的应用。这就涉及电能计算问题,如何精确计算电场能量,需要找到一个计算电场能量的方法和公式。

从上节电容的内容出发,我们考虑一个动态的电容充电过程。在充电过程中,逐步把电能存储到了电容器中,我们试图从考察储能的过程中,找到电容器的储能公式,从而找到电能的能量表达式。

1. 电容器能量公式

图 10-24 所示为一个电容器充电过程的示意图,考察整过充电过程中某个时刻,两极板之间的电势差为 U,有一部分电量 $\mathrm{d}q$ 被从负极板转移到正极板,转移电量过程中,电场力做功为

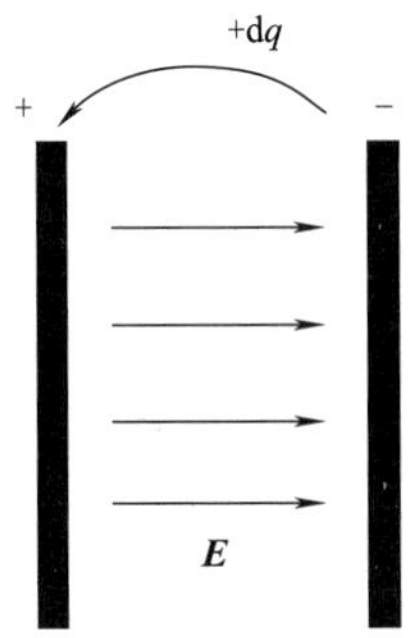

$$\mathrm{d}W = U\mathrm{d}q = \frac{q}{C}\mathrm{d}q$$

上式是做功的微分形式。考察整个充电过程,假设转移电荷总量为 Q,则所消耗的总功为

$$W = \int_0^Q \frac{q}{C}\mathrm{d}q = \frac{Q^2}{2C} = \frac{1}{2}QU = \frac{1}{2}CU^2$$

图 10-24 电容器储能装置

电场消耗的功,都以能量的形式全部存储在电容器中,因此,电容器的总能量为

$$W_e = \frac{Q^2}{2C} = \frac{1}{2}CU^2$$

上式是外力克服静电场力做功,把非静电能转换为带电体系的静电能。

2. 静电场的能量和能量密度

对于极板面积为 S、极板间距为 d 的平板电容器,电场所占的体积为 Sd,电容器存储的静电能为

$$W_e = \frac{1}{2}CU^2 = \frac{1}{2}\frac{\varepsilon S}{d}(Ed)^2 = \frac{1}{2}\varepsilon SE^2 d = \frac{1}{2}DEV$$

$$W_e = \frac{1}{2}DEV$$

电容器所具有的能量与极板间电场 E 和 D 有关,E 和 D 是极板间每一点电场的物理量,上式表明了能量与电场存在的空间有关,即表明电场携带了能量。

电场能量密度:单位体积的能量,就是电场能量密度,即

$$w_e = \frac{1}{2}\varepsilon E^2$$

例 10-4 球形电容器的内、外半径分别为 R_1 和 R_2,如图 10-25 所示,所带的电量为 $\pm Q$。若在两球之间充满电容率为 ε 的电介质,问此电容器电场的能量为多少?

解 由高斯定理可求得球壳间的场强分布为

$$E = \frac{Q}{4\pi\varepsilon r^2}$$

电场的能量密度为

$$w_e = \frac{1}{2}\varepsilon E^2 = \frac{Q^2}{32\pi^2\varepsilon r^4}$$

取半径为 r、厚为 dr 的球壳为体积元，$dV = 4\pi r^2 dr$。此体积元内的电场的能量为

$$dW_e = w_e dV = \frac{Q^2}{32\pi^2\varepsilon r^4} 4\pi r^2 dr = \frac{Q^2}{8\pi\varepsilon r^2} dr$$

电场总能量为

$$W_e = \int_{R_1}^{R_2} \frac{Q^2}{8\pi\varepsilon r^2} dr$$
$$= \frac{Q^2}{8\pi\varepsilon}\left(\frac{1}{R_1} - \frac{1}{R_2}\right)$$

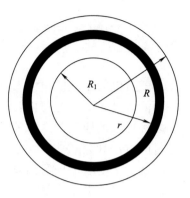

图 10-25　例 10-4

本 章 习 题

（一）电场中的导体

10.1　如图 10-26 所示，在导体空腔 A 内有导体 B 和 C，其中 C 带电量为 $+Q$，A 和 B 不带电，则 A、B、C 三导体的电势 U_A、U_B、U_C 的大小关系为（　　）。

A. $U_A > U_B > U_C$

B. $U_A = U_B > U_C$

C. $U_A < U_B < U_C$

D. $U_A < U_B = U_C$

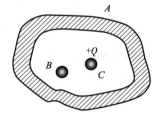

图 10-26　题 10.1

10.2　两个同心的导体球壳，半径大小不同，带有不同的电量，若取无限远处为电势零点，这时内球壳电势 U_1，外球壳电势 U_2，用导线把球壳连接后，则系统的电势为（　　）。

A. $U_1 + U_2$　　　　B. U_1　　　　C. U_2　　　　D. $\frac{1}{2}(U_1 + U_2)$

10.3　如图 10-27 所示，一个未带电的空腔导体球壳，内半径为 R，在腔内离球心为 d 的一点有一点电荷 q，用导线把球壳外表面接地后撤去，令无限远为电势零点，这时球心的电势为（　　）。

A. 0

B. $\dfrac{q}{4\pi\varepsilon_0 d}$

C. $-\dfrac{q}{4\pi\varepsilon_0 R}$

D. $\dfrac{q}{4\pi\varepsilon_0}\left(\dfrac{1}{d} - \dfrac{1}{R}\right)$

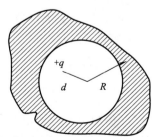

图 10-27　题 10.3

10.4　如图 10-28 所示，在点电荷 q 的电场中放入一导体球，q

距球心为 d,则导体球上感应净电荷 q' = _____,感应电荷在球心的电场强度 E = _____,若取无限远为电势零点,则感应电荷在球心的电势为 _____,该导体球的电势为 _____。

图 10-28　题 10.4

10.5　一金属球壳的内、外半径分别为 R_1 和 R_2,带电量为 Q。在球心处有一电荷为 q 的点电荷,则球壳内表面上的电荷面密度 σ = _____。

10.6　如图 10-29 所示,把一个原来不带电的金属板 B 与带电量为 Q 的金属板 A 平行放置,两板相对,间距为 d,面积均为 S。不计边缘效应,当 B 板不接地时两板间的电势差 U_{AB} = _____；若 B 板接地时两板间的电势差 U'_{AB} = _____。

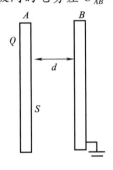

图 10-29　题 10.6

10.7　如图 10-30 所示,一内半径为 a、外半径为 b 的金属球壳,带有电荷 Q,在球壳空腔内距离球心 r 处有一点电荷 q。设无限远处为电势零点,试求:

(1) 球壳内外表面上的电荷；
(2) 球心 O 点处,由球壳内表面上电荷产生的电势；
(3) 球心 O 点处的总电势。

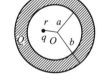

图 10-30　题 10.7

(二) 电容及电容器

10.8　平行板电容器两极板间相互作用力 F 与 U 的关系为(　　)。

A. $F \propto U$　　　　B. $F \propto \dfrac{1}{U}$　　　　C. $F \propto \dfrac{1}{U^2}$　　　　D. $F \propto U^2$

10.9　一空气平行板电容器充电后与电源断开,然后将两极板间距变大,则电场强度的大小 E、电容 C、电压 U 三个量各自与原来值相比较,增大(↑)或减小(↓)的情形为(　　)。

A. $E↑,C↑,U↑$　　　　　　　　　　B. $E↓,C↑,U↓$
C. E 不变,$C↓,U↑$　　　　　　　　D. $E↑,C↓,U↓$

10.10　两只电容器,$C_1 = 8\ \mu F$,$C_2 = 2\ \mu F$,分别把它们充电到 1 000 V,然后将它们反接

（见图10-31），此时两极板间的电势差为（　　）。

A. 0 V　　　　　　　　　　　　B. 200 V

C. 600 V　　　　　　　　　　　D. 1 000 V

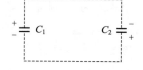

图 10-31　题 10.10

10.11　如果某带电体其电荷分布的体密度 ρ 增大为原来的 2 倍，则其电场的能量变为原来的（　　）。

A. 2 倍　　　　　　　　　　　　B. 1/2

C. 4 倍　　　　　　　　　　　　D. 1/4

10.12　已知一平行板电容器，极板面积为 S，两极板间隔为 d，其中充满空气。当两极板上加电压 U 时，忽略边缘效应，两极板间的相互作用力 $F = $ ＿＿＿＿＿＿＿＿＿＿。

10.13　一电容器由两个很长的同轴薄圆筒组成，内、外圆筒半径分别为 $R_1 = 2$ cm，$R_2 = 5$ cm，其间为真空。电容器接在电压 $U = 32$ V 的电源上，如图 10-32 所示，试求距离轴线 $R = 3.5$ cm 处的 A 点的电场强度和 A 点与外筒间的电势差。

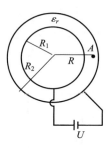

图 10-32　题 10.13

10.14　半径为 a 的无限长平行直导线，轴线间距为 $d(d \ll a)$，求单位长度上平行导线的电容。

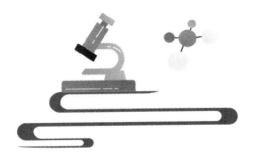

第 11 章 电流与磁场

通过前面的学习我们知道,相对于观察者静止的电荷会激发静电场。如果电荷是运动的,它还将激发磁场。当电荷运动形成稳恒电流时,在其周围会产生不随时间改变的磁场,称为稳恒磁场。

本章主要讨论真空中稳恒磁场的性质及规律。内容包括:电流、电源和电动势;描述磁场性质的物理量——磁感应强度;稳恒电流激发磁场的规律——毕奥-萨伐尔定律;揭示磁场性质的两个基本定理——磁场的高斯定理和安培环路定理;磁场对电流的作用规律——安培定律以及磁场对运动电荷的作用力——洛伦兹力。

11.1 电流 电动势

一、电流 电流密度

电荷在空间做定向运动就形成了电流。电流的强弱通常用电流强度(简称电流)I来描述。如图 11-1 所示,如果在时间 dt 内,通过导体某一截面 S 的电荷为 dq,则通过该截面的电流定义为

$$I = \frac{dq}{dt} \quad (11\text{-}1)$$

图 11-1 导体中的电流

式(11-1)表明,电流等于单位时间内通过该截面的电量。如果电流不随时间变化,这种电流叫做稳恒电流。在国际单位制(SI)中,电流强度的单位名称是安[培],是 SI 单位制中的一个基本单位,符号为 A,$1\ A = 1\ C \cdot s^{-1}$。

人们习惯上把"正电荷的流动方向"规定为"电流的方向"。需要注意的是,电流是标量,不是矢量,因为它只代表单位时间内通过某一截面的电量总值。

电流 I 可以反映导体截面的整体电流特征,但不能说明截面上各点的电流分布情况。当电流在粗细不均或者大块导体中流动时,导体内各处的电流分布将是不均匀的,如图 11-2 所示。

为了精确描述电流在导体内各点的分布情况,引入电流密度 j 这一物理量。电流密度 j 是矢量,其定义为:导体中任意一点电流密度 j 的方向为该点正电荷的运动方向;j 的大小等于垂直于该点电荷运动方向的单位面积上的电流强度。

如图 11-3 所示,在载流导体中 P 点处取一个面积元 dS,其法线方向与正电荷的运动方向成 α 角。dS 在垂直于正电荷运动方向上的投影为 $dS_\perp$,如果通过 $dS_\perp$ 的电流强度为 dI,则 P

点处电流密度矢量 j 为

$$j = \frac{dI}{dS_\perp}e_n \quad (11\text{-}2)$$

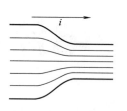

（a）粗细不均匀导体
中的电流分布

（b）半球形电极附近导体
中的电流分布

图 11-2　大块导体中的电流

式中，e_n 表示 P 点处正电荷运动方向上的单位矢量。电流密度的单位是安[培]每平方米（A/m²）。

由于 $dS_\perp = dS\cos\alpha$，则通过面积元 $dS_\perp$ 的电流强度 $dI = jdS_\perp = jdS\cos\theta$，写成矢量标积形式为

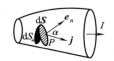

图 11-3　电流密度

$$dI = \boldsymbol{j} \cdot d\boldsymbol{S} \quad (11\text{-}3)$$

通过导体中任一截面 S 的电流 I 为

$$I = \iint_S \boldsymbol{j} \cdot d\boldsymbol{S} \quad (11\text{-}4)$$

通过一封闭曲面 S 的电流 I 则可表示为

$$I = \oiint_S \boldsymbol{j} \cdot d\boldsymbol{S} \quad (11\text{-}5)$$

上式表示净流出封闭曲面的电流，即单位时间内通过封闭曲面向外流出的正电荷的电量。

对于稳恒电流，导体内各处的电流密度都不随时间变化，所以稳恒电流有一个很重要的性质，就是通过任一封闭曲面的稳恒电流为零，即

$$\oiint_S \boldsymbol{j} \cdot d\boldsymbol{S} = 0 \quad (11\text{-}6)$$

也就是说，从封闭曲面 S 上某一部分流入的电流，等于从 S 其他部分流出的电流，S 内不会有电荷被累积起来。式（11-6）也称为稳恒电流条件。

我们知道，如果在导体两端加上电场，导体中大量的自由电荷会在电场力的作用下做定向运动从而形成电流。我们把自由电荷做定向运动的平均速度称为漂移速度，记为 $\boldsymbol{v}_d$。下面我们讨论电流和电流密度与漂移速度的关系。

如图 11-4 所示，设某金属导体中单位体积内的自由电子数（自由电子数密度）为 n，每个电子的电量为 e 且均以漂移速度 $\boldsymbol{v}_d$ 做定向运动。若在导体内取一小面元 ΔS，且 ΔS 与 $\boldsymbol{v}_d$ 垂直，那么在时间 Δt 内，通过面元 ΔS 的电量为

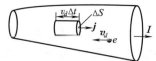

**图 11-4　电流与
漂移速度的关系**

$$\Delta q = en v_d \Delta t \Delta S \quad (11\text{-}7)$$

根据电流和电流密度的定义可知，ΔS 处的电流和电流密度的

大小分别为

$$\Delta I = env_d \Delta S \tag{11-8}$$
$$j = env_d \tag{11-9}$$

以上两式表明,金属导体中的电流和电流密度的大小均与自由电子数密度和自由电子的漂移速率成正比。

二、电源　电动势

如果要使导体中有恒定的电流流动,需要在导体内建立一个稳恒电场,即在导体两端维持恒定的电势差,但是如何实现呢?

我们先来分析电容器的放电过程。如图 11-5 所示,用金属导线将正、负极板 A、B 连接起来,由于 A、B 之间有电势差,在电场力的作用下,负电荷不断地从极板 B 通过导线流向极板 A,并与极板 A 上的正电荷中和,直至两极板间的电势差消失。在这一过程中,两极板上的电荷不断减少,不能产生稳恒电场,电路中的电流也是随时间变化的。要使电路中产生稳恒电流,就必须设法使每一瞬时到达极板 A 的负电荷再重新回到极板 B 上(或者说,把到达极板 B 上的正电荷送回到极板 A 上),维持正、负两极板的电量不变,从而使两极板间的电势差保持恒定。显然,这件事靠静电力是办不到的,只能靠其他类型的力不断地将正电荷逆着板间静电场由极板 B 移至极板 A,这种其他类型的力称为非静电力。提供非静电力的装置称为电源。

从能量的观点来看,非静电力 F' 反抗稳恒电场移动电荷时,电源要不断消耗其他形式的能量以克服静电力 F 做功(见图 11-6)。可见,电源实质上是把其他形式的能量转化为电能的一种能源装置。例如在化学电池中,是化学能转化成电能,在发电机中是机械能转化为电能。

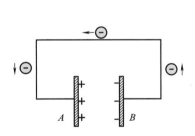

图 11-5　电容器放电时产生的电流

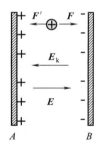

图 11-6　电源内非静电力把正电荷从负极板移至正极板

为了定量描述电源转化能量本领的大小,我们引入电动势的概念。单位正电荷绕闭合回路一周时,非静电力所做的功,称为电源的电动势。如果以 $A_{非}$ 表示非静电力对电量为 q 的电荷所做的功,则电源电动势 ε 为

$$\varepsilon = \frac{A_{非}}{q} = \oint_L \boldsymbol{E}_k \cdot \mathrm{d}\boldsymbol{l} \tag{11-10}$$

式中,$\boldsymbol{E}_k$ 表示单位正电荷所受的非静电力,称为非静电场强(应用场的概念,我们可以把非静电力的作用看作一种非静电场的作用,$\boldsymbol{E}_k$ 表示非静电场的强度)。在电源内部,$\boldsymbol{E}_k$ 的方向与静电场强度 $\boldsymbol{E}$ 的方向相反(见图 11-6)。对于图 11-5 所示的闭合电路,外电路的导线中只有

静电场,没有非静电场,故在外电路上 $\int_{外} \boldsymbol{E}_k \cdot \mathrm{d}\boldsymbol{l} = 0$,因此,式(11-10)可改写为

$$\varepsilon = \int_{(-)电源内}^{(+)} \boldsymbol{E}_k \cdot \mathrm{d}\boldsymbol{l} \tag{11-11}$$

上式表示电源电动势的大小等于把单位正电荷由负极经电源内部移到正极时非静电力所做的功。

电源电动势的大小只取决于电源本身的性质,与外电路无关。电动势的单位和电势相同,也是伏[特](V)。根据定义,电动势是标量,但为了便于应用,通常把电源内部电势升高的方向,即从负极经电源内部到正极的方向,规定为电动势的方向。

11.2 电流的磁场

一、电流的磁效应

磁现象和电现象虽然早在公元前数百年就被人们发现,但在很长的时期内,磁学和静电学是各自独立地发展着。直到1820年以后,才由奥斯特和安培通过实验将电和磁的联系揭示出来。

丹麦物理学家汉斯·奥斯特(H. C. Oersted,1777—1851)深受康德等人关于各种自然力相互转化的哲学思想的影响,坚信电、磁具有统一性。从1807年到1820年,用了近13年的时间,奥斯特终于在1820年4月的一次实验中发现,把一根导线平行地放在磁针的上方,给导线通电时,磁针会发生偏转,就好像受到磁铁的作用一样(见图11-7)。这说明不仅磁铁能产生磁场,电流也能产生磁场,

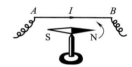

图 11-7 奥斯特实验

这个现象称为电流的磁效应。奥斯特的这一发现在历史上第一次揭示了电现象和磁现象的联系,对电磁学的发展起了重要的作用。

奥斯特的电流与磁体间相互作用的实验于1920年7月21日以论文形式发表后,在欧洲物理学界引起了极大的关注。同年,安培获得更多重要发现(见图11-8):圆电流与磁针之间有相似力的作用;磁铁对电流也有力的作用;两平行通电直导线间和两圆电流间也都存在相互作用;直电流附近小磁针的取向与电流遵守右手定则;等等。这些发现使人们进一步认识到磁现象与电荷的运动是密切相关的。

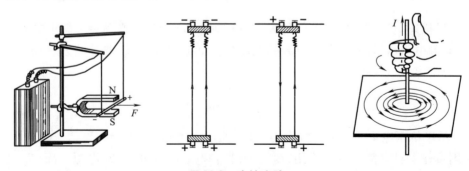

图 11-8 安培实验

1822年，安培在尚不知道原子结构的情况下，大胆提出了有关物质磁性本质的假说。他认为一切磁现象的根源是电流，任何物质中的分子都存在回路电流，称为分子电流，每个分子电流都相当于一个小磁针，当这些分子电流在外界作用下都沿同一方向排列时，物质对外就会显示出磁性，如图11-9所示。安培的分子电流假说与现代对物质磁性的理解是相符合的，近代理论表明，原子核外电子绕核的运动和电子自旋等运动就构成了等效的分子电流。

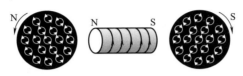

图11-9 安培分子电流假设示意图

二、磁场　磁感应强度

实验和近代理论都证实了一切磁现象起源于电荷的运动。一个运动电荷在其周围除产生电场外，还产生磁场。电流之间相互作用的磁力是通过磁场而作用的，故磁力也称磁场力。磁力作用的方式可表示为

运动电荷⇌磁场⇌运动电荷

同电场一样，磁场也具有能量、质量、动量等物质的基本属性。磁场对外有以下重要表现：

(1) 力的表现：在磁场中的运动电荷、载流导体等会受到磁场力的作用。
(2) 功的表现：载流导体在磁场中运动时，磁力要做功。
(3) 磁场对置于其中的物质有磁化作用。

下面，我们将从力的角度来研究磁场的性质，首先我们引入描述磁场性质的物理量——磁感应强度 $\boldsymbol{B}$。

我们用磁场对运动电荷的作用来定义磁感应强度。令一电量为 q 的检验电荷以某一速度 $\boldsymbol{v}$ 通过磁场中某点，实验发现：

(1) 当 q 沿某一特定方向运动时不受磁力，该方向就定义为该点磁感应强度 $\boldsymbol{B}$ 的方向。这个方向与此处小磁针 N 极的指向一致。

(2) 当 q 沿其他方向运动时，它所受磁力 $\boldsymbol{F}$ 的方向垂直于 $\boldsymbol{v}$ 与 $\boldsymbol{B}$ 所组成的平面。

(3) 当检验电荷的运动速度 $\boldsymbol{v}$ 的方向与 $\boldsymbol{B}$ 的方向垂直时，其所受磁力达到最大值 $F_{\max}$，且 $F_{\max}$ 与乘积 qv 成正比。这也就是说，对于磁场中某一定点，比值 $F_{\max}/qv$ 为一定值而与运动电荷无关，只取决于该点磁场本身的性质。因此，磁场中某点的磁感应强度 $\boldsymbol{B}$ 的大小可定义为

$$B = \frac{F_{\max}}{qv} \tag{11-12}$$

在国际单位制中，磁感应强度 $\boldsymbol{B}$ 的单位为特[斯拉]，符号为 T，$1\ \text{T} = 1\ \text{N}/(\text{A}\cdot\text{m})$。

需要指出的是，在稳恒磁场中，任意一点的磁感应强度 $\boldsymbol{B}$ 仅是空间坐标的函数，与时间无关。下面我们来研究真空中在稳恒电流所激发的磁场中，空间各点 $\boldsymbol{B}$ 的分布规律。

三、毕奥-萨伐尔定律

与叠加法求任意带电体的场强 $\boldsymbol{E}$ 相似，为了求出任意形状载流导线所激发的磁场分布规

律,我们可以将电流看作无穷多小段电流的集合,各小段电流称为电流元。电流元是矢量,用 $Id\boldsymbol{l}$ 表示,$d\boldsymbol{l}$ 表示在载流导线上沿电流方向取的线元,I 为导线中的电流。任意形状载流导线在磁场中某点所激发的 $\boldsymbol{B}$ 等于各电流元在该点所激发 $d\boldsymbol{B}$ 的矢量和。电流元 $Id\boldsymbol{l}$ 在空间各点激发磁场 $d\boldsymbol{B}$ 的规律即为毕奥-萨伐尔定律。

如图 11-10 所示,载流导线上一电流元 $Id\boldsymbol{l}$,在真空中某点 P 处产生的磁感应强度大小为

$$dB = \frac{\mu_0}{4\pi} \frac{Idl\sin\alpha}{r^2} \tag{11-13}$$

式中,r 是电流元到 P 点的位置矢量 $\boldsymbol{r}$ 的大小;α 为 $Id\boldsymbol{l}$ 与 $\boldsymbol{r}$ 之间的夹角。$d\boldsymbol{B}$ 的方向垂直于 $Id\boldsymbol{l}$ 与 $\boldsymbol{r}$ 组成的平面,为矢积 $Id\boldsymbol{l} \times \boldsymbol{r}$ 的方向,即由 $Id\boldsymbol{l}$ 经小于180°的角转向 $\boldsymbol{r}$ 时右手螺旋前进的方向。

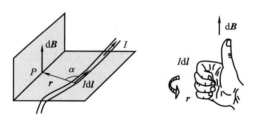

图 11-10 电流元的磁感应强度

写成矢量式,则有

$$d\boldsymbol{B} = \frac{\mu_0}{4\pi} \frac{Id\boldsymbol{l} \times \boldsymbol{r}}{r^3} \tag{11-14}$$

式(11-14)就是毕奥-萨伐尔定律,由毕奥-萨伐尔在拉普拉斯的帮助下于 1820 年 10 月提出。

这样,任意形状的载流导线在点 P 处产生的磁感应强度 $\boldsymbol{B}$ 为

$$\boldsymbol{B} = \int_L d\boldsymbol{B} = \frac{\mu_0}{4\pi} \int_L \frac{Id\boldsymbol{l} \times \boldsymbol{r}}{r^3} \tag{11-15}$$

四、毕奥-萨伐尔定律的应用

例 11-1 载流长直导线的磁场。设在真空中有一长直导线 CD,通有电流 I,距导线为 a 处任取一点 P。试求 P 点处的磁感应强度 $\boldsymbol{B}$。

解 建立坐标系如图 11-11 所示,在载流直导线上任取电流元 Idy,根据毕奥-萨伐尔定律,电流元在给定点 P 的磁感应强度 $d\boldsymbol{B}$ 的大小为

$$dB = \frac{\mu_0}{4\pi} \frac{Idy\sin\theta}{r^2}$$

$d\boldsymbol{B}$ 的方向由 $Id\boldsymbol{l} \times \boldsymbol{r}$ 来确定,即垂直纸面向内,在图中用 ⊗ 表示。从图中可以看出,各个电流元在点 P 的磁感应强度 $d\boldsymbol{B}$ 的方向都相同。因此,有

$$B = \int dB = \int_{CD} \frac{\mu_0}{4\pi} \frac{Idy\sin\theta}{r^2}$$

式中,y、r、θ 都是变量,它们之间的关系为

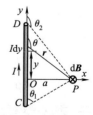

图 11-11 例 11-1

$$r = a\sec\beta,$$
$$y = -a\cot\beta, \quad dy = a\sec^2\beta d\beta$$

从而

$$B = \int_{\theta_1}^{\theta_2} \frac{\mu_0 I}{4\pi a}\sin\theta d\theta = \frac{\mu_0 I}{4\pi a}(\cos\theta_1 - \cos\theta_2) \tag{11-16}$$

如果载流导线为无限长,可近似取 $\theta_1 = 0, \theta_2 = \pi$,那么根据上式可得 P 的磁感应强度为

$$B = \frac{\mu_0 I}{2\pi a} \tag{11-17}$$

这就是无限长载流直导线附近的磁场,磁感应强度 B 的大小与场点到载流导线的垂直距离 a 成反比。

例 11-2 圆形载流导线轴线上的磁场。设在真空中有一半径为 R 的圆线圈,通有电流 I(通常称为圆电流),试求载流圆线圈轴线上任一点 P 的磁感应强度。

解 建立坐标系如图 11-12 所示,选取圆心为坐标原点,圆线圈轴线为 x 轴。在圆线圈上任取一电流元 Idl,由于 Idl 与其到 P 点的矢量 r 垂直,它在 P 点的磁感应强度大小为

$$dB = \frac{\mu_0}{4\pi}\frac{Idl}{r^2}$$

方向垂直于 Idl 与 r 所组成的平面。从图中可以看出,各电流元在 P 点的 dB 大小相等,但方向各不同。根据对称关系,各电流元在 P 点处垂直于轴线方向上的分量 $dB_\perp$ 互相抵消。所以,P 点磁感应强度的大小为

$$B = \int dB_x = \int dB\sin\theta = \frac{\mu_0}{4\pi}\int \frac{Idl}{r^2}\sin\theta$$

式中,θ 亦为 r 与轴线的夹角,并且 $\sin\theta = \frac{R}{r} = \frac{R}{(R^2+x^2)^{1/2}}$。代入上式,有

$$B = \frac{\mu_0}{4\pi}\frac{IR}{r^3}\int_0^{2\pi R}dl = \frac{\mu_0}{2}\frac{IR^2}{r^3} = \frac{\mu_0 IR^2}{2(R^2+x^2)^{3/2}}$$

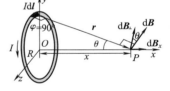

图 11-12 例 11-2

B 的方向垂直于圆线圈平面沿 Ox 轴正向。故 P 点的磁感应强度 B 为

$$\boldsymbol{B} = \frac{\mu_0 IR^2}{2(R^2+x^2)^{3/2}}\boldsymbol{i} \tag{11-18}$$

根据上式,当 $x = 0$ 时,即在圆心处的磁感应强度为

$$\boldsymbol{B} = \frac{\mu_0 I}{2R}\boldsymbol{i} \tag{11-19}$$

当 $x \gg R$ 时,即在远离圆心处轴线上的磁感应强度为

$$\boldsymbol{B} = \frac{\mu_0 IR^2}{2x^3}\boldsymbol{i} \tag{11-20}$$

磁矩是描述载流线圈性质的重要物理量,下面介绍磁矩的概念。对于任意平面载流线圈,设电流为 I,面积为 S,$\boldsymbol{e}_n$ 表示线圈平面的单位正法线矢量,遵守右手定则,即用右手四指弯曲方向代表电流流向,则大拇指指向就是 $\boldsymbol{e}_n$ 的方向。我们定义平面载流线圈的磁矩为

$$\boldsymbol{P}_m = IS\boldsymbol{e}_n \tag{11-21}$$

也就是说 P_m 的大小为 IS,方向垂直于线圈平面且与电流流向遵守右手定则。由此,式(11-18)可以写成如下矢量形式

$$B = \frac{\mu_0}{2\pi} \frac{P_m}{(R^2 + x^2)^{3/2}}$$

例 11-3 一半径为 R 的均匀带电圆盘,电荷面密度为 σ,设圆盘以角速度 ω 绕通过圆心且垂直于圆盘的轴转动,试求圆盘中心的磁感应强度。

解 在圆盘上取一半径为 r、宽度为 dr 的细圆环,如图 11-13 所示。当圆盘绕轴旋转时,此转动的细圆环对应的圆电流为

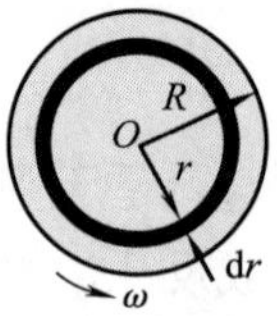

$$dI = \frac{dq}{T} = \frac{\omega}{2\pi}\sigma 2\pi r dr = \omega\sigma r dr$$

图 11-13 例 11-3

应用式(11-19),可得细圆环在圆盘中心 O 产生的磁感应强度的大小为

$$dB = \frac{\mu_0 dI}{2r} = \frac{\mu_0 \sigma \omega}{2} dr$$

将上式积分即可得到整个圆盘转动时盘心磁感应强度 B 的大小为

$$B = \int dB = \frac{\mu_0 \sigma \omega}{2} \int_0^R dr = \frac{\mu_0 \sigma \omega}{2} R$$

如果圆盘带正电($\sigma > 0$),B 的方向垂直纸面向外;反之($\sigma < 0$),垂直纸面向内。

*五、运动电荷的磁场

电流是导体中大量电荷定向运动形成的,因此,可以认为电流的磁场其实是运动电荷产生磁场的叠加。运动电荷所产生的磁感应强度,可以由毕奥-萨伐尔定律求得。

图 11-14 所示的电流元,长为 dl,截面积为 S。设其载流子为正电荷,电荷数密度为 n,每个电荷的电量为 q,且均以速度 v 做定向运动。由式(11-9),此电流元的电流密度为 $j = nqv$。因此,电流元 Idl 为

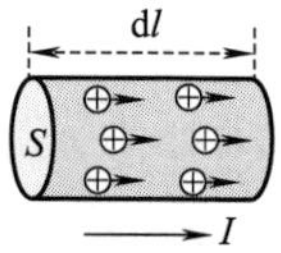

$$Idl = jSdl = nSqvdl$$

图 11-14 电流元中的运动电荷

于是,毕奥-萨伐尔定律的表达式(11-14)可写为

$$dB = \frac{\mu_0}{4\pi} \frac{nSdl q v \times r}{r^3}$$

由于电流元中做定向运动的电荷数 $dN = nSdl$,因此,一个以速度 v 运动的电荷在距它为 r 处所产生的磁感应强度为

$$B = \frac{dB}{dN} = \frac{\mu_0}{4\pi} \frac{qv \times r}{r^3} \tag{11-22}$$

当 q 为正电荷时,B 的方向为矢积 $v \times r$ 的方向,如图 11-15(a)所示;当 q 为负电荷时,B 的方向与矢积 $v \times r$ 的方向相反,如图 11-15(b)所示。

需要说明的是,运动电荷的磁场公式只适用于电荷的运动速度 v 远小于真空中的光速 c($v \ll c$)的情况。当带电粒子的速度 v 接近光速时,公式将不再适用。

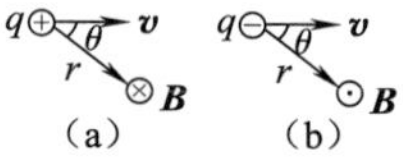

图 11-15 运动电荷的磁场方向

11.3 磁通量 磁场的高斯定理

一、磁感应线

与用电场线表示静电场的分布类似,用磁感应线(或 **B** 线)也可以形象直观地描述磁场的分布。我们规定:① 磁感应线上每一点的切线方向就是该点处磁感应强度 **B** 的方向;② 每点处的磁感应线密度(即该处垂直于磁感应强度 **B** 的单位面积上穿过的磁感应线的数目)等于该点处磁感应强度 **B** 的大小。

磁场中的磁感应线可以借助小磁针或者铁屑显示出来。图 11-16 所示为几种典型的载流导线所产生磁场的磁感应线。从这几种图形可以看出,磁感应线具有如下特性:①由于磁场中某点的磁场方向是唯一确定的,所以磁场中的任意两条磁感应线不会相交;②磁感应线都是环绕电流的无头无尾的闭合曲线,没有起点,也没有终点;③磁感应线的环绕方向与电流之间遵从右手定则。

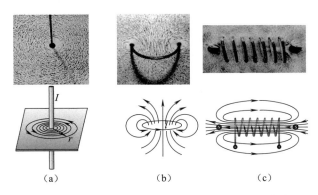

图 11-16 几种不同形状载流导线磁场的磁感应线

二、磁通量 磁场的高斯定理

磁通量的定义与电通量的定义类似。我们把通过磁场中某一曲面的磁感应线数叫做通过此曲面的磁通量,用符号 Φ 表示。

如图 11-17 所示,S 为磁场中的一任意曲面,在曲面上任取一面元 $\mathrm{d}S$,若 $\mathrm{d}S$ 处的磁感应强度 **B** 与面元 $\mathrm{d}S$ 的单位法线矢量 **n** 的夹角为 θ,则通过面元 $\mathrm{d}S$ 的磁通量为

$$\mathrm{d}\Phi = B\cos\theta \mathrm{d}S = \boldsymbol{B} \cdot \mathrm{d}\boldsymbol{S}$$

因此,通过曲面 S 的磁通量为

$$\Phi = \iint_S B\cos\theta \mathrm{d}S = \iint_S \boldsymbol{B} \cdot \mathrm{d}\boldsymbol{S} \quad (11-23)$$

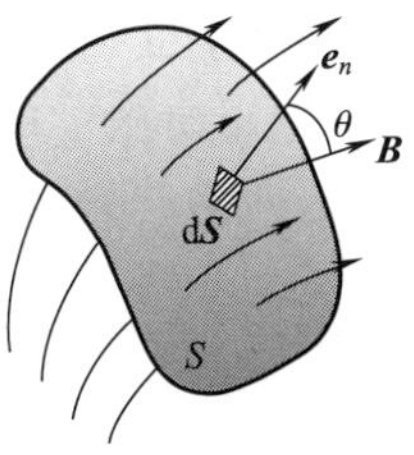

图 11-17 磁通量

在国际单位制中,磁通量的单位是韦[伯],用符号 Wb 表示,1 Wb = 1 V·s。

对于闭合曲面,一般规定面上各点的正法线方向垂直于曲面向外。依据这个规定,当磁感应线从闭合曲面内穿出时,磁通量为正;当磁感应线由外向内穿入闭合曲面时,磁通量为负。由于磁感应线是闭合的,对于磁场空间中的任一闭合曲面 S,有多少条磁感应线穿入就必然有

多少条磁感应线穿出。也就是说,通过任意闭合曲面的磁通量必等于零,即

$$\oint_S \boldsymbol{B} \cdot \mathrm{d}\boldsymbol{S} = 0 \tag{11-24}$$

上述结论就是磁场的高斯定理,它是揭示磁场性质的重要定理之一。磁场的高斯定理表明磁场是一个无源场,这与静电场是有源场的性质有着本质上的区别。

11.4 安培环路定理

静电场的环路定理指出:电场强度 $\boldsymbol{E}$ 的环流恒为零(即 $\oint_L \boldsymbol{E} \cdot \mathrm{d}\boldsymbol{l} = 0$),说明静电场是保守力场。那么,在稳恒磁场中,$\boldsymbol{B}$ 的环流($\oint_L \boldsymbol{B} \cdot \mathrm{d}\boldsymbol{l}$)又遵从怎样的规律呢?

下面以无限长载流直导线的磁场为例,分析磁感应强度 $\boldsymbol{B}$ 沿任意闭合环路的线积分。如图 11-18 所示,在垂直于无限长载流直导线的平面内,以直导线与平面的交点 O 为圆心,作一半径为 R 的圆形回路 L,且选定逆时针方向为 L 的正绕行方向,该绕行方向与电流成右手关系。圆周上各点的磁感应强度 $\boldsymbol{B}$ 的大小均为

$$B = \frac{\mu_0 I}{2\pi R}$$

每一点 $\boldsymbol{B}$ 的方向都与该点处线元 $\mathrm{d}\boldsymbol{l}$ 的方向一致,所以,$\boldsymbol{B}$ 沿该圆形回路 L 的积分为

$$\oint_L \boldsymbol{B} \cdot \mathrm{d}\boldsymbol{l} = \oint_L \frac{\mu_0 I}{2\pi R} \mathrm{d}l = \frac{\mu_0 I}{2\pi R} \oint_L \mathrm{d}l = \mu_0 I$$

图 11-18 无限长载流直导线

上述积分中,我们选择的 L 的绕行方向与电流成右手螺旋关系,如果保持 L 的绕行方向不变而将电流反向,则

$$\oint_L \boldsymbol{B} \cdot \mathrm{d}\boldsymbol{l} = \oint_L -\frac{\mu_0 I}{2\pi R} \mathrm{d}l = -\mu_0 I = \mu_0 (-I)$$

此时可认为,对逆时针绕行的回路 L 而言,电流是负的。

虽然上面讨论的是特例,但是如果 $\boldsymbol{B}$ 的环流是沿任意形状闭合路径,而且空间电流有很多,那么也可以证明:在真空中的稳恒磁场中,磁感应强度 $\boldsymbol{B}$ 沿任一闭合路径的积分,等于穿过该环路的所有电流的代数和的 μ_0 倍,即

$$\oint_L \boldsymbol{B} \cdot \mathrm{d}\boldsymbol{l} = \mu_0 \sum_{L内} I_i \tag{11-25}$$

这就是磁场中的安培环路定理。该定理反映了电流和磁场之间的基本关系,是磁场起源于电流的又一种表述。更重要的是,磁场的环路定理还表明 $\boldsymbol{B}$ 的环流一般不为零,所以,与静电场是保守场的性质不同,磁场是非保守场,是涡旋场,故在磁场中不能引入势能的概念。

此外,关于式(11-25)还需指出的是:

(1)式中的电流是指闭合曲线所包围并穿过的电流,不包括闭合曲线以外的电流。

(2)式中的 B 是闭合曲线 L 内、外所有电流共同产生的磁感应强度。B 的环流为零并不意味着 L 上各点的 B 等于零。

(3)如果电流 I 的流向与环路 L 的环绕方向服从右手螺旋关系,则电流取正,反之取负值。

安培环路定理的证明 *

设有一无限长直导线,通有电流 I,在垂直于导线的平面内任取一闭合回路 L,且回路 L 包围电流 I,如图 11-19(a)所示。在 L 上任取一线元 dl,设导线到 dl 的距离为 r。

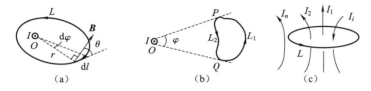

图 11-19 安培环路定理

dl 处的磁感应强度 B 的大小为

$$B = \frac{\mu_0 I}{2\pi r}$$

B 的方向与电流成右手螺旋关系(即 B 沿以导线为中心、半径为 r 的圆的切线方向),如图 11-19(a)所示,设 B 与 dl 的夹角为 θ,则

$$\boldsymbol{B} \cdot d\boldsymbol{l} = B\cos\theta dl$$

式中,$dl\cos\theta = rd\varphi$;$d\varphi$ 为线元 dl 对 O 点所张的角度。于是有

$$\boldsymbol{B} \cdot d\boldsymbol{l} = Brd\varphi = \frac{\mu_0 I}{2\pi}d\varphi$$

因此,B 沿回路 L 积分一周为

$$\oint_L \boldsymbol{B} \cdot d\boldsymbol{l} = \frac{\mu_0 I}{2\pi}\int_0^{2\pi}d\varphi = \mu_0 I$$

可见,B 的环流与闭合回路的形状无关,只与回路内包围的电流有关。

如果闭合回路 L 不包围电流 I,如图 11-19(b)所示,可由 O 点作闭合回路 L 的切线 OP 和 OQ。切点 P 和 Q 将 L 分为 L_1 和 L_2 两部分。于是

$$\oint_L \boldsymbol{B} \cdot d\boldsymbol{l} = \int_{L_1} \boldsymbol{B} \cdot d\boldsymbol{l} + \int_{L_2} \boldsymbol{B} \cdot d\boldsymbol{l}$$

$$= \int_0^\varphi \frac{\mu_0 I}{2\pi}d\varphi - \int_0^\varphi \frac{\mu_0 I}{2\pi}d\varphi = 0$$

即回路 L 不包围电流时,B 的环流等于 0。

如果空间中有 n 条无限长载流直导线,其中既有导线在闭合回路 L 内,又有导线在 L 之外,如图 11-19(c)所示。根据磁场叠加原理,总磁感应强度 B 沿 L 的积分应为

$$\oint_L \boldsymbol{B} \cdot d\boldsymbol{l} = \oint_L (\boldsymbol{B}_1 + \boldsymbol{B}_2 + \cdots + \boldsymbol{B}_n) \cdot d\boldsymbol{l}$$

$$= \oint_L \boldsymbol{B}_1 \cdot d\boldsymbol{l} + \oint_L \boldsymbol{B}_2 \cdot d\boldsymbol{l} + \cdots \oint_L \boldsymbol{B}_n \cdot d\boldsymbol{l}$$

$$= \mu_0 \sum_{L内} I_i$$

式中，$\sum_{L内} I_i$ 为闭合回路内所有电流的代数和。

综上所述，我们得到磁场中的安培环路定理：磁感应强度 $\boldsymbol{B}$ 沿任意闭合回路的积分等于该回路所包围电流的代数和的 μ_0 倍。

在 11.2 节中，我们学习了用毕奥–萨伐尔定律求解磁场。当场源电流分布具有高度对称性时，利用磁场的安培环路定理可以更加简便地计算磁感应强度。下面举例说明。

例 11-4 载流长直螺线管内部的磁场。如图 11-20(a)所示，真空中有一长直密绕的载流螺线管，其半径为 R，电流为 I，每单位长度有线圈 n 匝，求螺线管内部任一点的磁感应强度 $\boldsymbol{B}$。

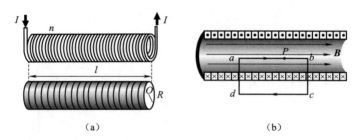

图 11-20　例 11-4

解　由于螺线管相当长并且线圈是密绕的，所以管内的磁场可以看成无限多紧密平行排列的圆电流的磁场的叠加。根据电流分布的对称性，可以判定螺线管内部的磁感应线为一系列平行于轴线的平行直线，与电流 I 成右手螺旋关系，而且在同一磁感应线上各点 $\boldsymbol{B}$ 的大小相同。在管的外侧，磁场很弱，可以忽略不计。

如图 11-20(b)所示，在管内任取一点 P，过 P 点作一矩形闭合回路 $abcd$，选取顺时针为回路的正绕行方向。则 $\boldsymbol{B}$ 沿闭合回路的线积分为

$$\oint_L \boldsymbol{B} \cdot \mathrm{d}\boldsymbol{l} = \int_{ab} \boldsymbol{B} \cdot \mathrm{d}\boldsymbol{l} + \int_{bc} \boldsymbol{B} \cdot \mathrm{d}\boldsymbol{l} + \int_{cd} \boldsymbol{B} \cdot \mathrm{d}\boldsymbol{l} + \int_{da} \boldsymbol{B} \cdot \mathrm{d}\boldsymbol{l}$$

由于线段 cd 以及线段 bc 和 da 的一部分在螺线管外，$\boldsymbol{B} = 0$；线段 bc 和 da 位于管内的部分，$\boldsymbol{B}$ 与 $\mathrm{d}\boldsymbol{l}$ 垂直，所以 $\boldsymbol{B}$ 在线段 bc、cd 和 da 上的积分均为零，即

$$\int_{bc} \boldsymbol{B} \cdot \mathrm{d}\boldsymbol{l} = \int_{cd} \boldsymbol{B} \cdot \mathrm{d}\boldsymbol{l} = \int_{da} \boldsymbol{B} \cdot \mathrm{d}\boldsymbol{l} = 0$$

在线段 ab 上，各点 $\boldsymbol{B}$ 的大小相同，方向都与 $\mathrm{d}\boldsymbol{l}$ 一致。于是有

$$\oint_L \boldsymbol{B} \cdot \mathrm{d}\boldsymbol{l} = \int_{ab} \boldsymbol{B} \cdot \mathrm{d}\boldsymbol{l} = B \cdot \overline{ab}$$

回路 $abcd$ 所包围的电流总和为 $nI \cdot \overline{ab}$，又与回路遵守右手螺旋关系，为正值。于是，根据安培环路定理，有

$$\oint_L \boldsymbol{B} \cdot \mathrm{d}\boldsymbol{l} = B \cdot \overline{ab} = \mu_0 nI \cdot \overline{ab}$$

所以
$$B = \mu_0 nI \tag{11-26}$$

可见，载流长直螺线管内部为匀强磁场，内部各点磁感应强度 $\boldsymbol{B}$ 的大小相等（$B = \mu_0 nI$），方向与电流 I 成右手螺旋关系。管外的磁感应强度 $\boldsymbol{B}_{外} = 0$。

例 11-5 载流螺绕环内的磁场。如图 11-21(a)所示,有一螺绕环密绕有 N 匝线圈,线圈中的电流为 I,环内外半径分别为 r_1、r_2,试求环内的磁场。

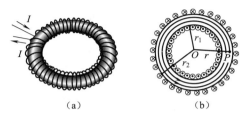

图 11-21 例 11-5

解 由于螺绕环上的线圈绕得非常紧密,使得磁场几乎全部集中在环内,环外的磁场几乎为零。根据电流分布的对称性可以知道,环内的磁感应线是一系列与环同心的同心圆,在同一磁感应线上各点磁感应强度 $\boldsymbol{B}$ 的大小相等,方向与圆处处相切,并和环面平行。

如图 11-21(b)所示,在管内任取一点 P,过 P 点以半径为 r 作一圆形闭合回路,并取逆时针方向为回路的正绕行方向。由于此圆形回路包围的电流总和为 NI,且和回路成右手螺旋关系,故由安培环路定理得

$$\oint_L \boldsymbol{B} \cdot \mathrm{d}\boldsymbol{l} = \mu_0 NI$$

又由于回路上各点磁感应强度 $\boldsymbol{B}$ 的大小相等,方向与闭合回路处处相切,故 $\boldsymbol{B}$ 的环流为

$$\oint_L \boldsymbol{B} \cdot \mathrm{d}\boldsymbol{l} = B \oint_L \mathrm{d}l = B 2\pi r$$

联立上面两式可得

$$B = \frac{\mu_0 NI}{2\pi r} \tag{11-27}$$

可见,螺绕环内部为非匀强磁场,环内横截面上各点磁感应强度的大小是不同的。但当螺绕环的平均半径 $\bar{r}$ 比环的孔径 $r_2 - r_1$ 大得多,即 $\bar{r} \gg r_2 - r_1$ 时,环内的磁场可近似看成匀强的。如果用 $\bar{L}$ 表示螺绕环的平均周长,则环内各点磁感应强度的大小均可表示为

$$B = \frac{\mu_0 NI}{2\pi \bar{r}} = \frac{\mu_0 NI}{\bar{L}} = \mu_0 n I$$

式中,n 为螺绕环单位长度上线圈的匝数。

例 11-6 无限长载流圆柱体的磁场。如图 11-22 所示,有一无限长载流圆柱导体,其横截面半径为 R,电流 I 沿轴向流动,且在横截面上均匀分布。试计算该无限长载流圆柱导体内外的磁感应强度 $\boldsymbol{B}$。

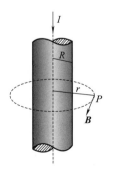

图 11-22 例 11-6

解 无限长载流圆柱体可以看成是由许多无限长载流直导线组成。电流的这种对称性分布,导致磁场对圆柱轴线也呈对称性分布。可以断定,磁感应线是一系列在垂直于轴线的平面内以轴线为中心的同心圆,并与电流流向成右手螺旋关系。下面利用安培环路定理来求解磁感应强度。

设在磁场中任取一点 P,在垂直于轴线的平面内过点 P 作半径为 r 的圆,并取顺时针方向为回路的正绕行方向。

若 $r > R$，即点 P 在圆柱体外，全部电流 I 都穿过积分回路，则由安培环路定理可知

$$\oint_L \boldsymbol{B} \cdot \mathrm{d}\boldsymbol{l} = \mu_0 I$$

由于在同一圆周上各点 $\boldsymbol{B}$ 的大小相等，$\boldsymbol{B}$ 的方向与 $\mathrm{d}\boldsymbol{l}$ 一致，这样

$$\oint_L \boldsymbol{B} \cdot \mathrm{d}\boldsymbol{l} = B 2\pi r$$

联立上面两式可得

$$B = \frac{\mu_0 I}{2\pi r} \quad (r > R) \tag{11-28a}$$

由上式可以看出，无限长载流圆柱体外的磁场分布与全部电流 I 集中在圆柱轴线上的一根无限长载流直导线所产生的磁场相同。

若 $r < R$，即点 P 是圆柱体内部任一点，此时回路所包围的电流总和 $\sum I_i$ 为

$$\sum I_i = j \pi r^2 = \frac{I}{\pi R^2} \pi r^2 = \frac{I r^2}{R^2}$$

式中，j 为电流密度。根据安培环路定理

$$\oint_L \boldsymbol{B} \cdot \mathrm{d}\boldsymbol{l} = \mu_0 \sum I_i$$

$$B 2\pi r = \mu_0 \frac{I r^2}{R^2}$$

$$B = \frac{\mu_0 I}{2\pi R^2} r \quad (0 < r < R) \tag{11-28b}$$

可见，在无限长载流圆柱体内部，磁感应强度 $\boldsymbol{B}$ 的大小与离开轴线的距离 r 成正比。

利用同样的方法，还可以求出无限长载流圆柱面的磁场分布情况：

$$B = \begin{cases} 0 & 0 < r < R \\ \dfrac{\mu_0 I}{2\pi r} & r > R \end{cases} \tag{11-29}$$

图 11-23(a)、(b) 分别为无限长载流圆柱体和无限长载流圆柱面的磁感应强度 B 与 r 的关系曲线。

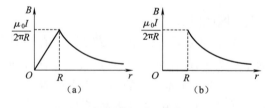

图 11-23 例 11-7

例 11-8 无限大载流平面的磁场。如图 11-24(a) 所示，有一无限大载流平面，面电流密度为 j_S（垂直于电流方向上单位宽度的平面所通的电流），试求该无限大载流平面周围空间的磁场。

解 无限大载流平面可看成由无限多无限长载流直导线组成。对于平面外任一点来说，电流总是对称分布的，如图 11-24(b) 所示。因此，可以判定无限大载流平面附近的磁感应线

分布在垂直于电流方向的平面内,且与载流平面平行;在载流平面的两侧与平面距离相等的两点,磁感应强度 B 的大小一定相等,但方向相反。

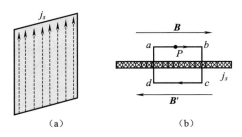

图 11-24　例 11-8

在平面外任取一点 P,过点 P 作一矩形闭合回路 $abcd$,如图 11-24(b)所示,回路的正绕行方向为顺时针方向,与电流成右手螺旋关系。根据安培环路定理

$$\oint_L \boldsymbol{B} \cdot \mathrm{d}\boldsymbol{l} = \int_{ab} \boldsymbol{B} \cdot \mathrm{d}\boldsymbol{l} + \int_{bc} \boldsymbol{B} \cdot \mathrm{d}\boldsymbol{l} + \int_{cd} \boldsymbol{B} \cdot \mathrm{d}\boldsymbol{l} + \int_{da} \boldsymbol{B} \cdot \mathrm{d}\boldsymbol{l} = \mu_0 j_S \cdot \overline{ab}$$

由于在线段 bc 和 da 上 B 与 $\mathrm{d}l$ 垂直,故

$$\int_{bc} \boldsymbol{B} \cdot \mathrm{d}\boldsymbol{l} = \int_{da} \boldsymbol{B} \cdot \mathrm{d}\boldsymbol{l} = 0$$

在线段 ab 和 cd 上,各点 B 的大小相等,方向都与 $\mathrm{d}l$ 方向一致,于是

$$\oint_L \boldsymbol{B} \cdot \mathrm{d}\boldsymbol{l} = \int_{ab} \boldsymbol{B} \cdot \mathrm{d}\boldsymbol{l} + \int_{cd} \boldsymbol{B} \cdot \mathrm{d}\boldsymbol{l} = 2B \cdot \overline{ab} = \mu_0 j_S \cdot \overline{ab}$$

可得

$$B = \frac{\mu_0 j_S}{2} \tag{11-30}$$

可以看出,无限大载流平面附近的磁场为匀强磁场,磁场的分布与场点的位置无关。

11.5　磁场对载流导线的作用

前面介绍了电流激发磁场的毕奥-萨伐尔定律,以及揭示磁场性质的两个基本定理——磁场的高斯定理和安培环路定理。本节我们将介绍磁场对载流导线的作用规律——安培定律。

一、安培定律

实验表明,载流导线在磁场中会受到磁场力的作用,这个力通常称为安培力。1820 年,安培首先由实验总结出了电流元在磁场中受力的基本规律——安培定律:磁场对电流元 $I\mathrm{d}l$ 的作用力 $\mathrm{d}F$ 在数值上等于电流元所在处的磁感应强度 B 的大小、电流元 $I\mathrm{d}l$ 的大小以及 $I\mathrm{d}l$ 与 B 之间的夹角 θ 的正弦之乘积,即

$$\mathrm{d}F = BI\mathrm{d}l\sin\theta$$

写成矢量式为

$$\mathrm{d}\boldsymbol{F} = I\mathrm{d}\boldsymbol{l} \times \boldsymbol{B} \tag{11-31}$$

dF 的方向垂直于 $Id\boldsymbol{l}$ 与 $\boldsymbol{B}$ 所组成的平面,且与 $Id\boldsymbol{l} \times \boldsymbol{B}$ 的方向相同,如图 11-25 所示。

磁场中任一有限长载流导线所受的安培力,则为其上各个电流元所受安培力的矢量和,即

$$\boldsymbol{F} = \int_L \mathrm{d}\boldsymbol{F} = \int_L Id\boldsymbol{l} \times \boldsymbol{B} \tag{11-32}$$

如图 11-26 所示,如果在匀强磁场 $\boldsymbol{B}$ 中有一长为 L、通有电流 I 的直导线,且导线与 $\boldsymbol{B}$ 的夹角为 θ。由式(11-32)可得这段载流导线所受安培力 $\boldsymbol{F}$ 的大小为

$$F = BIL\sin\theta \tag{11-33}$$

$\boldsymbol{F}$ 作用于直导线的中点,方向垂直于纸面向里。由上式可以看出,当 $\theta = 0$ 时,载流直导线不受安培力;当 $\theta = \dfrac{\pi}{2}$ 时,载流导线所受的安培力最大,即 $F = F_{\max} = BIL$。

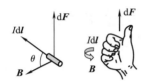
图 11-25　磁场对电流元的作用力

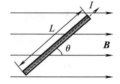
图 11-26　匀强磁场中的载流直导线

二、两平行长直载流导线间的相互作用

如图 11-27 所示,设真空中有两根无限长平行直导线,相距为 d,分别通以电流 I_1 和 I_2,且电流方向相同。下面来分析单位长度上两载流直导线的受力。

电流 I_1 在电流 I_2 处所产生的磁感应强度 $\boldsymbol{B}_1$ 的大小为

$$B_1 = \frac{\mu_0 I_1}{2\pi d}$$

方向与导线 2 垂直。

在导线 2 上取电流元 $I_2 \mathrm{d}l$,由安培定律,它所受安培力 $\mathrm{d}\boldsymbol{F}_{21}$ 的大小为

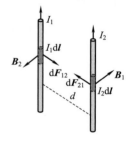
图 11-27　两平行长直载流导线间的相互作用

$$\mathrm{d}F_{21} = B_1 I_2 \mathrm{d}l = \frac{\mu_0 I_1 I_2}{2\pi d}\mathrm{d}l$$

$\mathrm{d}\boldsymbol{F}_{21}$ 的方向在两导线所决定的平面内垂直于导线 2,并指向导线 1。于是,导线 2 上单位长度所受的安培力的大小为

$$f_{21} = \frac{\mathrm{d}F_{21}}{\mathrm{d}l} = \frac{\mu_0 I_1 I_2}{2\pi d}$$

同理,导线 1 上单位长度所受的安培力的大小为

$$f_{12} = f_{21} = \frac{\mu_0 I_1 I_2}{2\pi d} \tag{11-34}$$

方向在两导线所决定的平面内垂直于导线 1,指向导线 2。

可见,两载流直导线单位长度上的受力大小与两电流的乘积成正比,与二者之间的距离成反比。此外,当两平行长直导线中的电流方向相同时,二者之间的相互作用力为吸引力;反之,则表现为排斥力。

根据式(11-34),当两导线中的电流相等,即 $I_1 = I_2 = I$ 时,两平行长直载流导线间的相互作用力为

$$f = \frac{\mu_0 I^2}{2\pi d}$$

由此,电流 I 为

$$I = \sqrt{\frac{fd}{2 \times 10^{-7}}}$$

若取 $d = 1$ m,则当 $f = 2 \times 10^{-7}$ N/m 时,$I = 1$ A。

因此,国际单位制中,电流的单位"安培"是这样来定义的:在真空中相距 1 m 的两平行长直导线,通有大小相等的电流,当两导线每单位长度上的作用力恰好为 2×10^{-7} N 时,规定此时导线中的电流为 1 A。

例 11-9 如图 11-28 所示,在匀强磁场中有一形状不规则的平面导线,设导线通有电流 I,磁感应强度 B 与导线所在平面垂直。试求此导线受到的安培力。

解 建立坐标系如图 11-28 所示。在导线上任取一电流元 Idl,它所受的安培力为

$$dF = Idl \times B$$

dF 的方向在平面内并与 Idl 垂直。

整个载流导线所受的安培力为

$$F = \int dF = \int_O^P Idl \times B$$

在上面积分式中,电流 I 和磁感应强度 B 均为积分常量,因此有

$$F = \int_O^P Idl \times B = (I\int_O^P dl) \times B = IL_{OP} \times B = BIL_{OP}j$$

式中,L_{OP} 表示由 O 指向 P 的矢量。该载流导线所受的安培力方向沿 y 轴向上。

由以上结果可以得出这样一个结论:任意平面载流导线在匀强磁场中所受的力,与始点和终点相同的载流直导线所受的磁场力相同。显然,任意形状的平面载流线圈在匀强磁场中所受合力为零。因此,在匀强磁场中闭合载流线圈不会发生平动。

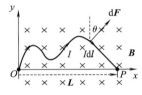

图 11-28 例 11-9

例 11-10 设真空中有一无限长载流直导线和一半径为 R 的圆形电流,直导线通过圆心并与圆电流共面放置,如图 11-29 所示。已知它们分别通以电流 I_1 和 I_2,试求圆形电流所受到的安培力。

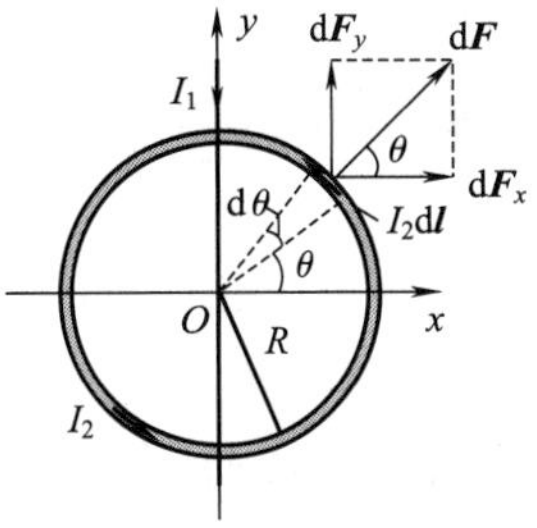

解 建立坐标系如图 11-29 所示。在圆电流上任取一电流元 $I_2 dl$,电流 I_1 在电流 $I_2 dl$ 处产生的磁感应强度 B 的方向垂直纸面向外,B 的大小为

$$B = \frac{\mu_0 I_1}{2\pi x}$$

根据安培定律,此电流元所受安培力的大小为

$$dF = BI_2 dl = \frac{\mu_0 I_1 I_2 dl}{2\pi x} = \frac{\mu_0 I_1 I_2 dl}{2\pi R \cos\theta}$$

图 11-29 例 11-10

式中,$dl = Rd\theta$,因此有

$$dF = \frac{\mu_0 I_1 I_2 d\theta}{2\pi \cos\theta}$$

$d\boldsymbol{F}$ 的方向如图 11-29 所示,$d\boldsymbol{F}$ 在 x 和 y 轴上的分量分别为

$$dF_x = dF\cos\theta$$
$$dF_y = dF\sin\theta$$

根据对称性分析可知,$F_y = \int dF_y = 0$,于是

$$F = F_x = \int dF_x = \int_0^{2\pi} \frac{\mu_0 I_1 I_2}{2\pi} d\theta = \mu_0 I_1 I_2$$

方向沿 x 轴正向,即

$$\boldsymbol{F} = \mu_0 I_1 I_2 \boldsymbol{i}$$

三、磁场对载流线圈的作用

下面来分析磁场对平面载流线圈的作用。如图 11-30 所示,在匀强磁场 $\boldsymbol{B}$ 中,放置一刚性矩形线圈 MNOP,通以电流 I,电流流向为 MNOPM,线圈的边长分别为 l_1 和 l_2,磁感应强度 $\boldsymbol{B}$ 与线圈平面的正法线方向 $\boldsymbol{e}_n$ 的夹角为 θ(与线圈平面的夹角为 φ,$\theta + \varphi = \frac{\pi}{2}$)。

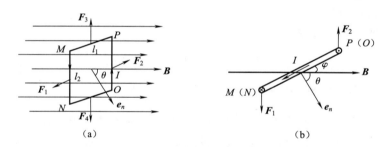

图 11-30 矩形平面载流线圈在匀强磁场中所受磁力矩

由安培定律可知,导线 PM 和 NO 所受的安培力 $\boldsymbol{F}_3$ 和 $\boldsymbol{F}_4$ 的大小相等,方向相反,并作用在一条直线上,因此它们的合力为零,合力矩也为零。

对于导线 MN 和 OP,由于两边都与 $\boldsymbol{B}$ 垂直,它们所受力 $\boldsymbol{F}_1$ 和 $\boldsymbol{F}_2$ 的大小为

$$F_1 = F_2 = BIl_2$$

可以看到,$\boldsymbol{F}_1$ 和 $\boldsymbol{F}_2$ 也是大小相等,方向相反,但是不在同一条直线上。因此,$\boldsymbol{F}_1$ 和 $\boldsymbol{F}_2$ 形成一力偶,要对线圈产生力偶矩,其大小为

$$M = F_1 l_1 \cos\varphi = F_1 l_1 \sin\theta = BIl_1 l_2 \sin\theta$$

因为矩形线圈的面积 $S = l_1 l_2$,线圈的磁矩 $P_m = IS$,于是上式又可写为

$$M = BIS\sin\theta = P_m B\sin\theta \tag{11-35}$$

用矢量式表示,则有

$$\boldsymbol{M} = \boldsymbol{P}_m \times \boldsymbol{B} \tag{11-36}$$

可以证明,上述结论不仅对矩形载流线圈成立,对于任意形状的平面载流线圈同样成立。甚至当带电粒子沿闭合回路运动以及带电粒子自旋时,在计算其在磁场中所受的磁力矩时,上

述公式也同样适用。

由式(11-35)可知,当 $\theta=0$,即线圈磁矩 P_m 与磁感应强度 B 的方向相同(或载流线圈平面垂直于 B)时,线圈所受的磁力矩为零,此时线圈处于稳定平衡状态;当 $\theta=\dfrac{\pi}{2}$,即线圈磁矩 P_m 与磁感应强度 B 的方向垂直(或载流线圈平面平行于 B)时,线圈所受的磁力矩最大;当 $\theta=\pi$ 时,即线圈的磁矩 P_m 与磁感应强度 B 方向相反,此时线圈所受力矩虽然也为零,但在这种情况下,只要线圈偏转一个很微小的角度,就会在磁力矩的作用下离开这个位置,并最终稳定在 $\theta=0$ 的稳定平衡态。因此,在 $\theta=\pi$ 的位置线圈的状态称为非稳定平衡态。总之,磁场作用于线圈的磁力矩总是使线圈转到磁矩 P_m 与磁场 B 方向一致的稳定平衡位置。

综上所述,在匀强磁场中,任意刚性平面载流线圈在任意位置所受合力均为零,仅受磁力矩作用。因此,线圈在匀强磁场中只会发生转动,不会发生平动。如果在非匀强磁场中,载流线圈所受合力和合力矩一般均不为零,所以线圈既要转动又要平动。

*四、磁力的功

载流导线或载流线圈在磁场中运动时,磁力就要做功。下面由载流导线在匀强磁场中运动这一特例出发,找到磁力做功的一般规律。

如图 11-31 所示,在一匀强磁场 B 中放置一闭合电路 abcd,电路中导线 ab 的长度为 l,可以沿 da 和 cb 滑动。假设在 ab 滑动的过程中,电路中的电流 I 始终保持不变。根据安培定律,导线 ab 在磁场中所受安培力 F 的大小为

$$F=BIl$$

F 的方向向右,如图 11-31 所示。在 F 的作用下,导线将从初始位置 ab 向右移动,当移动到位置 $a'b'$ 时,力 F 所做的功为

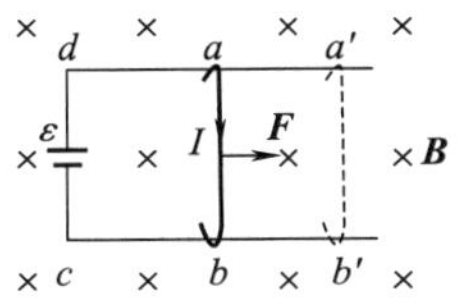

$$A=F\,\overline{aa'}=BIl\,\overline{aa'}\\=BIl(\overline{da'}-\overline{da})=I(Bl\,\overline{da'}-Bl\,\overline{da})$$

图 11-31 磁力做功

显然,式中 $Bl\,\overline{da}$ 和 $Bl\,\overline{da'}$ 分别为当导线在始末位置时,通过回路的磁通量 Φ 和 Φ',于是

$$A=I(\Phi'-\Phi)=I\Delta\Phi \tag{11-37}$$

上式表明:当载流导线在磁场中运动时,如果电流保持不变,磁力所做的功等于电流乘以通过回路的磁通量的增量。

可以证明,一个任意平面载流线圈在磁场中转动或改变形状时,如果保持电流不变,磁力矩做的功仍为电流乘以通过载流线圈的磁通量的增量,即式(11-37)仍然成立。

11.6 带电粒子在磁场中的运动

一、洛伦兹力

磁场对运动电荷的作用力称为洛伦兹力。如图 11-32(a)所示,有一电量为 q 的带电粒子,以速度 v 通过磁场中某点,且 v 与 B 的夹角为 θ,则带电粒子所受洛伦兹力的大小为

$$F=qvB\sin\theta$$

写成矢量式为
$$F = qv \times B \tag{11-38}$$
如果带电粒子是正电荷，F 的方向就是 $v \times B$ 的方向，如图 11-32(b) 所示；如果是负电荷，F 的方向则为 $v \times B$ 的反方向。

显然，带电粒子在磁场中所受洛伦兹力的方向总是垂直于运动速度的方向。洛伦兹力只能改变带电粒子的运动方向，不会改变速度的大小。因此，洛伦兹力对运动电荷不做功，这是洛伦兹力的一个非常重要的特征。

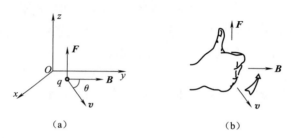

图 11-32　洛伦兹力

二、带电粒子在匀强磁场中的运动

下面来分析带电粒子在匀强磁场中的运动规律。

设有一带电粒子，质量为 m，带电量为 q，以速度 v 进入一磁感应强度为 B 的匀强磁场。如果略去重力作用，带电粒子的运动规律可分为下面三种情况：

(1) 如果 v 与 B 平行，则磁场对粒子的作用力为零，带电粒子进入磁场后将做速度为 v 的匀速直线运动。

(2) 如果 v 与 B 垂直，则粒子受到洛伦兹力 F，其大小为 $F = qvB$，方向垂直于 v 与 B 组成的平面。于是，带电粒子将以速率 v 做匀速圆周运动，如图 11-33 所示。洛伦兹力为其提供向心力，根据牛顿第二定律，有

$$F = qvB = m\frac{v^2}{R}$$

式中，R 为粒子的圆形轨道半径，亦称回旋半径。由上式可得

$$R = \frac{mv}{qB} \tag{11-39}$$

可见，粒子的回旋半径与其速率成正比，与磁感应强度 B 的大小成反比。

带电粒子做圆周运动的周期和频率分别称为回旋周期 T 和回旋频率 f，有

$$T = \frac{2\pi R}{v} = \frac{2\pi m}{qB} \tag{11-40a}$$

$$f = \frac{1}{T} = \frac{qB}{2\pi m} \tag{11-40b}$$

上式表明，带电粒子的回旋周期及回旋频率与粒子的速率和回旋半径无关。

(3) 如果 v 与 B 有一夹角 θ，那么速度 v 可分解为垂直于 B 的分量和平行于 B 的分量，即 $v_\perp = v\sin\theta$ 和 $v_{//} = v\cos\theta$。于是，在磁场的作用下，带电粒子一边在垂直于 B 的平面内做匀速圆周运动，一边沿 B 的方向做匀速直线运动。因此，两分运动合成的结果就是带电粒子沿一

条螺旋线运动,如图 11-34 所示。显然,螺旋线的半径和周期分别为

$$R_\perp = \frac{mv_\perp}{qB}$$

$$T = \frac{2\pi m}{qB}$$

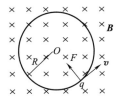

图 11-33　v 与 B 垂直时带电粒子的运动

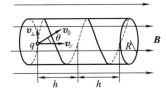

图 11-34　带电粒子在匀强磁场中的螺旋运动

把带电粒子回旋一周所前进的距离称为螺距,其大小为

$$h = Tv_\parallel = \frac{2\pi m v_\parallel}{qB} \tag{11-41}$$

上式表明,螺距 h 与 $v_\parallel$ 成正比,而与 $v_\perp$ 无关。

带电粒子在匀强磁场中的螺旋线运动被广泛应用于"磁聚焦"技术中。如图 11-35 所示,在匀强磁场中发射一束初速度大小近似相等的电子,它们的速度 v 与 B 的夹角各不相同但都足够小。因此,这些电子的 $v_\perp$ 各不相同,但 $v_\parallel$ 又近似相等。这样,这些电子在发出后将沿半径不同的螺旋线运动,但由于它们的螺距近似相等,于是散开的电子束在经历了一个周期后会再次汇聚于一点,从而实现电子束聚焦。这和近光轴的光束通过透镜后聚焦的现象非常相似,故称为磁聚焦。磁聚焦已在现代科学研究中,如电子光学领域,得到了广泛应用。

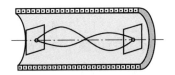

图 11-35　磁聚焦的原理

三、霍尔效应

霍尔效应是美国物理学家霍尔(E. H. Hall,1855—1938)于 1879 年在研究金属的导电机制时发现的。如图 11-36 所示,在一块宽度为 b、厚度为 d 的导体薄板中通以纵向电流 I,当在垂直于电流的方向上加一磁场 B 时,在薄板 M、N 两个表面间将产生一个微弱的电势差 U_H,这种现象称为霍尔效应,所产生的电势差 U_H 称为霍尔电势差。

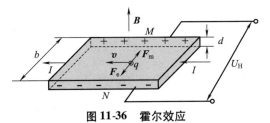

图 11-36　霍尔效应

实验表明,霍尔电势差的大小与电流 I 和磁感应强度 B 的大小成正比,与薄板在磁场方向的厚度 d 成反比,写为

$$U_H = R_H \frac{IB}{d} \tag{11-42}$$

式中,R_H 称为霍尔系数,与导体材料本身的性质有关。

下面来分析霍尔效应的原理。设图 11-36 中导体薄板内的载流子为正电荷 q,漂移速度为 v,方向与电流方向相同。由于存在磁场,薄板内每个载流子都要受到洛伦兹力 F_m 的作用。在 F_m 的作用下,载流子将向薄板的 M 面偏移,于是便在 M、N 两个侧面分别积累上了正、负电荷,进而在两面之间建立起电场 E_H。这个电场又给载流子一个电场力 F_e,F_e 与 F_m 方向相反。随着 M、N 面上积累电荷的增加,E_H 不断增大,F_e 也随之增大。当电场力 F_e 与洛伦兹力 F_m 的大小相等时,就达到了动态平衡,这时载流子不再偏转,导体板 M、N 两侧面之间便建立起了稳定的霍尔电势差 U_H。

根据以上分析,当 F_e 与 F_m 达到平衡时,有

$$F_e = qE_H = qvB$$

将 $E_H = \dfrac{U_H}{b}$ 代入上式可得

$$U_H = bvB$$

因为 $I = qnSv = qnvbd$,于是上式可写为

$$U_H = \frac{IB}{nqd} = R_H \frac{IB}{d} \tag{11-43}$$

式中,R_H 即为霍尔系数,显然

$$R_H = \frac{1}{nq} \tag{11-44}$$

可见霍尔系数的大小与载流子数密度成反比,其正负取决于载流子的正负。因此,根据式(11-43),通过判断霍尔电压的正负,就可以确定导体内载流子是带正电还是负电。

霍尔效应在半导体材料中较为显著。利用霍尔效应可以判断半导体材料的导电类型,研究载流子浓度随温度、杂质等因素的变化情况,还可以测量磁场、电流等;半导体材料制成的各种霍尔元件,已被广泛应用于工业生产和科学研究的各个领域中。

本 章 习 题

(一)磁感应强度、毕奥-萨伐尔定律1

11.1 如图 11-37 所示,边长为 l 的正方形线圈中通有电流 I,此线圈在 a 点产生的磁感应强度 B 为( )。

A. $\dfrac{\sqrt{2}\mu_0 I}{4\pi l}$

B. $\dfrac{\sqrt{2}\mu_0 I}{2\pi l}$

C. $\dfrac{\sqrt{2}\mu_0 I}{\pi l}$

D. 以上均不对

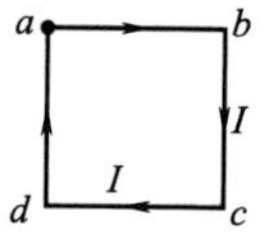

图 11-37 题 11.1

11.2 如图 11-38 所示,电流 I 由长直导线 1 沿垂直 bc 边方向经 a 点流入由电阻均匀的

导线构成的正三角形线框,再由 b 点流出,经长直导线 2 沿 cb 延长线方向返回电源。若载流直导线 1、2 和三角形框中的电流在框中心 O 点产生的磁感应强度分别用 $\boldsymbol{B}_1$、$\boldsymbol{B}_2$ 和 $\boldsymbol{B}_3$ 表示,则 O 点的磁感应强度大小(　　)。

A. $B=0$,因为 $B_1 = B_2 = B_3 = 0$
B. $B=0$,因为虽然 $B_1 \neq 0$、$B_2 \neq 0$,但 $B_1 + B_2 = 0$,$B_3 = 0$
C. $B \neq 0$,因为虽然 $B_3 = 0$、$B_1 = 0$,但 $B_2 \neq 0$
D. $B \neq 0$,因为虽然 $B_1 + B_2 \neq 0$,但 $B_3 \neq 0$

11.3 如图 11-39 所示,在 xy 平面内有两根互相绝缘、分别通有电流 $\sqrt{3}I$ 和 I 的长直导线,设两导线互相垂直,则在 xy 平面内磁感应强度为零的点的轨迹方程为 _____。

11.4 如图 11-40 所示,两条相互垂直的无限长直导线,流过的电流强度 $I_1 = 3$ A 和 $I_2 = 4$ A 的电流,求在距离两导线皆为 $d = 20$ cm 处的 A 点处的磁感应强度。

11.5 如图 11-41 所示,一无限长扁平铜片,宽度为 a,厚度不计,电流 I 在铜片上均匀分布,求在铜片外与铜片共面、离铜片右边缘为 b 处的 P 点的磁感应强度的大小。

图 11-38　题 11.2

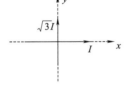

图 11-39　题 11.3

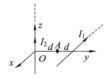

图 11-40　题 11.4

图 11-41　题 11.5

(二) 磁感应强度　毕奥-萨伐尔定律 2

11.6 如图 11-42 所示,有一个圆形回路 1 及一个正方形回路 2,圆的直径和正方形的边长相等。二者中通有大小相等的电流,它们在各自中心产生的磁感应强度的大小之比 B_1/B_2 为(　　)。

A. 0.90　　　B. 1.00　　　C. 1.11　　　D. 1.22

11.7 如图 11-43 所示,边长为 a 的正方形的四个角上固定有四个电量均为 q 的点电荷。此正方形以角速度 ω 绕过 AC 轴旋转时,在中心 O 点产生的磁感应强度大小为 B_1;此正方形同样以角速度 ω 绕过 O 点垂直于正方形平面的轴旋转时,在 O 点产生的磁感应强度大小为 B_2,则 B_1 与 B_2 间的关系为(　　)。

A. $B_1 = B_2$
B. $B_1 = 2B_2$
C. $B_1 = \dfrac{1}{2}B_2$
D. $B_1 = \dfrac{1}{4}B_2$

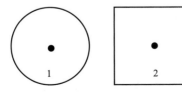

图 11-42　题 11.6

图 11-43　题 11.7

11.8 如图11-44所示,一弯曲的载流导线在同一平面内,O点是半径为R_1和R_2的两个圆弧的共同圆心,电流自无限远来到无限远去,则O点的磁感应强度的大小是_____。

11.9 如图11-45所示,有两个半径相同的均匀带电绝缘体球面,O_1为左侧球面的球心,带的是正电;O_2为右侧球面的球心,它带的是负电,两者的面电荷密度相等。当它们绕$\overline{O_1O_2}$轴旋转时,两球面相切处A点的磁感应强度B_A=_____。

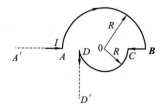

图11-44 题11.8

11.10 均匀带电直线AB,电荷线密度为λ,绕垂直于直线的轴O以角速度ω匀速转动(线的形状不变,O点在AB延长线上,如图11-46所示),求:

(1)O点的磁感应强度B;

(2)磁矩p_m;

(3)若$a \gg b$,求$\boldsymbol{B}$及$\boldsymbol{p}_m$。

11.11 如图11-47所示,一半径为R的带电塑料圆盘,其中有一半径为r的阴影部分均匀带正电荷,面密度为$+\sigma$,其余部分均匀带负电荷,面密度为$-\sigma$。当圆盘以角速度ω旋转时,测得圆盘中心O点的磁感应强度为零,R与r满足什么关系?

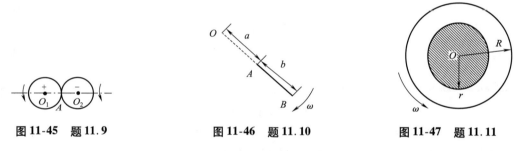

图11-45 题11.9　　　　图11-46 题11.10　　　　图11-47 题11.11

(三)运动电荷的磁场　磁通量

11.12 匀强磁场的磁感应强度$\boldsymbol{B}$垂直于半径为r的圆面。今以该圆周为边线,作一半球面S,则通过S面的磁通量的大小为(　　)。

A. $2\pi r^2 B$　　　　B. $\pi r^2 B$　　　　C. 0　　　　D. 无法确定的量

11.13 如图11-48所示,六根无限长直导线互相绝缘,通过电流均为I,区域Ⅰ、Ⅱ、Ⅲ、Ⅳ均为相等的正方形,指向纸内的磁通量最大的区域是(　　)。

A. Ⅰ区域　　　　　　　　　　B. Ⅱ区域

C. Ⅲ区域　　　　　　　　　　D. Ⅳ区域

图11-48 题11.13

E. 最大不止一个

11.14 一电子以速度$v=10^7$ m/s做直线运动。在电子产生的磁场中与电子相距为$d=10^{-9}$ m处,磁感应强度最大的值B_{max}=_____T。($\mu_0=4\pi\times10^{-7}$ H/m, $e=1.6\times10^{-19}$ C)

11.15 导线绕成一边长为15 cm的正方形线框,共100匝,当它通有$I=5$ A的电流时,线框的磁矩p_m=_____ A·m^2。

11.16 如图 11-49 所示,在一根通有电流 I 的长直导线旁,与之共面地放着一个长、宽各为 a 和 b 的矩形线框,线框的长边与载流长直导线平行,且二者相距为 b。在此情形中,线框内的磁通量 $\Phi=$ _____。

11.17 如图 11-50 所示,一内外半径分别为 R_1、R_2 的均匀带电平面圆环(阴影部分),电荷面密度为 σ,其中心有一半径为 r 的导体小环 ($R_1 \gg r$),二者同心共面。设带电圆环以角速度 $\omega=\omega(t)$ 绕垂直于环面的中心轴旋转,求通过导体小环所围面积的磁通量 Φ。

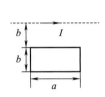

图 11-49 题 11.16

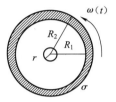

图 11-50 题 11.17

(四)安培环路定理

11.18 如图 11-51 所示,两根直导线 ab 和 cd 沿半径方向被接到一个截面处处相等的铁环上,稳恒电流 I 从 a 端流入而从 d 端流出,则磁感应强度 B 沿闭合路径 L 的积分 $\oint \boldsymbol{B} \cdot \mathrm{d}\boldsymbol{l}$ 等于( )。

A. $\mu_0 I$ B. $\mu_0 I/3$ C. $\mu_0 I/4$ D. $2\mu_0 I/3$

11.19 在图 11-52(a) 和 (b) 中各有一半径相同的圆形回路 L_1、L_2,圆周内有电流 I_1、I_2,其分布相同,且均在真空中,但在(b) 图中 L_2 回路外有电流 I_3,P_1、P_2 为两圆形回路上的对应点,则( )。

A. $\oint_{L_1} \boldsymbol{B} \cdot \mathrm{d}\boldsymbol{l} = \oint_{L_2} \boldsymbol{B} \cdot \mathrm{d}\boldsymbol{l}, B_{P_1} = B_{P_2}$

B. $\oint_{L_1} \boldsymbol{B} \cdot \mathrm{d}\boldsymbol{l} \neq \oint_{L_2} \boldsymbol{B} \cdot \mathrm{d}\boldsymbol{l}, B_{P_1} = B_{P_2}$

C. $\oint_{L_1} \boldsymbol{B} \cdot \mathrm{d}\boldsymbol{l} = \oint_{L_2} \boldsymbol{B} \cdot \mathrm{d}\boldsymbol{l}, B_{P_1} \neq B_{P_2}$

D. $\oint_{L_1} \boldsymbol{B} \cdot \mathrm{d}\boldsymbol{l} \neq \oint_{L_2} \boldsymbol{B} \cdot \mathrm{d}\boldsymbol{l}, B_{P_1} \neq B_{P_2}$

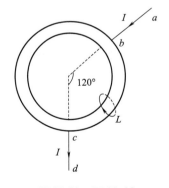

图 11-51 题 11.18

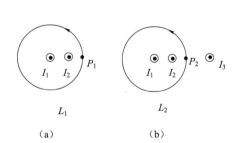

图 11-52 题 11.19

11.20 如图 11-53 所示,一无限长直圆筒,沿圆周方向上的面电流密度(单位垂直长度上流过的电流)为 i,则圆筒内部的磁感应强度的大小为 $B=$ _____,方向_____。

图 11-53 题 11.20

11.21 如图11-54所示,平行的无限长直载流导线A和B,电流强度为I,垂直纸面向外,两载流导线之间相距为a,则:

(1)AB中点(P点)的磁感应强度$\boldsymbol{B}_P =$ _____;

(2)磁感应强度B沿如图11-54所示的环路L的积分$\oint \boldsymbol{B} \cdot \mathrm{d}\boldsymbol{l} =$ _____。

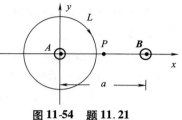

图 11-54　题 11.21

11.22 如图11-55所示,有一很长的载流导体直圆管,内半径为a,外半径为b,电流强度为I,电流沿轴线方向流动,并且均匀地分布在管壁的横截面上。空间某一点到管轴的垂直距离为r,求:(1)$r<a$,(2)$a<r<b$,(3)$r>b$各处的磁感应强度。

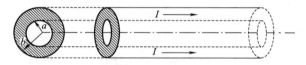

图 11-55　题 11.22

11.23 一无限长圆柱形铜导体(磁导率为μ_0),半径为R,通有均匀分布的电流I。今取一矩形平面S(长为1 m,宽为$2R$),位置如图11-56画斜线部分所示,求通过该矩形平面的磁通量。

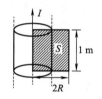

图 11-56　题 11.23

(五)磁场对电流的作用

11.24 如图11-57所示,无限长直载流导线与一载流矩形线圈在同一平面内,且矩形线圈一边与长直导线平行,长直导线固定不动,则矩形线圈将( )。

A. 向着长直导线平移　　　　B. 离开长直导线平移

C. 转动　　　　　　　　　　D. 不动

11.25 如图11-58所示,无限长直载流导线与正三角形载流线圈共面,且正三角形载流线圈一边与长直导线平行,长直导线固定不动,则正三角形线圈将( )。

A. 向着长直导线平移　　　　B. 离开长直导线平移

C. 转动　　　　　　　　　　D. 不动

11.26 长载流导线ab和cd相互垂直,它们相距为L,ab固定不动,cd能绕中点O转动,并能靠近或远离ab,当电流方向如图11-59所示时,导线cd将( )。

A. 顺时针转动同时离开ab　　B. 顺时针转动同时靠近ab

C. 逆时针转动同时离开ab　　D. 逆时针转动同时靠近

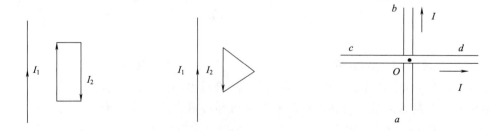

图 11-57　题 11.24　　　　图 11-58　题 11.25　　　　图 11-59　题 11.26

11.27 如图 11-60 所示，一根载流导线弯成半径为 R 的 1/4 圆弧，放在磁感应强度为 B 的匀强磁场中，则载流导线 ab 所受磁场的作用力的大小为_____，方向_____。

11.28 如图 11-61 所示，半径为 R 的半圆形线圈通有电流 I，线圈处在与线圈平面平行向右的匀强磁场 $\boldsymbol{B}$ 中，线圈所受磁力矩的大小为_____，方向为_____。把线圈绕 OO' 轴转过角度_____时，磁力矩为零。

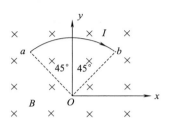

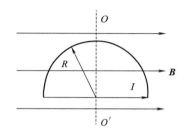

图 11-60　题 11.27　　　　　图 11-61　题 11.28

11.29 如图 11-62 所示，半径为 R 的半圆形导线 ACD 通有电流 I_2，置于电流为 I_1 的无限长直线电流的磁场中，直线电流 I_1 恰过半圆的直径，求半圆导线受到长直线电流 I_1 的磁力。

11.30 如图 11-63 所示，载有电流 I_1 和 I_2 的长直导线 ab 和 cd 相互平行，相距为 $3r$，今有载有电流 I_3 的导线 $MN=r$，水平放置，且其两端 M、N 分别与 I_1、I_2 的距离都是 r，ab、cd 和 MN 共面，求导线 MN 所受的磁力的大小和方向。

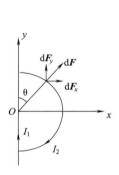

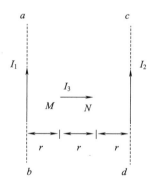

图 11-62　题 11.29　　　　　图 11-63　题 11.30

(六) 磁场对运动电荷的作用

11.31 质量为 m、电量为 q 的粒子以与匀强磁场 $\boldsymbol{B}$ 垂直的速度 v 射入磁场中，则粒子运动轨道所包围范围内的磁通量 φ_m 与磁感应强度 $\boldsymbol{B}$ 的大小的关系曲线是图 11-64(a)~(e) 中的(　　)。

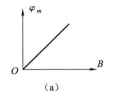 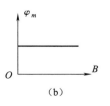 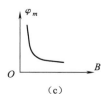 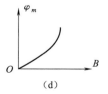 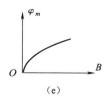

(a)　　　(b)　　　(c)　　　(d)　　　(e)

图 11-64　题 11.31

11.32 截面积为 S，截面形状为矩形的直金属条中通有电流 I，金属条放在磁感应强度为 B 的匀强磁场中，B 的方向垂直于金属条的左右侧面（见图 11-65），在图示情况下金属条上侧面将积累_____（填正、负）电荷，载流子所受的洛伦兹力 f_m = _____（金属中单位体积内载流子数为 n）。

11.33 在图 11-66 所示的空间区域内分布着方向垂直纸面的匀强磁场，在纸面内有一正方形边框 $abcd$（磁场以边框为界），a、b、c 三个顶角处开有很小的缺口。今有一束具有不同速度的电子由 a 缺口沿 ad 方向射入磁场区域，若 b、c 两缺口处分别有电子射出，则此两处出射电子的速率之比 v_b/v_c = _____。

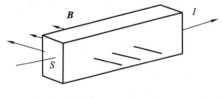

图 11-65 题 11.32

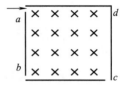

图 11-66 题 11.33

11.34 一电子以速率 $v = 1 \times 10^4$ m/s 在磁场中运动，当电子沿 x 轴正方向通过空间 A 点时，受到一个沿 $+y$ 方向的作用力，力的大小为 $F = 8.01 \times 10^{-17}$ N，当电子沿 $+y$ 方向再次以同一速率通过 A 点时，所受的力沿 z 轴的分量 $F'_z = 1.39 \times 10^{-16}$ N。求 A 点磁感应强度的大小及方向。

11.35 有一无限大平面导体薄板，自下而上均匀通有电流，已知其面电流密度为 i（即单位宽度上通有的电流强度）

(1) 试求板外空间任一点磁感应强度的大小和方向；

(2) 有一质量为 m，带正电量为 q 的粒子，以速度 v 沿平板法线方向向外运动（见图 11-67），求：(a) 带电粒子最初至少在距板什么位置处才不与大平板碰撞？(b) 需经多长时间，才能回到初始位置（不计粒子重力）？

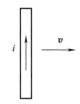

图 11-67 题 11.35

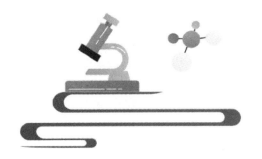

第 12 章 电磁感应

自奥斯特发现电流的磁效应后,一些科学家开始对其逆效应进行研究,即利用磁场产生电流。物理学家法拉第通过系统的实验研究,首先发现电磁感应现象,并总结出电磁感应定律。电磁感应现象表明,变化的磁场可以激发电场,从理论上揭示了电与磁的内在联系,使现代电力、电工技术得以建立和发展,人类社会从此进入了电气时代。

本章首先讨论电磁感应现象和电磁感应定律,然后分析两种感应电动势——动生电动势和感生电动势及其产生机制,最后讨论自感、互感现象以及磁场的能量。

12.1 法拉第电磁感应定律 楞次定律

一、电磁感应现象

法拉第电磁感应定律是在大量实验的基础上总结出来的。我们首先通过两组典型实验分析产生电磁感应的条件。

图 12-1 包含两个实验。在图 12-1(a)中,一线圈与电流计相连,形成一闭合回路,线圈上方有一静止的条形磁铁,此时回路无电流。现在让条形磁铁向下运动,靠近线圈,发现电流计指针发生偏转,回路中出现电流。如果增大磁铁靠近线圈的速度,发现电流计的指针偏转也变大,回路中电流增大。如果磁铁向上运动,远离线圈,发现电流计指针向相反的方向偏转,这表明产生了流向相反的电流。在图 12-1(b)中,左边回路 1 中的线圈连接电源和滑动变阻器,右边回路 2 中线圈接一电流计。当回路 1 中的电流为固定值时,发现电流计指针不偏转,回路 2 中无电流。调节回路 1 中电阻值使之持续增加,发现电流计指针开始偏转,回路 2 中出现电流。如果将回路 1 中的电阻值连续减小,回路 2 中出现相反方向的电流。这两个实验说明,当穿过某一闭合回路的磁场发生变化时,该回路中就会产生电流。

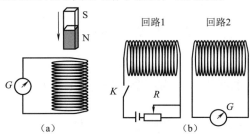

图 12-1 磁场变化

在图12-2中,将金属棒、金属导轨和电流计用导线连接成一个闭合回路,金属棒和导轨处在磁场中,磁场方向竖直向下,且与金属棒和导轨所在平面垂直。金属棒静止时,回路中无电流。当金属棒在导轨上向右运动时,电流计的指针发生偏转,回路中产生电流。当金属棒向左运动时,回路中所产生电流的方向也相反。金属棒运动速度越大,回路中电流也越大。当磁场方向沿金属棒和导轨所在平面时,金属棒即使运动,回路仍无电流。实验表明:导体棒做切割磁感应线运动时,回路中产生电流。

在图12-1中,回路保持不变,穿过回路的磁场发生变化,导致通过回路的磁通量发生变化。在图12-2中,磁场保持不变,回路的一部分(导体棒)做切割磁感应线的运动,也导致通过回路的磁通量发生变化。由此可得结论:如果穿过一个闭合导体回路所包围面积的磁通量发生变化,在回路中就会产生电流。这种现象称为电磁感应现象,产生的电流称为感应电流。闭合回路中出现电流,说明回路中一定存在电动势,这种因穿过回路的磁通量发生变化而产生的电动势称为感应

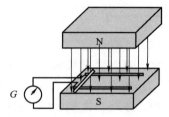

图12-2 导线在磁场中运动

电动势。事实上,感应电流只是闭合回路中感应电动势的体现,如果将回路在某点断开,感应电流将消失,但感应电动势依然存在。

二、楞次定律

1834年,物理学家楞次在概括大量实验事实的基础上,总结出判断感应电流方向的规律:闭合回路中感应电流的方向,总是使感应电流所产生的穿过回路的磁通量去阻碍引起感应电流的磁通量的变化,称为楞次定律。

利用楞次定律判断感应电流的方向如图12-3所示。在图12-3(a)中,磁铁水平向右运动并靠近线圈,穿过线圈的磁感应线向右,且磁通量逐渐增大。为使感应电流产生的磁通量阻碍原磁通量的增加,感应电流在线圈内激发的磁场方向应该和原磁场方向相反,从而得到感应电流的方向如图12-3(a)所示。在图12-3(b)中,磁铁水平向左运动,远离线圈,穿过线圈的原磁通量减小。为使感应电流产生的磁通量阻碍原磁通量的减小,感应电流在线圈内激发的磁场方向应该和原磁场方向相同,从而得到感应电流的方向如图12-3(b)所示。

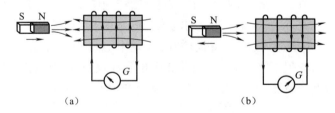

图12-3 感应电流的方向

楞次定律可以进一步从能量守恒的角度来解释。在图12-3(a)中,假设磁铁以某一初速度向右运动,产生感应电流的线圈等效为一个磁铁,其左端为N极。两磁铁的N极因靠近而相互排斥,感应电流的效果是阻碍磁铁的运动。因此,磁铁在向右运动的过程中,必须克服斥力做功,磁铁机械能减小,转化为线圈中的电能,并最终转化为焦耳热。在图12-3(b)中,线圈左端等效为S极,与磁铁互相吸引,感应电流的效果仍然是阻碍磁铁的运动,使磁铁减小的机

械能转化为线圈中的电能。设想感应电流的方向不满足楞次定律,则会出现磁铁的机械能不断增大,而线圈中电流(电能)也不断增大的结果。很显然,这是违反能量守恒定律的。如果要使磁铁靠近(或远离)线圈时保持匀速运动,则需要外力克服斥力(或吸引力)做功,此时是其他形式的能量转化为电能。因此,楞次定律实际上是能量守恒定律的体现。

三、法拉第电磁感应定律

法拉第在总结大量实验事实的基础上,总结出电磁感应定律:当穿过回路的磁通量发生变化时,回路中产生的感应电动势和磁通量的变化率成正比,其表达式为

$$\varepsilon_i = -\frac{\mathrm{d}\Phi}{\mathrm{d}t} \tag{12-1}$$

式中,负号表示感应电动势的方向与回路绕行正方向相反。

利用式(12-1)判断感应电动势的方向,其规则如下:首先,任意选取一个方向作为回路 L 的绕行正方向,让右手四指方向和绕行方向一致,将大拇指方向规定为回路所包围面积的正法线方向(右手螺旋关系);然后,确定穿过回路的磁通量($\Phi = \iint_S \boldsymbol{B} \cdot \mathrm{d}\boldsymbol{S}$)的正、负,磁场方向与 $\mathrm{d}\boldsymbol{S}$ 方向夹角为锐角时,磁通量为正;最后,根据 $\frac{\mathrm{d}\Phi}{\mathrm{d}t}$ 的正、负确定 ε_i 的符号。具体方法如图 12-4 所示。在图 12-4(a)中,Φ 为正且随时间增大,因此有 $\frac{\mathrm{d}\Phi}{\mathrm{d}t}>0$,$\varepsilon_i<0$,感应电动势方向与回路绕行正方向相反;在图 12-4(b)中,Φ 为正且随时间减小,$\mathrm{d}t<0$,$\varepsilon_i>0$,感应电动势方向与回路绕行正方向相同。可见,利用式(12-1)得到的感应电动势的方向和楞次定律得到的结果完全一致。

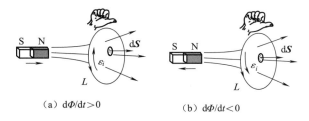

(a) $\mathrm{d}\Phi/\mathrm{d}t>0$ (b) $\mathrm{d}\Phi/\mathrm{d}t<0$

图 12-4 感应电动势的方向与回路绕行方向的关系

需要注意的是,式(12-1)所讨论的回路是由单匝导线组成的。如果回路是由 N 匝线圈串联而成,在磁通量发生变化时,每匝线圈都会产生电动势,此时回路的总电动势为各匝电动势的总和。如果各匝线圈的磁通量相等,均为 Φ,则通过 N 匝线圈的总磁通量为 $\Psi = N\Phi$,Ψ 称为磁链。此时,法拉第电磁感应定律表示为

$$\varepsilon_i = -\frac{\mathrm{d}\Psi}{\mathrm{d}t} \tag{12-2}$$

如果闭合回路的总电阻为 R,根据欧姆定律,回路中的感应电流为

$$I_i = \frac{\varepsilon_i}{R} = -\frac{1}{R}\frac{\mathrm{d}\Phi}{\mathrm{d}t} \tag{12-3}$$

利用 $I_i = \frac{\mathrm{d}q}{\mathrm{d}t}$,可计算出在一段时间间隔内流过导线任一截面的感应电量为

$$q = \int_{t_1}^{t_2} I_i dt = -\frac{1}{R}\int_{\Phi_1}^{\Phi_2} d\Phi = \frac{1}{R}(\Phi_1 - \Phi_2) \tag{12-4}$$

式中，Φ_1 和 Φ_2 分别代表 t_1 和 t_2 时刻通过回路的磁通量。式(12-4)表明，流过导线任一截面的电量只与回路电阻和穿过回路的磁通量的变化量有关，与磁通量变化的快慢无关。磁通计就是通过测量感应电荷而得到磁通量变化的。

例 12-1 无限长直导线中通有恒定电流 I，导线旁放置一长为 l、宽为 a 的矩形线圈，线圈与直导线共面。线圈以速度 v 在平面内向右匀速运动，如图 12-5 所示。求：当线圈靠近直导线的一边与导线的距离为 r 时，线圈中的感应电动势。

解 取 x 轴的方向垂直于直导线向右，原点 O 在导线上。先求直导线激发的磁场穿过线圈所围面积的磁通量。与直导线距离为 x 处的磁感应强度为

$$B = \frac{\mu_0 I}{2\pi x}$$

选取顺时针方向为线圈的绕行正方向，则线圈所围面积的正法线方向垂直纸面向内，和 $\boldsymbol{B}$ 方向相同。在线圈内任取一宽度为 dx 的矩形面积元，$dS = ldx$，通过面元的磁通量为

$$d\Phi = \boldsymbol{B} \cdot d\boldsymbol{S} = \frac{\mu_0 I l}{2\pi x}dx$$

通过线圈的磁通量为

$$\Phi = \int_r^{r+a} \frac{\mu_0 I l}{2\pi x}dx = \frac{\mu_0 I l}{2\pi}\ln\frac{r+a}{r}$$

感应电动势为

$$\varepsilon_i = -\frac{d\Phi}{dt} = -\frac{d\Phi}{dr}\cdot\frac{dr}{dt} = \frac{\mu_0 I l a v}{2\pi r(r+a)}$$

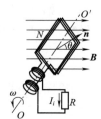

图 12-5 例 12-1

$\varepsilon_i > 0$，感应电动势方向沿顺时针方向。由楞次定律，穿过线圈的磁通量减小，也可得到感应电动势方向沿顺时针。

思考 如果线圈静止，直导线中电流为 $I = I_0\cos\omega t$（ω 为常数），线圈中的感应电动势如何求解？

例 12-2 交流发电机的原理如图 12-6 所示。在匀强磁场中，面积为 S、匝数为 N 的矩形线圈绕轴 OO' 以角速度 ω 匀速转动，求线圈中的感应电动势。

解 线圈法线方向的单位矢量 $\boldsymbol{n}$ 如图 12-6 所示，则线圈的绕行正方向为逆时针方向。取 $t = 0$ 时，$\boldsymbol{n}$ 与磁场平行。则在 t 时刻，两者夹角为 $\theta = \omega t$，穿过线圈的磁链为

$$\Psi = N\Phi = NBS\cos\omega t$$

线圈中的感应电动势为

$$\varepsilon_i = -\frac{d\Psi}{dt} = NBS\omega\sin\omega t$$

令 $\varepsilon_m = NBS\omega$，代表线圈中感应电动势的最大值，则

$$\varepsilon_i = \varepsilon_m\sin\omega t$$

图 12-6 例 12-2

感应电动势和感应电流 $I_i = \varepsilon_i / R$ 都是时间 t 的正弦函数，这种电动势称为交变电动势，这种电流称为交流电。这就是小型交流发电机的工作原理。需要说明的是，大功率交流发电机的线圈是固定不动的（定子），转动的部分是提供磁场的电磁铁线圈（转子），形成旋转的磁场。

12.2 动生电动势

法拉第电磁感应定律表明，只要穿过回路的磁通量发生变化，回路中就会出现感应电动势。磁通量发生变化可分为两种情况：一是由于导体回路或回路的一部分在恒定磁场中运动，这种电动势称为动生电动势；二是导线或回路不动，由于磁场随时间变化而产生的电动势，称为感生电动势。两种电动势的产生机制和非静电力是不同的，本节讨论动生电动势。

一、动生电动势的产生机制

我们以一段导体棒在恒定磁场中运动为例，来研究动生电动势的产生机制。如图 12-7 所示，恒定磁场 $\boldsymbol{B}$ 的方向垂直纸面向内，长度为 l 的导体棒 ab、金属导轨、电阻和导线形成闭合回路，导体棒以速度 $\boldsymbol{v}$ 沿垂直于棒和磁场的方向运动。若在 t 时刻，导体棒距 cd 的距离为 x，取顺时针方向为回路绕行正方向，则穿过回路的磁通量为

$$\Phi = Blx$$

根据法拉第电磁感应定律，回路的电动势为

$$\varepsilon_i = -\frac{\mathrm{d}\Phi}{\mathrm{d}t} = -Bl\frac{\mathrm{d}x}{\mathrm{d}t} = -Blv$$

利用电磁感应定律可以简单地计算出动生电动势，但不能揭示产生电动势的物理机制。

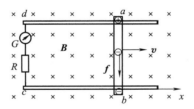

图 12-7 动生电动势

当导体棒向右运动时，棒内的自由电子也以同样的速度向右运动。由于导体棒处在磁场中，在磁场中运动的电子将受到洛伦兹力

$$\boldsymbol{f} = -e\boldsymbol{v} \times \boldsymbol{B}$$

式中，e 为电子电量的绝对值。洛伦兹力方向向下，电子在洛伦兹力的作用下将向下做定向运动。如果无金属导轨或导轨为绝缘体，导体棒下端将累积负电荷，上端将累积正电荷。两端累积电荷的导体棒内又会产生一个电场，棒两端之间出现电势差。当洛伦兹力和电场力平衡时，棒内电子不再做定向运动，达到稳态。如果存在金属导轨并形成闭合回路，如图 12-7 所示，电子将沿回路运动，形成感应电流，平衡被打破，洛伦兹力将继续驱动棒内电子向下运动，最终达到动态平衡。因此，在磁场中做切割磁感应线运动的导体棒就相当于一个电源，其电动势就是动生电动势，产生动生电动势的非静电力即是洛伦兹力。非静电场强（单位正电荷所受的非

静电力)为

$$E_k = \frac{f}{-e} = v \times B$$

对于回路中处于静止的导线,$E_k = 0$,因此整个回路的电动势就等于运动导体棒的电动势。根据电动势的定义,可得到

$$\varepsilon_i = \int_a^b E_k \cdot dl = \int_a^b (v \times B) \cdot dl = -Blv$$

式中,电动势为负值,表示其方向和 $dl(a \rightarrow b)$ 的方向相反,为 $b \rightarrow a$。如果导体棒沿磁场方向或沿棒的长度方向运动,均有 $(v \times B) \cdot dl = 0$,其电动势为零。可见,只有在磁场中做切割磁感应线运动的导线才会产生电动势。上述结果与法拉第电磁感应定律的结果完全一致。

二、动生电动势的计算

推广到一般情况,对于一段导线在任意磁场中运动,任取一段导线元 dl,其运动速度为 v,该处的磁感应强度为 B,该导线元的电动势为

$$d\varepsilon_i = (v \times B) \cdot dl$$

积分后得到导线的总电动势为

$$\varepsilon_i = \int_L E_k \cdot dl = \int_L (v \times B) \cdot dl \tag{12-5}$$

式中,导线元 dl 的方向是任意选定的。当 dl 与 E_k(或 $v \times B$)的夹角为锐角时,$d\varepsilon_i$ 为正,电动势方向与 dl 方向相同;当 dl 与 E_k 的夹角为钝角时,$d\varepsilon_i$ 为负,电动势方向与 dl 方向相反。因此,动生电动势的方向始终和 E_k(或 $v \times B$)的方向是一致的。式(12-5)为计算动生电动势的定义公式,积分遍及导线(或闭合回路)中的运动部分。

动生电动势还可以利用法拉第电磁感应定律计算。如果是一段运动导线,需要做辅助线形成闭合回路。

例 12-3 利用动生电动势的计算公式求解例 12-1。

解 线圈运动时,只有左右两条边切割磁感应线而产生电动势。

左侧导线的电动势 $\varepsilon_{左} = B_{左} lv = \dfrac{\mu_0 I}{2\pi r} lv$,方向向上。

右侧导线的电动势 $\varepsilon_{右} = B_{右} lv = \dfrac{\mu_0 I}{2\pi (r+a)} lv$,方向向上。

总电动势为 $\varepsilon = \varepsilon_{左} - \varepsilon_{右} = \dfrac{\mu_0 I a l v}{2\pi r (r+a)}$,方向沿顺时针方向。

例 12-4 如图 12-8 所示,长为 L 的铜棒 OA,绕其固定端 O 在匀强磁场 B 中以角速度 ω 逆时针转动,铜棒与 B 垂直,求铜棒中动生电动势的大小和方向。

解 解法一:利用动生电动势的定义公式。取线元 dl,方向取为 $O \rightarrow A$,其速度大小 $v = \omega l$ 随线元位置变化而变化,速度方向与棒垂直。该线元的电动势为

$$d\varepsilon_i = (v \times B) \cdot dl = vBdl\cos\pi = -\omega Bl dl$$

对铜棒积分得

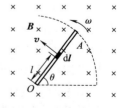

图 12-8 例 12-4

$$\varepsilon_i = \int_O^A (\boldsymbol{v} \times \boldsymbol{B}) \cdot \mathrm{d}\boldsymbol{l} = -\int_0^L \omega Bl\mathrm{d}l = -\frac{1}{2}B\omega L^2$$

电动势为负,表示其方向与 $\mathrm{d}\boldsymbol{l}$ 相反,为 $A \to O$,也是非静电场强$(\boldsymbol{v} \times \boldsymbol{B})$的方向,$O$ 点电势高。

解法二:利用法拉第电磁感应定律。如图 12-8 所示,做辅助导线和铜棒形成闭合回路,取回路绕行正方向为顺时针方向,回路的磁通量为

$$\Phi = \iint_S \boldsymbol{B} \cdot \mathrm{d}\boldsymbol{S} = BS = \frac{1}{2}BL^2\theta$$

根据法拉第电磁感应定律

$$\varepsilon_i = -\frac{\mathrm{d}\Phi}{\mathrm{d}t} = -\frac{1}{2}BL^2\frac{\mathrm{d}\theta}{\mathrm{d}t} = -\frac{1}{2}B\omega L^2$$

由于辅助导线静止,没有电动势,回路的电动势就是铜棒的电动势,方向为逆时针方向,即 $A \to O$。

例 12-5 如图 12-9 所示,载有电流 I 的长直导线附近,共面放置一半圆环形导线 MPN,MN 的连线与长直导线垂直。半圆环的半径为 b,环心与直导线距离为 a。半圆环以速度 v 沿平行于直导线的方向向上运动,求半圆环内感应电动势的大小和方向以及 MN 两端的电压 $U_M - U_N$。

解 用直导线连接 MN,形成闭合回路。回路运动时磁通量不变,根据法拉第电磁感应定律,回路总电动势为零,因此有 $\varepsilon_{MPN} = \varepsilon_{MN}$。

根据动生电动势定义式

$$\varepsilon_{MN} = \int_M^N (\boldsymbol{v} \times \boldsymbol{B}) \cdot \mathrm{d}\boldsymbol{l} = -\int_{a-b}^{a+b} v\frac{\mu_0 I}{2\pi x}\mathrm{d}x = -\frac{\mu_0 Iv}{2\pi}\ln\frac{a+b}{a-b}$$

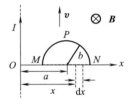

图 12-9 例 12-5

式中,$\mathrm{d}\boldsymbol{l}$ 方向为 $M \to N$,而 $\boldsymbol{v} \times \boldsymbol{B}$ 方向为 $N \to M$,因此电动势为负值,方向为 $N \to M$。

MN 两端的电压

$$U_M - U_N = \frac{\mu_0 Iv}{2\pi}\ln\frac{a+b}{a-b}$$

三、洛伦兹力与动生电动势伴随的能量转换

前面提到,洛伦兹力始终与电荷运动速度垂直,不做功。安培力是导线中载流子所受洛伦兹力的整体表现,导线运动时安培力做功,这是一个矛盾。本节又出现一个新矛盾,即在产生动生电动势的过程中,洛伦兹力驱动载流子沿导线运动,形成感应电流,此处洛伦兹力也做了功。下面对导线在磁场中运动时,电子所受洛伦兹力进行深入分析。

如图 12-10 所示,长为 l 的导体棒在恒定磁场中以速度 $\boldsymbol{v}_1$ 运动,电子受到一个向下的洛伦兹力 $\boldsymbol{f}_1 = -e\boldsymbol{v}_1 \times \boldsymbol{B}$,形成感应电流。此时,电子又具有向下的速度 $\boldsymbol{v}_2$,又会受到洛伦兹力 $\boldsymbol{f}_2 = -e\boldsymbol{v}_2 \times \boldsymbol{B}$。电子的实际速度为 $\boldsymbol{v} = \boldsymbol{v}_1 + \boldsymbol{v}_2$,所受洛伦兹力为 $\boldsymbol{f} = \boldsymbol{f}_1 + \boldsymbol{f}_2$。显然,$\boldsymbol{f} \perp \boldsymbol{v}$,洛伦兹力不做功。但洛伦兹力的两个分力 $\boldsymbol{f}_1$ 和 $\boldsymbol{f}_2$ 都做功,$\boldsymbol{f}_1$ 做正功,功率为 $\boldsymbol{f}_1 \cdot \boldsymbol{v} = eBv_1v_2$;$\boldsymbol{f}_2$ 做负功,功率为 $\boldsymbol{f}_2 \cdot \boldsymbol{v} = -eBv_1v_2$。从宏观来看,$\boldsymbol{f}_1$ 导致出现动生电动势 ε_i,其做功功率为 $P = I\varepsilon_i = IBlv_1$;$\boldsymbol{f}_2$ 导致导线受到

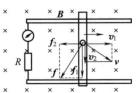

图 12-10 在磁场中运动的导线内部电子所受的洛伦兹力

安培力 $\boldsymbol{F}_m$，其做功功率为 $P = \boldsymbol{F}_m \cdot \boldsymbol{v}_1 = -IBlv_1$。如果导体棒不受外力，由于安培力做负功，导体棒将损失机械能，转化为动生电动势为电路提供的电能。如果导体棒运动速度不变，则需要外力平衡安培力，外力做功消耗的能量转化为电能。

12.3 感生电动势 感生电场

一、感生电场

当导线回路静止不动而磁场随时间变化时，穿过回路的磁通量也随时间变化，此时在回路中产生的感应电动势称为感生电动势。由于导线是静止的，导线内的电子不受洛伦兹力，引起感生电动势的非静电力显然不是洛伦兹力。我们学过的对导线中电子的作用力还有库仑力，但库仑力是其他电荷激发的电场对电子的作用力，导线中没有净电荷，不存在库仑力。因此，引起感生电动势的非静电力是一种新型的力。麦克斯韦在分析上述事实后提出：变化的磁场在其周围激发一种新的电场，称为感生电场，记为 $\boldsymbol{E}_i$。电荷处在感生电场中，会受到感生电场力 $\boldsymbol{F} = q\boldsymbol{E}_i$。如果在感生电场中存在闭合导体回路，导线中电子将受到感生电场力，驱动电子定向运动，形成感生电动势和感应电流，因此感生电场力就是引起感生电动势的非静电力。

设想在感生电场中，存在一个静止的闭合回路 L，根据电动势的定义和法拉第电磁感应定律，回路的电动势为

$$\varepsilon_i = \oint_L \boldsymbol{E}_i \cdot d\boldsymbol{l} = -\frac{d\Phi}{dt} = -\frac{d}{dt}\iint_S \boldsymbol{B} \cdot d\boldsymbol{S}$$

由于回路静止，上式的积分和求导可以互换次序，因此有

$$\oint_L \boldsymbol{E}_i \cdot d\boldsymbol{l} = -\iint_S \frac{\partial \boldsymbol{B}}{\partial t} \cdot d\boldsymbol{S} \tag{12-6}$$

式中，S 是以 L 为边界的任意曲面；$d\boldsymbol{l}$ 为回路 L 中的任意导线元，方向沿回路的绕行方向；$d\boldsymbol{S}$ 的方向与回路 L 的绕行方向成右手螺旋关系。式(12-6)即为感生电场的环路定理，它表明感生电场沿任一闭合回路的积分不为零，感生电场是非保守力场。感生电场的电场线没有起点和终点，永远是闭合的曲线，感生电场也称涡旋电场。

$\boldsymbol{E}_i$ 和 $\frac{\partial \boldsymbol{B}}{\partial t}$ 的关系如图 12-11 所示。如果 $\frac{\partial \boldsymbol{B}}{\partial t}$ 方向竖直向上，可以规定 $d\boldsymbol{S}$ 的方向也向上，则 L 的绕行正方向沿逆时针方向。此时，$\iint_S \frac{\partial \boldsymbol{B}}{\partial t} \cdot d\boldsymbol{S} > 0$，$\oint_L \boldsymbol{E}_i \cdot d\boldsymbol{l} < 0$，说明 $\boldsymbol{E}_i$ 为顺时针方向。因此 $\boldsymbol{E}_i$ 和 $\frac{\partial \boldsymbol{B}}{\partial t}$ 成左手螺旋关系。

由于感生电场的电场线是闭合曲线，对任一闭合曲面（高斯面）的通量一定为零，即

$$\oiint_S \boldsymbol{E}_i \cdot d\boldsymbol{S} = 0 \tag{12-7}$$

这就是感生电场的高斯定理，表明感生电场是无源场。

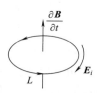

图 12-11 $\boldsymbol{E}_i$ 和 $\frac{\partial \boldsymbol{B}}{\partial t}$ 的关系

二、感生电场和感生电动势的计算

一般情况下,对于任意的变化磁场,理论上由式(12-6)和式(12-7)便可求出感生电场,但计算中会遇到很多数学困难。只有在少数磁场具有高度对称性的情况,才可以简单地计算感生电场。

例 12-6 半径为 R 的无限长螺线管通有随时间线性增加的电流,在管内空间形成随时间变化的磁场,$\dfrac{\mathrm{d}B}{\mathrm{d}t}$ 为常数且大于零。求螺线管内外的感生电场。

解 由于磁场具有轴对称性,变化磁场所激发的感生电场也应具有轴对称性,电场线在管内外都应是与螺线管同轴的同心圆,且电场线上各点 $\boldsymbol{E}_i$ 的大小相等,方向沿切线方向,如图 12-12(a)所示。任取一半径为 r 的圆形电场线作为闭合回路,选取顺时针方向为回路的绕行正方向,则 $\mathrm{d}\boldsymbol{S}$ 的方向垂直纸面向里,由感生电场的环路定理

$$\oint_L \boldsymbol{E}_i \cdot \mathrm{d}\boldsymbol{l} = E_i \oint_L \mathrm{d}l = 2\pi r E_i = -\iint_S \dfrac{\mathrm{d}\boldsymbol{B}}{\mathrm{d}t} \cdot \mathrm{d}\boldsymbol{S}$$

解得

$$E_i = -\dfrac{1}{2\pi r}\iint_S \dfrac{\mathrm{d}\boldsymbol{B}}{\mathrm{d}t} \cdot \mathrm{d}\boldsymbol{S}$$

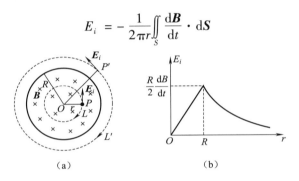

图 12-12 例 12-6

(1)在螺线管内部 ($r < R$),回路 L 所围的面积 S 内各点 $\dfrac{\mathrm{d}\boldsymbol{B}}{\mathrm{d}t}$ 大小相等,且和 $\mathrm{d}\boldsymbol{S}$ 同向,因此有

$$E_i = -\dfrac{1}{2\pi r}\iint_S \dfrac{\mathrm{d}\boldsymbol{B}}{\mathrm{d}t} \cdot \mathrm{d}\boldsymbol{S} = -\dfrac{1}{2\pi r}\dfrac{\mathrm{d}B}{\mathrm{d}t}\pi r^2 = -\dfrac{r}{2}\dfrac{\mathrm{d}B}{\mathrm{d}t}$$

(2)在螺线管外部 ($r > R$),在回路 L' 所围的面积中,由于变化的磁场只存在于螺线管内部,于是

$$E_i = -\dfrac{1}{2\pi r}\iint_S \dfrac{\mathrm{d}\boldsymbol{B}}{\mathrm{d}t} \cdot \mathrm{d}\boldsymbol{S} = -\dfrac{1}{2\pi r}\dfrac{\mathrm{d}B}{\mathrm{d}t}\pi R^2 = -\dfrac{R^2}{2r}\dfrac{\mathrm{d}B}{\mathrm{d}t}$$

E_i 均为负,表示其方向与回路绕行方向相反,沿逆时针方向,与 $\dfrac{\partial \boldsymbol{B}}{\partial t}$ 成左手螺旋关系。$\boldsymbol{E}_i$ 的大小随离轴线距离 r 的变化如图 12-12(b)所示。可见,在 $r = R$ 时 E_i 达到最大值。

感生电动势的计算有两种方法:
(1)利用电动势的定义公式

$$\varepsilon_i = \int_L \boldsymbol{E}_i \cdot \mathrm{d}\boldsymbol{l}$$

式中,积分遍及整根导线 L,导线可以是闭合回路,也可以是一段导线。

(2)利用法拉第电磁感应定律。利用此法时,如果导线是不闭合的,则需要做辅助线构成闭合回路。

例 12-7 在例 12-6 所述螺线管内的横截面上,放置一个长为 L 的直导线 CD,导线距螺线管轴线的距离为 h,如图 12-13 所示,求其感生电动势。

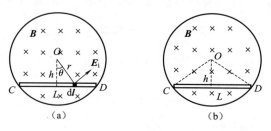

图 12-13 例 12-7

解 (1)用 $\varepsilon_i = \int_L \boldsymbol{E}_i \cdot \mathrm{d}\boldsymbol{l}$ 求解。在导线上任取一线元 $\mathrm{d}\boldsymbol{l}$,其方向为 $C \to D$,线元处的感生电场 $\boldsymbol{E}_i$ 的方向与半径垂直且沿逆时针方向,线元的电动势为

$$\mathrm{d}\varepsilon_i = \boldsymbol{E}_i \cdot \mathrm{d}\boldsymbol{l} = \frac{r}{2}\frac{\mathrm{d}B}{\mathrm{d}t}\cos\theta \mathrm{d}l = \frac{h}{2}\frac{\mathrm{d}B}{\mathrm{d}t}\mathrm{d}l$$

从 C 到 D 积分得导线电动势

$$\varepsilon_i = \frac{h}{2}\frac{\mathrm{d}B}{\mathrm{d}t}\int_C^D \mathrm{d}l = \frac{hL}{2}\frac{\mathrm{d}B}{\mathrm{d}t}$$

方向为 $C \to D$。

(2)用法拉第电磁感应定律求解。做辅助导线 OC 和 OD 形成闭合回路,取顺时针方向为回路绕行正方向,$\boldsymbol{B}$ 和 $\mathrm{d}\boldsymbol{S}$ 同向,穿过回路的磁通量为

$$\Phi = \iint_S \boldsymbol{B} \cdot \mathrm{d}\boldsymbol{S} = BS = \frac{hL}{2}B$$

回路的电动势为

$$\varepsilon_i = -\frac{\mathrm{d}\Phi}{\mathrm{d}t} = -\frac{hL}{2}\frac{\mathrm{d}B}{\mathrm{d}t}$$

结果为负,表明 ε_i 方向沿逆时针方向。回路的电动势为 OC、CD 和 DO 三段导线电动势之和,即

$$\varepsilon_i = \varepsilon_{OC} + \varepsilon_{CD} + \varepsilon_{DO}$$

由于 OC 和 DO 上各点的 $\boldsymbol{E}_i$ 始终垂直于导线,$\boldsymbol{E}_i \cdot \mathrm{d}\boldsymbol{l} = 0$,因此有 $\varepsilon_{OC} = \varepsilon_{DO} = 0$。导线 CD 的电动势即是回路的电动势,方向为 $C \to D$。

三、涡电流

在大块金属内部,电子如果受到某种非静电力(如感生电场力或洛伦兹力),会在金属内部定向地流动,形成电流。在稳态下,金属内部的这种电流会自动形成闭合回路,因此电流在金属内呈旋涡状分布,这种电流称为涡电流(简称涡流)。大块金属的电阻通常极小,根据欧姆定律,很小的电动势就可以在金属内引起极大的涡流,涡流产生的焦耳热正比于 I^2,可产生强烈的热效应。

当大块金属处在随时间变化的磁场中时,感生电场力将驱动电子运动,形成感生电动势和涡流。如图 12-14 所示,在圆柱形铁芯(铁芯的作用是能使同样的电流在线圈内产生更强的磁场)上绕有线圈,线圈中通有交流电。交流电在铁芯内产生变化的磁场,进而激发感生电场,感生电场驱动电子运动,于是在垂直于磁场的平面内出现了绕轴流动的涡流。铁芯内的磁场和线圈中电流成正比,而感生电场和 $\frac{\partial \boldsymbol{B}}{\partial t}$ 成正比,因此,增加线圈中交变电流的频率就可以增大 $\frac{\partial \boldsymbol{B}}{\partial t}$,进而增大铁芯内的感生电场和涡流。涡流可用来加热或冶炼金属,高频感应炉就是其中的一个例子,如图 12-15 所示。日常生活中的电磁灶也是利用铁锅底部的涡流加热食品的。

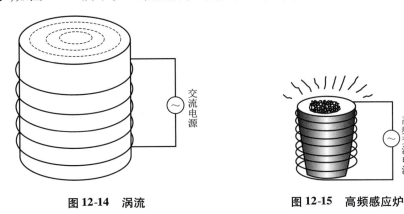

图 12-14　涡流　　　　　　　图 12-15　高频感应炉

当大块金属在磁场中运动时,电子所受洛伦兹力将驱动电子运动,形成动生电动势和涡流,此时的涡流除热效应外,还表现出机械效应。电磁阻尼的原理如图 12-16 所示,将一铜板悬挂在电磁铁的两磁极之间,使其在两极之间摆动。在电磁铁未通电时,铜板在摆动中无磁场,可以摆动很长时间。但在电磁铁通电后,摆动着的铜板很快就会停止。这种现象可由楞次定律解释。铜板在磁场中运动时产生涡流,涡流在磁场中又会受到安培力。根据楞次定律,涡流的安培力必然阻碍铜板的运动,始终表现为阻力。一些电磁仪表中,常用电磁阻尼使仪表的指针快速稳定到平衡位置。

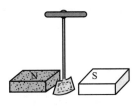

图 12-16　电磁阻尼

涡流产生的热量有时是有害的。如电机和变压器中的铁芯,会因涡流导致温度升高,这不仅消耗能量,还会影响绝缘材料的寿命,甚至烧毁设备。为了减小涡流,铁芯通常采用很薄且电阻率很大的硅钢片叠合而成,硅钢片之间用绝缘漆以阻碍涡流的通路。

12.4 自感和互感

一、自感

我们先来看图12-17(a)所示的实验。A 和 B 是两个相同的灯泡，L 是一个带有铁芯的多匝线圈(铁芯的作用是能使同样的电流在线圈内产生更强的磁场)，电阻 R 的阻值等于线圈的内阻。当接通开关的瞬间，灯泡 B 立刻变亮，而灯泡 A 则逐渐变亮，过一段时间才会达到 B 的亮度。这一现象可做如下解释：电流流过线圈 L 时，电流所激发磁场的磁感应线也穿过线圈，如图12-17(b)所示。如果电流随时间变化，穿过线圈的磁通量也将随时间变化，从而在线圈中出现感生电动势。根据楞次定律，线圈 L 中的电动势将阻碍线圈回路电流的增大，因此灯泡 A 逐渐变亮。这种由于回路中电流变化引起磁通量变化，从而在回路自身产生电动势的现象，称为自感现象，相应的电动势称为自感电动势。

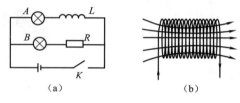

图 12-17　自感现象

根据法拉第电磁感应定律

$$\varepsilon_i = -\frac{d\Psi}{dt}$$

不同线圈产生的自感电动势也不相同，取决于 Ψ 的变化率。设线圈中的电流为 I，由毕奥-萨伐尔定律可知，此电流在空间各点的磁感应强度都正比于 I。因此穿过线圈的磁链 Ψ 也和电流 I 成正比，即

$$\Psi = LI \tag{12-8}$$

式中，$L = \Psi/I$ 为线圈的自感系数，简称自感。自感系数在数值上等于回路中通有单位电流时，穿过回路所围面积的磁链，它与回路自身的几何结构(如回路的形状、大小和匝数)以及周围介质分布等因素有关，而与回路中的电流无关。自感的单位为亨[利]，用符号 H 表示，常用的单位还有毫亨(mH)和微亨(μH)。

将式(12-8)代入法拉第电磁感应定律，得自感电动势

$$\varepsilon_i = -L\frac{dI}{dt} \tag{12-9}$$

线圈自感电动势和自感系数成正比，对于相同的电流变化率，自感系数大的线圈产生的自感电动势也大。由式(12-9)可知，自感电动势的符号和 $\frac{dI}{dt}$ 相反。当 $\frac{dI}{dt} > 0$ 时，$\varepsilon_i < 0$，表示 ε_i 的方向和 I 相反，阻碍回路 I 的增加；当 $\frac{dI}{dt} < 0$ 时，$\varepsilon_i > 0$，表示 ε_i 的方向和 I 相同，阻碍回路 I 的减小。总之，自感电动势总是阻碍回路自身电流的变化，而自感系数就是反映阻碍电流变化能力的物理量。

自感现象在电工和无线电技术中有广泛的应用。例如：日光灯上的镇流器（见图 12-18）就是利用自感现象工作的。当启辉器闭合时，灯管的灯丝通过镇流器限流导通发热，并发出大量电子；当启辉器断开时，镇流器产生的自感电动势（为 600~1 500 V）和电源电动势一起加在灯管两端的灯丝上，灯丝发射的电子在两端高电压作用下，加速向灯管的高电势端运动，并与管内的惰性气体分子碰撞，使之迅速电离。大量运动的气体离子不断与汞原子碰撞，将其激发到高能态，向低能态跃迁并发出强烈的紫外线。在紫外线的激发下，管壁内的荧光粉发出近乎白色的可见光。当灯管正常发光时，内阻变小，启辉器就始终保持开路状态，这样电流就稳定的通过灯管、镇流器工作。自感现象有时也会带来危害。例如：带有大自感线圈的回路在断开的瞬间，由于电流急剧减小，会在回路中产生很大的自感电动势，可击穿周围空气或绝缘漆，在断开处形成电弧，这不仅会烧毁开关，甚至会危及工作人员的安全。

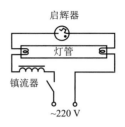

图 12-18　日光灯的电路图

例 12-7　有一长直密绕螺线管，体积为 V，单位长度的匝数为 n，螺线管的长度远远大于其横截面宽度，试求其自感系数。

解　长直螺线管通有电流 I，忽略管两端磁场的边缘效应，将管内磁场看作匀强场，其磁感应强度为

$$B = \mu_0 n I$$

设螺线管横截面积为 S，则每匝线圈的磁通量为

$$\Phi = BS = \mu_0 n I S$$

若螺线管长度为 l，则线圈总匝数为 $N = nl$，螺线管的磁链为

$$\Psi = N\Phi = \mu_0 n^2 I S l = \mu_0 n^2 I V$$

螺线管的自感系数为

$$L = \frac{\Psi}{I} = \mu_0 n^2 V \tag{12-10}$$

可见，螺线管的自感系数只和螺线管自身因素（单位长度匝数和体积）有关，和通过的电流无关。

例 12-8　同轴电缆如图 12-19 所示，由两个同轴薄圆筒形导体组成，其半径分别为 R_1 和 R_2，电流由内筒流入，由外筒流出。求这种电缆单位长度的自感。

解　设电缆中流有电流 I。根据安培环路定理，电流激发的磁场只存在于两圆筒之间，磁感应线如图 12-19 所示。在距离轴线 r 处，磁感应强度为

$$B = \frac{\mu_0 I}{2\pi r}$$

将电缆看作单匝回路，穿过回路的磁通量即为穿过图中径向截面的磁通量。穿过图中所示长为 l、宽度为 dr 的面积元的磁通量为

$$d\Phi = \boldsymbol{B} \cdot d\boldsymbol{S} = \frac{\mu_0 I}{2\pi r} l dr$$

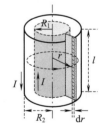

图 12-19　例 12-8

穿过整个径向截面的磁通量为

$$\Phi = \int_{R_1}^{R_2} \frac{\mu_0 I}{2\pi r} l dr = \frac{\mu_0 I l}{2\pi} \ln \frac{R_2}{R_1}$$

自感为

$$L = \frac{\Phi}{I} = \frac{\mu_0 l}{2\pi}\ln\frac{R_2}{R_1}$$

单位长度的自感为 $\dfrac{\mu_0}{2\pi}\ln\dfrac{R_2}{R_1}$。

二、互感

考虑图 12-20 所示的两个相邻的闭合回路 1 和 2，当回路 1 中有电流 I_1 时，它激发的磁感应线有一部分会穿过回路 2。当 I_1 随时间变化时，它激发的磁场 B_1 也随之变化，导致穿过回路 2 的磁链 Ψ_{21} 发生变化，在回路 2 中将出现感生电动势。同理，当回路 2 中的电流 I_2 变化时，导致穿过回路 1 的磁链 Ψ_{12} 发生变化，在回路 1 中也将出现感生电动势。这种由于一个回路电流变化导致附近其他回路中出现感生电动势的现象，称为互感现象，相应的电动势称为互感电动势。

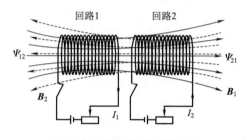

图 12-20 两回路的互感现象

根据毕奥-萨伐尔定律，电流 I_1 激发的磁场 B_1 正比于 I_1，B_1 穿过回路 2 所产生的磁链 Ψ_{21} 也正比于 I_1，即

$$\Psi_{21} = M_{21} I_1$$

式中，比例系数 M_{21} 为回路 1 对回路 2 的互感系数。同理，电流 I_2 激发的磁场 B_2 正比于 I_2，B_2 穿过回路 1 所产生的磁链 Ψ_{12} 也正比于 I_2，即

$$\Psi_{12} = M_{12} I_2$$

式中，比例系数 M_{12} 为回路 2 对回路 1 的互感系数。可以证明，对于任意形状的两个回路，始终有 $M_{12} = M_{21}$。因此，定义 M 为两回路的互感系数，简称互感，即

$$M = \frac{\Psi_{21}}{I_1} = \frac{\Psi_{12}}{I_2} \tag{12-11}$$

它取决于两个回路的几何形状、相对位置、匝数以及周围介质的分布等，互感在数值上等于一个回路流有单位电流时，其磁场在另一回路产生的磁链。

根据法拉第电磁感应定律，当回路 1 的电流 I_1 发生变化时，在回路 2 中产生的感生电动势为

$$\varepsilon_{21} = -\frac{\mathrm{d}\Psi_{21}}{\mathrm{d}t} = -M\frac{\mathrm{d}I_1}{\mathrm{d}t} \tag{12-12}$$

同理，当回路 2 的电流 I_2 发生变化时，在回路 1 中产生的感生电动势为

$$\varepsilon_{12} = -\frac{\mathrm{d}\Psi_{12}}{\mathrm{d}t} = -M\frac{\mathrm{d}I_2}{\mathrm{d}t} \tag{12-13}$$

可以看出,当一个回路中电流变化率为定值时,两回路之间的互感越大,在另一回路中产生的互感电动势也越大。因此,互感是反映两回路耦合能力强弱的物理量,其单位和自感相同,仍为亨[利](H)。

互感在电工和电子技术中有广泛的应用。互感线圈能够使能量或信号由一个线圈方便地输送到另一个线圈,例如变压器、电压互感器、电流互感器(见图 12-21)、感应圈等。钳形电流表(见图 12-22)就是由电流互感器和电流表组合而成,可以在不切断电路的情况下测量电流。

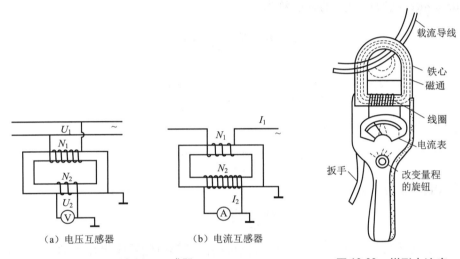

图 12-21　互感器

图 12-22　钳形电流表

例 12-9　两个同轴长直密绕螺线管如图 12-23 所示,它们的长度均为 l,横截面积均为 S,匝数分别为 N_1 和 N_2,设 l 远远大于螺线管横截面的宽度,试计算它们的互感系数。

解　设在螺线管 1 上通有电流 I_1,螺线管内部的磁场近似为匀强磁场,磁感应强度为

$$B_1 = \mu_0 n_1 I_1 = \mu_0 \frac{N_1}{l} I_1$$

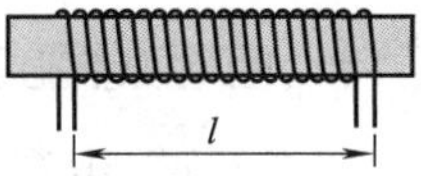

穿过螺线管 2 的磁链为

$$\psi_{21} = B_1 S N_2 = \mu_0 \frac{N_1}{l} I_1 N_2 S$$

图 12-23　例 12-9

互感为

$$M = \frac{\psi_{21}}{I_1} = \mu_0 \frac{N_1}{l} N_2 S$$

如果定义 n_1 和 n_2 分别为两螺线管单位长度的匝数,$V = Sl$ 为螺线管包围的体积,则有

$$M = \mu_0 n_1 n_2 V \tag{12-14}$$

讨论:两螺线管的自感分别为 $L_1 = \mu_0 n_1^2 V$ 和 $L_2 = \mu_0 n_2^2 V$,因此有 $M = \sqrt{L_1 L_2}$,这是在没有漏磁(一个回路中电流所激发的磁感应线完全穿过另一回路)情况下的结论。在有漏磁时,$M = k\sqrt{L_1 L_2}(0 \leq k \leq 1)$,$k$ 称为耦合系数。

例 12-10　一无限长直导线与一长、宽分别为 a 和 b 的矩形线圈共面,线圈有 N 匝,直导线与矩形线圈的长边平行,且与近处的长边距离为 d,如图 12-24 所示。设直导线中流有电流

$I = I_0\cos\omega t$,求线圈中的电动势。

解 线圈的电动势为互感电动势,根据式(12-12),应先求两者的互感系数。设直导线中有电流 I,电流方向向上为正,如图 12-24 所示,距离直导线距离为 x 处的磁感应强度为

$$B = \frac{\mu_0 I}{2\pi x}$$

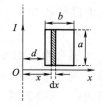

图 12-24 例 12-10

选取顺时针方向为线圈的绕行正方向,在线圈内任取一宽度为 dx 的矩形面积元,$dS = adx$,则通过面元的磁通量为

$$d\Phi = \boldsymbol{B} \cdot d\boldsymbol{S} = \frac{\mu_0 I}{2\pi x}adx$$

通过线圈的磁链为

$$\Psi = N\Phi = N\int_d^{d+b}\frac{\mu_0 I}{2\pi x}adx = \frac{\mu_0 INa}{2\pi}\ln\frac{d+b}{d}$$

互感系数为

$$M = \frac{\Psi}{I} = \frac{\mu_0 Na}{2\pi}\ln\frac{b+d}{d}$$

线圈中的互感电动势为

$$\varepsilon = -M\frac{dI}{dt} = \frac{\mu_0 Na\omega}{2\pi}\ln\frac{b+d}{d}\cdot I_0\sin\omega t$$

ε 为正值时,其方向沿顺时针方向。本例也可直接用法拉第电磁感应定律求解,结果相同。

*12.5 磁场的能量

一、自感线圈的储能

我们知道,电容器在充电时,外力必须克服静电力做功,转化为电容器中电场的能量。可以用同样的方法研究自感线圈的储能和磁场的能量。

如图 12-25 所示,电路由电阻 R、自感线圈 L、电源和开关组成。在开路状态下,回路无电流,线圈内也没有磁场。当合上开关后,线圈中出现自感电动势。自感电动势总是试图阻碍回路电流的变化,回路中的电流从零开始逐渐增加,并最终达到稳定值。在电流增加的过程中,电源提供的能量除消耗在电阻上之外,还有一部分能量用来克服自感电动势做功。同时,线圈内的磁场也

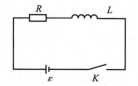

图 12-25 自感线圈的储能

逐渐增大。于是电源克服自感电动势做的功便转化为磁场的能量存储在线圈中。

设某时刻回路中电流为 I,线圈中的自感电动势为 $\varepsilon_i = -L\dfrac{dI}{dt}$,由欧姆定律得

$$\varepsilon - L\frac{dI}{dt} = IR$$

将两边同时乘以 Idt,有

$$\varepsilon I{\rm d}t - LI{\rm d}I = I^2R{\rm d}t$$

式中，$\varepsilon I{\rm d}t - LI{\rm d}I = (\varepsilon + \varepsilon_i)I{\rm d}t$ 为回路的总电动势在 ${\rm d}t$ 时间内做的功，$I^2R{\rm d}t$ 为电阻在 ${\rm d}t$ 时间内产生的焦耳热。如果回路 $t=0$ 时电流为零，经过时间 t 后电流达到稳定值 I，则有

$$\int_0^t \varepsilon I{\rm d}t - \int_0^I LI{\rm d}I = \int_0^t I^2R{\rm d}t$$

式中，$\int_0^t \varepsilon I{\rm d}t$ 是电源在 0 到 t 时间内做的总功，即电源输出的总能量；$\int_0^t I^2R{\rm d}t$ 是电阻在 $0\sim t$ 时间内产生的焦耳热；$\int_0^I LI{\rm d}I$ 为电源电动势克服自感电动势在 $0\sim t$ 时间内做的总功，转化为线圈中磁场的能量。因此，通有电流 I 的自感线圈的储能为

$$W_{\rm m} = \frac{1}{2}LI^2 \tag{12-15}$$

二、磁场能量的计算

磁场和电场一样，是物质的存在形式，也具有能量，其能量可用描述磁场的物理量来表示。考虑一通有电流 I 的长直螺线管，其体积为 V，单位长度匝数为 n，忽略边缘效应，将管内磁场视为均匀场，磁感应强度为

$$B = \mu_0 nI$$

螺线管的自感系数为

$$L = \mu_0 n^2 V$$

螺线管的储能为

$$W_{\rm m} = \frac{1}{2}LI^2 = \frac{1}{2}\mu_0 n^2 V \left(\frac{B}{\mu_0 n}\right)^2 = \frac{1}{2}\frac{B^2}{\mu_0}V$$

管内单位体积磁场所具有的能量为

$$w_{\rm m} = \frac{1}{2}\frac{B^2}{\mu_0} \tag{12-16}$$

这就是磁场能量密度。上述结果虽然由长直螺线管中匀强磁场这一特例导出，但它普遍适用于任意磁场。如果磁场是不均匀的，分布在空间 V 内，则磁场的总能量为

$$W_{\rm m} = \iiint_V w_{\rm m}{\rm d}V = \iiint_V \frac{B^2}{2\mu_0}{\rm d}V$$

例 12-11 同轴电缆如图 12-26 所示，由两个同轴薄圆筒形导体组成，其半径分别为 R_1 和 R_2，电流 I 由内筒流入，由外筒流出。求这种电缆内单位长度存储的磁场能量及其自感系数。

解 根据安培环路定理，在区域 $r<R_1$ 和 $r>R_2$，$B=0$。磁场只分布在两薄圆筒之间，其值为

$$B = \frac{\mu_0 I}{2\pi r} \quad (R_1 < r < R_2)$$

磁场的能量密度为

$$w_{\rm m} = \frac{1}{2}\frac{B^2}{\mu_0} = \frac{\mu_0 I^2}{8\pi^2 r^2}$$

长为 l、半径为 $r\sim r+{\rm d}r$ 的圆柱壳内空间的磁场能量为

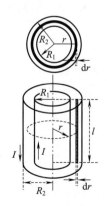

图 12-26 例 12-11

$$dw_m = w_m dV = \frac{\mu_0 I^2}{8\pi^2 r^2} l 2\pi r dr$$

则长为 l 的电缆内存储的磁场能量为

$$W_m = \iiint_V w_m dV = \int_{R_1}^{R_2} \frac{\mu_0 I^2 l}{4\pi r} dr = \frac{\mu_0 I^2 l}{4\pi} \ln \frac{R_2}{R_1}$$

单位长度的磁场能量为

$$W'_m = \frac{\mu_0 I^2}{4\pi} \ln \frac{R_2}{R_1}$$

利用 $W'_m = \frac{1}{2} L I^2$，可得单位长度的自感系数为

$$L = \frac{\mu_0}{2\pi} \ln \frac{R_2}{R_1}$$

该结果与例 12-8 的结果一致。

本 章 习 题

（一）电磁感应定律、动生电动势

12.1　半径为 a 的线圈置于磁感应强度为 $\boldsymbol{B}$ 的匀强磁场中，线圈平面与磁场方向垂直，线圈电阻为 R，当把线圈转动使其法向与 $\boldsymbol{B}$ 的夹角 $\alpha = 60°$ 时，线圈中已通过的电量与线圈面积及转动的时间的关系是(　　)。

　　A. 与线圈面积成正比，与时间无关　　B. 与线圈面积成正比，与时间成正比

　　C. 与线圈面积成反比，与时间成正比　　D. 与线圈面积成反比，与时间无关

12.2　一闭合线圈放在匀强磁场中，绕通过其中心且与一边平行的轴 OO' 转动，转轴与磁场方向垂直，转动角速度为 ω，如图 12-27 所示。可以使线圈中感应电流的幅值增大到原来的两倍(导线的电阻不能忽略)的方法是(　　)。

　　A. 把线圈的匝数增加到原来的两倍

　　B. 把线圈的面积增大到原来的两倍，而形状不变

　　C. 把线圈切割磁力线的两条边增加到原来的两倍

　　D. 把线圈的角速度增大到原来的两倍

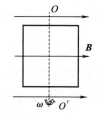

图 12-27　题 12.2

12.3　如图 12-28 所示，直角三角形金属框架 abc 放在匀强磁场中，磁场 $\boldsymbol{B}$ 平行于 ab 边，bc 的长度为 L，当金属框架绕 ab 边以匀角速度 ω 转动时，abc 回路中的感应电动势 ε 和 a、c 两点间的电势差 $U_a - U_c$ 为(　　)。

　　A. $\varepsilon = 0, U_a - U_c = \frac{1}{2} B \omega L^2$

　　B. $\varepsilon = 0, U_a - U_c = -\frac{1}{2} B \omega L^2$

　　C. $\varepsilon = B \omega L^2, U_a - U_c = \frac{1}{2} B \omega L^2$

　　D. $\varepsilon = B \omega L^2, U_a - U_c = -\frac{1}{2} B \omega L^2$

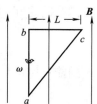

图 12-28　题 12.3

12.4 一导线被弯成图 12-29 所示的形状，acb 为半径为 R 的 3/4 圆弧。直线段 oa 长为 R，若此导线放在匀强磁场 **B** 中，**B** 的方向垂直图面向里，导线以角速度 ω 在图面内绕 O 点逆时针匀速转动，则此导线中的动生电动势 ε_i = _____，电势最高点是_____。

12.5 一半径 r = 10 cm 的圆形闭合导线回路置于匀强磁场 **B**(B = 0.80 T)中，**B** 与回路平面正交，若圆形回路的半径从 t = 0 开始以恒定的速率 dr/dt = 80 cm/s 收缩，则在 t = 0 时刻，闭合回路中的感应电动势的大小为_____，如果要求感应电动势保持这一数值，则闭合回路面积应以 dS/dt = _____的恒定速率收缩。

12.6 一内外半径分别为 R_1、R_2 的均匀带电平面圆环，电荷面密度为 σ(σ > 0)，其中心有一半径为 r 的导体小环($R_1 \gg r$、$R_2 \gg r$)，二者同心共面如图 12-30 所示，设带电圆环以变角速度 ω = ω(t)绕垂直于环面的轴旋转，导体小环中感应电流 i 等于多少？方向如何（已知小环的电阻为 R′）？

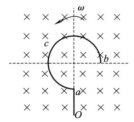

图 12-29 题 12.4

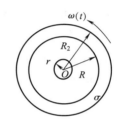

图 12-30 题 12.6

12.7 AB 和 BC 两段导线，其长均为 10 cm，在 B 处相接成 30°，若使导线在匀强磁场中以速度 v = 1.5 m/s 运动，方向如图 12-31 所示，磁场方向垂直纸面向里，磁感应强度 B = 2.5 × 10^{-2} T，问 A、C 两端之间的电势差为多少？哪一端电势高？

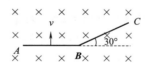

图 12-31 题 12.7

（二）感生电场和感生电动势

12.8 在感应电场中电磁感应定律可写成 $\oint_L \boldsymbol{E}_k \cdot d\boldsymbol{l} = -\dfrac{d\Phi}{dt}$，式中 $\boldsymbol{E}_k$ 为感应电场的电场强度，此式表明( )。

A. 闭合曲线 L 上 $\boldsymbol{E}_k$ 处处相等

B. 感应电场是保守力场

C. 感应电场的电力线不是闭合线

D. 在感应电场中不能像对静电场那样引入电势的概念

12.9 在圆柱形空间有一磁感应强度为 **B** 的匀强磁场，如图 12-32 所示，**B** 的大小以速率 dB/dt 变化，有一长为 l_0 的金属棒先后放在磁场的两个不同位置 1(ab)和 2(a′b′)，则金属棒在这两个位置时棒内的感应电动势的大小关系为(　　)。

A. $\varepsilon_2 = \varepsilon_1$

B. $\varepsilon_2 > \varepsilon_1$

C. $\varepsilon_2 < \varepsilon_1$

D. $\varepsilon_2 = \varepsilon_1 = 0$

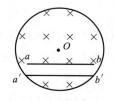

图 12-32　题 12.9

12.10　如图 12-33 所示,一导体棒 ab 在匀强磁场中沿金属导轨向右做匀加速运动,磁场方向垂直导轨所在平面,不计导轨电阻,设铁芯磁导率为一恒量,则达到稳态后在电容器 M 极板上(　　)。

A. 带有一定量的正电荷

B. 带有一定量的负电荷

C. 带有越来越多的正电荷

D. 带有越来越多的负电荷

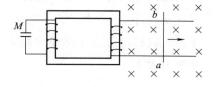

图 12-33　题 12.10

12.11　载有恒定电流 I 的长直导线旁有一半圆环导线 cd,半圆环半径为 b,环面与直导线垂直,且半圆环两端点连线的延长线与直导线相交,如图 12-34 所示,当半圆环以速度 v 沿平行于直导线的方向平移时,半圆环上的感应电动势的大小是_____。

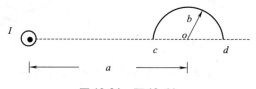

图 12-34　题 12.11

12.12　无限长直通电螺线管的半径为 R,设其内部的磁场以 $\dfrac{\mathrm{d}B}{\mathrm{d}t}$ 的变化率增加,则在螺线管内部离开轴线距离为 $r(r<R)$ 处的涡旋电场的强度大小为_____。

12.13　电量 Q 均匀分布在半径为 a、长为 $L(L \gg a)$ 的绝缘薄壁长圆桶表面上,圆桶以角速度 ω 绕中心轴旋转,一半径为 $2a$、电阻为 R 的单匝圆形线圈套在圆桶上(见图 12-35),若 $\omega = \omega_0\left(1 - \dfrac{t}{t_0}\right)$(其中 ω_0 和 t_0 为已知常数),求圆形线圈中感应电流的大小和方向。

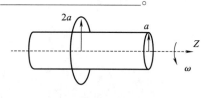

图 12-35　题 12.13

(三) 自感和互感

12.14　取自感系数的定义式为 $L = \Psi/I$,当线圈的几何形状不变,周围无铁磁性物质时,若线圈中电流强度变小,则线圈的自感系数 L(　　)。

A. 变大,与电流成反比关系　　　　B. 变小

C. 不变　　　　　　　　　　　　　D. 变大,但与电流不成反比关系

12.15　在一个塑料圆桶上紧密地绕有两个完全相同的线圈 aa' 和 bb',当线圈 aa' 和 bb' 如图 12-36(a)绕制时其互感系数为 M_1,如图 12-36(b)绕制时其互感系数为 M_2,M_1 与 M_2 的关系是(　　)。

A. $M_1 \neq M_2 \neq 0$ B. $M_1 = M_2 = 0$
C. $M_1 \neq M_2, M_2 = 0$ D. $M_1 = M_2, M_2 \neq 0$

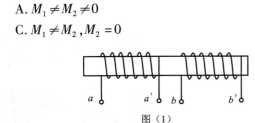

图(1)

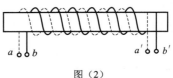

图(2)

图 12-36 题 12.15

12.16 一长直导线旁有一长为 b、宽为 a 的矩形线圈,线圈与导线共面,长度为 b 的边与导线平行,如图 12-37 所示,线圈与导线的互感系数为_____。

12.17 在一个中空的圆柱面上紧密地绕有两个完全相同的线圈 aa' 和 bb',如图 12-38 所示,已知每个线圈的自感系数都是 0.05 H,若 a、b 两端相接,a'、b' 接入电路,则整个线圈的自感 $L = $ _____,若 a、b' 两端相连,a'、b 接入电路,则整个线圈的自感 $L = $ _____,若 a、b 相连,又 a'、b' 相连,再以此两端接入电路,则整个线圈的自感 $L = $ _____。

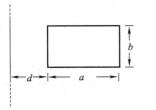

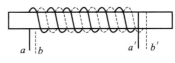

图 12-37 题 12.16   图 12-38 题 12.17

12.18 真空中矩形截面的螺线环总匝数为 N,其他尺寸如图 12-39 所示,求它的自感系数。

12.19 一无限长直导线通以电流 $I = I_0 \sin \omega t$,和直导线在同一平面内有一矩形线框,其短边与直导线平行,且 $b/c = 3$,如图 12-40 所示,求:

(1) 直导线和线框的互感系数;
(2) 线框中的互感电动势。

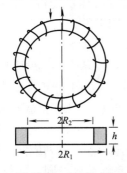

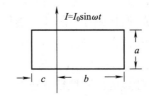

图 12-39 题 12.18   图 12-40 题 12.19

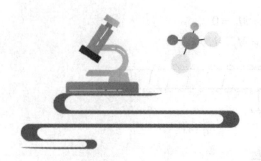

第 13 章
光的干涉

早在两千多年前，人类就开始了对光的研究。其中最为著名的则是 17 世纪关于光的本性之争。牛顿支持光的微粒说，惠更斯提倡光的波动说，两派之争长达两个世纪。19 世纪初期，托马斯·杨和菲涅耳先后验证了光的干涉和衍射现象，光的波动说从此占据了统治地位。在 19 世纪后半期，赫兹从实验上验证了麦克斯韦关于光是一种电磁波的理论，进而形成了以电磁波理论为基础的波动光学。从 19 世纪末期到 20 世纪初期，人们通过对黑体辐射、光电效应和康普顿效应的研究证实了光的粒子性。由此，人们对光的本性有了新的认识，即光具有波粒二象性。自 20 世纪 60 年代激光问世后，光学的发展又获得了新的活力。激光技术与相关学科相结合，派生出非线性光学、傅里叶光学、激光光谱学等许多现代光学的分支，带动了物理学和其他相关学科的不断发展。

光具有波的基本特征，会发生干涉和衍射现象。本章主要讨论光的干涉，包括常见的干涉现象、干涉现象的基本原理和干涉条纹的分布规律，并对干涉现象的实际应用进行简单介绍。

13.1 光源　光的相干性

一、光源及发光机制

能够发光的物体称为光源。按发光的激发方式，光源可分为两大类：普通光源和激光光源。普通光源可分为热光源和冷光源。利用热能激发的光源称为热光源，如太阳、白炽灯、卤钨灯等；利用化学能、生物能、电能激发的光源称为冷光源，如日光灯、LED 灯、萤火、磷火等。激光是一种新型光源，是利用激发态粒子在受激辐射作用下发光的光源。

普通光源的基本发光单元是原子或分子，发光方式以自发辐射为主。当光源中的原子吸收外界能量跃迁到较高能级时，会自发地跃迁到低激发态或基态，并辐射出光子（见图 13-1）。一个原子一次发光只能发出一段长度有限、频率一定、振动方向一定的光波，这段光波称为一个波列，波列的持续时间极短，约为 10^{-8} s。回到基态的原子只有重新被激发后才会再次发光。因此，普通光源的原子发光是间歇性的。另外，普通光源的原子发光还具有独立性、随机性，各个原子的辐射都是自发且独立进行的，不同原子发出的各个波列或同一原子先后发出的各个波列，都没有固定的相位关系，振动方向是随机的，频率也不尽相同（见图 13-2）。综上所述，普通光源发出的光是由大量彼此独立的光波列组成的，没有统一的相位、频率和振动方向。所以，两个普通光源发出的光（或同一普通光源不同部分发出的光）不满足干涉条件，导致通常很难观察到普通光源的干涉现象。

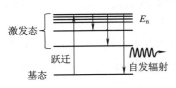
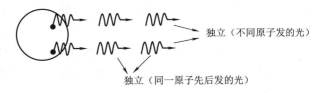

图 13-1　能级跃迁辐射　　　　图 13-2　普通光源自发辐射的光波列

二、光的相干性

1. 相干光

在第 7 章已经指出：振动方向相同、频率相同、相位相同或相位差保持恒定的两列相干波相遇时，会产生干涉现象，即有些点的振动始终加强，有些点的振动始终减弱。光是频率（或波长）处于一定范围内的电磁波，有电场强度 E 和磁感应强度 B 两个振动矢量，其中能引起人眼和光学仪器感光的主要是 E，因此通常把 E 矢量称为光矢量。若两束光的光矢量满足相干条件，则它们是相干光，相应的光源称为相干光源。

2. 相干光的获取途径

前面已提及，普通光源的光波很难发生干涉现象，必须要采用一些特殊的方法来获得相干光。

把一普通光源上同一点或极小区域发出的光，通过反射或折射等方法将其"一分为二"，使这两束光沿不同的路径传播并相遇，这样，原来的每一个波列都被分成了振动方向相同、频率相同、相位差恒定的两部分，当它们相遇时，就会产生干涉现象。

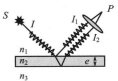

光波在两介质的分界面上发生反射和折射时，入射光中的每个波列都被分成振幅不等的反射和折射波列。如图 13-3 所示，一束光波入射到厚度为 e 的介质薄膜上，经薄膜上、下两个界面的反射和折射，最终形成两束光波 I_1 和 I_2。I_1 和 I_2 经透镜后在 P 点相遇时，两束光波中对应的两波列满足干涉条件而发生干涉，因此这两束光是相干光。我们把这种产生相干光的方法称为分振幅法。要产生明显的干涉现象，还要满足两个条件：①两波列的振幅相差不大，即两束光的光强相差不大；②两束光的光程差别不大，以保证两波列大部分重合。我们在日常生活中见到的油膜、肥皂膜所呈现的彩色条纹，就是通过分振幅法获得的相干光的干涉现象。

图 13-3　一个波列被分成两相干波列

在点光源发出的球面光波的某一波阵面上，取出面积很小的两部分作为两个相干光源，这种方法称为分波阵面法。下节将要讨论的杨氏双缝干涉实验、菲涅耳双镜和劳埃德镜实验，都是用分波阵面法实现的。

13.2　杨氏双缝干涉实验及其他常见干涉实验装置

一、杨氏双缝干涉实验

1. 实验装置

1801 年，英国物理学家托马斯·杨利用分波阵面法获得相干光，首次实现了光的干涉，并用光的波动性解释了光的干涉现象，为光的波动理论奠定了实验基础。

如图 13-4 所示,用普通单色光源 L 照射狭缝 S,使 S 成为本实验的缝光源。在 S 前方放置两个相距很近的狭缝 S_1 和 S_2,S_1 和 S_2 与 S 平行且间距相等。因此,S_1 和 S_2 位于 S 发出的光波的同一个波阵面上,相应的两波列具有相同的相位、频率和振动方向,相当于两个相干光源,由 S_1 和 S_2 发出的光在空间相遇将产生干涉现象。若在双缝前面放置一屏幕 P,屏幕上将出现明暗交替的干涉条纹。

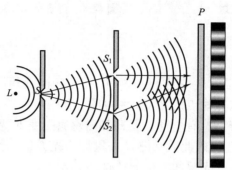

图 13-4　杨氏双缝干涉实验

2. 干涉明暗条纹的形成条件及分布规律

如图 13-5 所示,设 S_1 和 S_2 之间的距离为 d,O_1 为双缝的中点,双缝所在平面与屏幕 P 平行,二者之间的垂直距离是 D($D \gg d$)。在屏幕上任取一点 P,它与 S_1 和 S_2 的距离分别为 r_1 和 r_2。$O_1 O$ 为过 O 且垂直于屏幕的直线,$O_1 P$ 与 $O_1 O$ 之间的夹角为 P 点的角位置。这时,由 S_1 和 S_2 发出的光到达屏幕上 P 点的波程差 δ 为

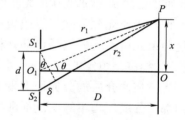

图 13-5　杨氏双缝干涉条纹的计算

$$\delta = r_2 - r_1 \approx d\sin\theta$$

由于 $D \gg d$,此处 θ 近似等于 PO_1 与 $O_1 O$ 所成之角,且有 $\sin\theta \approx \tan\theta$,于是

$$\delta = r_2 - r_1 \approx d\sin\theta \approx d\tan\theta = d\frac{x}{D}$$

由波动理论可知,P 点出现光强极大值(明纹中心)或光强极小值(暗纹中心)的条件为

$$\delta = d\frac{x}{D} = \begin{cases} \pm k\lambda & k = 0,1,2,\cdots \quad 明纹 \\ \pm(2k-1)\dfrac{\lambda}{2} & k = 1,2,3,\cdots \quad 暗纹 \end{cases} \tag{13-1}$$

其中,对应于 $k=0$ 的明条纹称为零级明纹或中央明纹,对应于 $k=1,2,\cdots$ 的明条纹或暗条纹分别称为第一级、第二级……明纹或暗纹;式中正负号表明干涉条纹在点 O 两边对称分布。若 S_1 和 S_2 到 P 点的波程差不满足式(13-1),则点 P 处既不是最明也不是最暗,而是介于明纹和暗纹之间。

各级明暗条纹的中心距 O 点的距离为

$$x = \begin{cases} \pm k\dfrac{D}{d}\lambda & k = 0,1,2,\cdots \quad 明纹 \\ \pm(2k-1)\dfrac{D}{d}\dfrac{\lambda}{2} & k = 1,2,3,\cdots \quad 暗纹 \end{cases} \tag{13-2}$$

由上式可知,相邻明纹或暗纹中心间的距离为

$$\Delta x = x_{k+1} - x_k = \frac{D}{d}\lambda \tag{13-3}$$

即干涉明暗条纹是等距离分布的。若已知 D、d，通过实验测出 Δx，则通过上式可直接算出单色光的波长 λ。还可以看到，若 D 与 d 的值一定，相邻条纹间的距离 Δx 与入射光波长成正比，波长越短，条纹间距越小，条纹越密。若用白光照射，除中央明纹外，不同波长的光出现干涉极大的位置相互错开，则在中央明纹两侧将出现由紫到红的各级彩色条纹，形成连续的光谱。

在杨氏双缝实验中，由于狭缝很窄，它们的边缘容易产生衍射现象而使问题复杂化。为了解决这个问题，科学家们提出了另外两种获得相干光的方法，即菲涅耳双镜实验和劳埃德镜实验，它们可以在更简单的情况下观察到干涉图样。

二、菲涅耳双镜实验

如图 13-6 所示，M_1 和 M_2 是两块夹角很小的平面镜，S 为线状单色光源，S 旁边的 K 为遮光板，防止从光源发出的光直接照射到光屏 E 上。由中学物理可知，平面反射镜所成的虚像在镜后，物和像到镜面的垂直距离相等。图中的 S_1 和 S_2 分别表示光源 S 由 M_1 和 M_2 两平面镜所成的虚像。此时，S_1 和 S_2 可看作两个虚光源，两束反射光好像分别从它们发出的一样。实际上这两束反射光都是从同一光源 S 发出的，它们构成相干光，在空间相遇将会产生干涉现象，屏幕 E 上就能看到明暗相间的等距干涉条纹。可以通过杨氏双缝干涉的结果计算这里的明暗条纹位置及条纹间距。

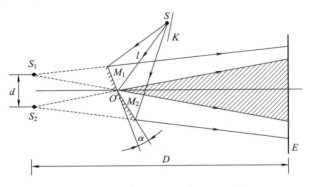

图 13-6 菲涅耳双镜实验示意图

三、劳埃德镜实验

劳埃德（H. Lloyd，1800—1881）提出了一种更简单的观察干涉现象的实验装置。如图 13-7 所示，S_1 为线光源，M 为一块下面涂黑的平玻璃板，光仅从它的上表面反射。由 S_1 发出的光一部分直接照射到屏幕 P 上面，另一部分以很大的入射角（接近 90°）照射到平玻璃板 M 上，经玻璃板反射后再照射到屏幕 P 上。反射光好像是从 S_1 的虚像 S_2 发出，S_1 和 S_2 构成一对相干光源，光波在空间相遇将会产生干涉现象，这时屏幕 P 上就能看到明暗相间的等距干涉条纹。

若把屏幕 P 放到和镜面边缘 L 相接处的 P' 位置，此时从 S_1 和 S_2 发出的光到达接触点 L 的路程相等，在 L 处似乎应该出现明条纹，但实验结果却是在此处为一暗纹。这表明，直接照射到屏幕上的光与由镜面反射的光在 L 处的相位相反，即相位差为 π。由于入射光的相位没有发生变化,所以只能是光从空气射向平玻璃板并反射时,反射光的相位跃变了 π。

进一步实验表明,光从光疏介质(光速较大,折射率较小)射向光密介质(光速较小,折射率较大)时,在掠入射(入射角 $i \approx 90°$)或正入射(入射角 $i \approx 0°$)的情况下,反射光的相位较入射光的相位有 π 的突变。这一相位突变,相当于反射光与入射光之间附加了半个波长的波程差,故称为半波损失。在菲涅耳双镜实验中,经 M_1、M_2 反射的两束相干光,由于都产生了 π 的相位突变,因此二者的波程差是不变的,所以观察到的干涉图样和杨氏双缝干涉图样一致。

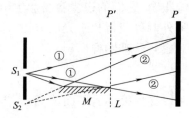

图 13-7 劳埃德镜实验示意图

例 13-1 杨氏双缝干涉实验中,已知两狭缝相距 $d = 0.20$ mm,屏与双缝间的垂直距离为 $D = 1$ m。

(1)若屏上第一级明纹到同侧第四级明纹中心间的距离为 7.5 mm,求入射光波的波长;

(2)若入射光波的波长为 $\lambda = 600$ nm,求屏上两相邻明条纹中心的间距,以及第三级明纹中心的位置。

解 (1)根据双缝干涉明纹的条件,第 k 级明纹中心的位置

$$x_k = \pm k \frac{D}{d} \lambda, k = 0, 1, 2, \cdots$$

将 $k = 1$ 和 $k = 4$ 代入上式,得到第一级与第四级明纹中心间距离为

$$\Delta x_{14} = x_4 - x_1 = \frac{D}{d}(k_4 - k_1)\lambda = \frac{D}{d}(4 - 1)\lambda$$

所以
$$\lambda = \frac{d}{D} \frac{\Delta x_{14}}{(4 - 1)}$$

将 $d = 0.20$ mm,$\Delta x_{14} = 7.5$ mm,$D = 1$ m 代入上式,得 $\lambda = 500$ nm。

(2)当 $\lambda = 600$ nm 时,两相邻明纹中心的距离为

$$\Delta x = \frac{D}{d} \lambda = 3.0 \text{ mm}$$

第三级明纹中心在屏上的位置为

$$x_3 = \pm 3 \frac{D}{d} \lambda = \pm 9.0 \text{ mm}$$

13.3 光程和光程差

一、光程和光程差的计算

前面所讨论的干涉现象都是两束相干光在同一种介质(如空气)中传播的情况,只需计算

出两相干光到达相遇点时的几何路程差,即波程差 Δr,根据相位差与波程差的关系式 $\Delta\varphi = \frac{2\pi}{\lambda}\Delta r$,就能确定两束相干光的相位差 $\Delta\varphi$。如果两束相干光分别通过不同介质,由于光在不同介质中的传播速度不同而导致波长不同,传播相同路程引起的相位不同,这时就不能仅由几何路程差来确定相位差了。为此,引入光程的概念。

设有一频率为 v 的单色光,它在真空中波长为 λ,传播速度为 c,则有 $\lambda = c/v$。当它在折射率为 n 的介质中传播时,传播速度变为 $u = c/n$,波长 λ 则变为

$$\lambda_n = \frac{u}{v} = \frac{c}{nv} = \frac{\lambda}{n}$$

这说明,一定频率的光在折射率为 n 的介质中传播时,其波长为真空中波长的 $1/n$。波行进一个波长的距离时,相位变化 2π,若光波在介质中传播的几何路程为 L,则相位的变化为

$$\Delta\varphi = 2\pi \frac{L}{\lambda_n} = 2\pi \frac{nL}{\lambda}$$

上式表明,光在介质中传播时,其相位的变化不仅与光波传播的几何路程及真空中的波长有关,还与介质的折射率有关。光在折射率为 n 的介质中传播几何路程 L 所发生的相位变化,相当于光在真空中传播路程 nL 所发生的相位变化。因此,我们把光波在某一介质中传播的几何路程与介质折射率 n 的乘积 nL 定义为光程。

有了光程这一概念,就可以把单色光在不同介质中的传播路程都统一折算为光在真空中的传播路程。对于初相位相同的两束相干光,各自通过不同的介质和路径在某点相遇时,两者的相位差完全取决于它们的光程差。光程差常用 δ 表示。

从同一点光源发出的两相干光,它们的相位差 $\Delta\varphi$ 与光程差 δ 的关系为

$$\Delta\varphi = 2\pi \frac{\delta}{\lambda} \tag{13-4}$$

式中,λ 为光在真空中的波长。

因此,当 $\delta = \pm k\lambda$,$k = 0,1,2,\cdots$ 时,有 $\Delta\varphi = \pm 2k\pi$,干涉最强(明纹中心);当 $\delta = \pm(2k+1)\frac{\lambda}{2}$,$k = 0,1,2,\cdots$ 时,有 $\Delta\varphi = \pm(2k+1)\pi$,干涉最弱(暗纹中心)。

二、透镜不引起附加光程差

在干涉和衍射等实验装置中,经常需要用到透镜。透镜的使用是否影响光的光程从而产生附加光程差呢?

由几何光学可知,一平行光束通过透镜后,将会聚于焦平面上形成一亮点,如图 13-8 所示。这是因为某时刻平行光束波面上的 A、B、C、D、E 各点的相位相同,到达焦平面后相位仍然相同,因干涉而相互加强。由此可见,这些点到 F 点的光程都相等。

对于这个事实,还可以这样理解:如图 13-8(a) 所示,虽然光线 AaF 比 CcF 经过的几何路程长,但是光线 CcF 在透镜中经过的路程比光线 AaF 的长,因此折算成光程,光线 AaF 与 CcF 的光程相等。如图 13-8(b) 所示,斜入射的平行光,汇聚于焦平面上 F' 点,光线 AaF'、BbF'、CcF'、DdF'、EeF' 的光程也都相等。因此,使用透镜会改变光的传播方向,但不引起附加的光程差。

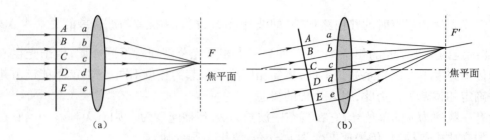

图 13-8 光通过透镜的光程相等

三、反射光的附加光程差

前面讨论劳埃德镜干涉实验时曾提到,当光从光疏介质(光速较大,折射率较小)射向光密介质(光速较小,折射率较大)时,反射光有相位突变 π,即有半波损失。因此,在讨论两束反射光的干涉问题时,需要考虑因相位突变而产生的附加光程差。比如,讨论薄膜上下表面反射的两束相干光的光程时(见图 13-3),就要考虑附加光程差。理论和实验表明:若两束相干反射光都是从光疏到光密界面反射(即介质折射率满足 $n_1 < n_2 < n_3$)或从光密到光疏界面反射(即介质折射率满足 $n_1 > n_2 > n_3$),则这两束反射光之间无附加光程差。若一束光从光疏到光密界面反射,另外一束光从光密到光疏界面反射(即介质折射率满足 $n_1 < n_2, n_2 > n_3$ 或 $n_1 > n_2, n_2 < n_3$),则两束反射光之间有附加相位差 π,或说有附加光程差 $\lambda/2$。对于折射光来说,则在任何情况下都不会有相位突变。

例 13-2 如图 13-9 所示,在杨氏双缝干涉实验中,入射光波长为 λ,现在把一片厚度为 d、折射率为 n 的透明介质覆盖在 S_2 缝上。问:

(1) 原来的中央明纹将如何移动?

(2) 如果观测到中央明纹移动到了原来的 k 级明纹位置处,求该透明介质的厚度 d。

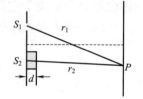

图 13-9 例 13-2

解 (1) 如图 13-9 所示,覆盖透明介质后,S_2 缝的光到达 P 的光程为

$$r_2 - d + nd$$

从 S_1 和 S_2 到观测点 P 的光程差为

$$\delta = (r_2 - d + nd) - r_1$$

中央明纹相应的光程差 $\delta = 0$,其位置应满足条件

$$r_2 - d + nd - r_1 = 0 \tag{1}$$

则有

$$r_2 - r_1 = -(n-1)d < 0$$

即

$$r_2 < r_1$$

考虑到没有覆盖透明介质时,中央明纹满足 $r_2 - r_1 = 0$,因此在 S_2 覆盖透明介质后,中央明纹应向下移动。

(2) 没有覆盖透明介质时,k 级明纹的位置应满足

$$r_2 - r_1 = k\lambda, \quad k = 0, \pm 1, \pm 2, \cdots \tag{2}$$

按照题意,覆盖透明介质后,中央明纹移动到了 k 级明纹处,于是式(1)和式(2)需同时得到满足,由此解得

$$d = \frac{-k\lambda}{n-1}$$

式中,k 为负整数。上式也可以理解为:覆盖透明介质后,屏幕上的干涉条纹移动了 $|k| = \frac{(n-1)d}{\lambda}$ 条。这也提供了一种测量透明介质折射率的方法。

13.4 薄膜干涉

一束单色光照射到很薄的介质薄膜上,经过薄膜上、下表面发生反射后再相互叠加所形成的干涉现象称为薄膜干涉。薄膜干涉在日常生活中随处可见,如油膜、肥皂膜、照相机镜头、昆虫翅膀上的彩色条纹都属于薄膜干涉。下面讨论薄膜干涉原理。

一、薄膜干涉的光程差

如图 13-10 所示,一厚度为 e、折射率为 n_2 的平面介质薄膜,薄膜上方和下方介质的折射率分别为 n_1 和 n_3。由单色光源 S 发出的光线 1,以入射角 i 照射到薄膜上表面的 A 点,一部分在 A 点反射形成光线 2,另一部分折射进薄膜并在下表面 B 点反射,再经上表面 C 点折射形成光线 3。显然,光线 2 和光线 3 是两条平行光线,经透镜 L 会聚到屏幕上 P 点。光线 2 和光线 3 来自于同一入射光线 1,是利用分振幅法获得的相干光,因经历不同的传播路径而产生恒定的相位差和光程差。

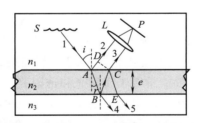

图 13-10 薄膜干涉

现在来计算光线 2 和光线 3 的光程差。由 C 点作光线 2 的垂线 CD,由于透镜不会引起附加光程差,CP 和 DP 的光程相等。由图 13-10 可知,光线 2 在折射率为 n_1 的介质中通过 AD 段引起的光程为 $n_1(AD)$;光线 3 在薄膜中引起的光程为 $n_2(AB+BC)$。因此,光线 2 和光线 3 的光程差为

$$\delta = n_2(AB+BC) - n_1(AD) + \delta' \tag{13-5}$$

式中,δ' 等于 $\frac{\lambda}{2}$ 或 0,表示因反射时的半波损失而产生的附加光程差。当介质折射率满足 $n_1 < n_2 < n_3$ 或 $n_1 > n_2 > n_3$ 时,$\delta' = 0$;当 $n_1 < n_2, n_2 > n_3$ 或 $n_1 > n_2, n_2 < n_3$ 时,要考虑由相位突变引起的附加光程差,$\delta' = \frac{\lambda}{2}$。

已知薄膜厚度为 e，由图 13-10 可得
$$AB = BC = e/\cos\gamma$$
$$AD = AC\sin i = 2e\tan\gamma\sin i$$

把以上两式代入式(13-5)，得
$$\delta = 2n_2\frac{e}{\cos\gamma} - 2n_1 e\tan\gamma\sin i + \delta'$$

根据折射定律 $n_1\sin i = n_2\sin\gamma$，上式可写成
$$\delta = \frac{2n_2 e}{\cos\gamma}(1 - \sin^2\gamma) + \delta' = 2n_2 e\cos\gamma + \delta'$$

或
$$\delta = 2n_2 e\sqrt{1 - \sin^2\gamma} + \delta' = 2e\sqrt{n_2^2 - n_1^2\sin^2 i} + \delta'$$

于是干涉条件为
$$\delta = 2e\sqrt{n_2^2 - n_1^2\sin^2 i} + \delta' = \begin{cases} k\lambda & k = 0,1,2,\cdots \text{干涉加强} \\ (2k+1)\dfrac{\lambda}{2} & k = 0,1,2,\cdots \text{干涉减弱} \end{cases} \tag{13-6}$$

事实上，透射光也有干涉现象。在图 13-10 中，光线 AB 到达 B 点后，一部分在 B 点直接折射形成光线 4，另一部分经 B 点和 C 点两次反射后，在 E 点处折射形成光线 5。显然，透射光线 4 和光线 5 也来自光线 1，是由分振幅法得到的相干光。可以证明，它们的光程差和反射光相同，但附加光程差与反射光恰好相反，即当 $n_1 < n_2 < n_3$ 或 $n_1 > n_2 > n_3$ 时，$\delta' = \dfrac{\lambda}{2}$；当 $n_1 < n_2$，$n_2 > n_3$ 或 $n_1 > n_2$，$n_2 < n_3$ 时，$\delta' = 0$。因此，当反射光的干涉相互加强时，透射光的干涉相互减弱，这是符合能量守恒定律要求的。

在现代光学仪器中，利用薄膜干涉可以提高光学器件的透射率。例如：对于由多个透镜组合而成的照相机，由于反射而损失的光能约为入射光的一半。为了减少因反射而损失的光能，常在透镜表面镀一层厚度均匀的薄膜，如氟化镁（MgF_2）。如果薄膜上下界面的反射光因干涉而减弱，由于能量守恒，即入射光的能量等于反射光和透射光能量的总和，因此透射光必然会增强。这种能减少反射光强度而增加透射光强度的薄膜称为增透膜。

有些光学器件需要减小光的透射，以增加反射光强度。例如，激光器中的谐振腔反射镜，就要求对某种单色光的反射率在 99% 以上。为此，需要利用薄膜干涉使反射光干涉增强，由能量守恒定律可知，透射光一定会减弱。这种能减少透射光强度而增加反射光强度的薄膜称为增反膜或高反射膜。

例 13-3 在折射率 $n_3 = 1.52$ 的照相机镜头表面镀有一层折射率为 $n_2 = 1.38$ 的 MgF_2 增透膜，如图 13-11 所示。为使垂直入射到镜头上的黄绿光（波长约为 $\lambda = 550$ nm）最大限度地进入镜头（照相底片对黄绿光最敏感），求所镀的薄膜层最小厚度 e 为多少？

解 根据题意，要求介质薄膜对 $\lambda = 550$ nm 的黄绿光是增透膜，则反射光应满足干涉相消。

空气折射率 $n_1 = 1$，$n_2 = 1.38$，$n_3 = 1.52$，则有 $n_1 < n_2 < n_3$，在 MgF_2

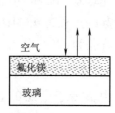

图 13-11 例 13-3

薄膜上下界面反射光的光程差为 $\delta = 2n_2 e$，令反射光干涉相消，则有 $\delta = 2n_2 e = (2k+1)\dfrac{\lambda}{2}$，$k = 0,1,2,\cdots$，得薄膜厚度为

$$e = (2k+1)\dfrac{\lambda}{4n_2}, k = 0,1,2,\cdots$$

当 $k = 0$ 时，e 最小，代入数值计算得 $e_{\min} = 99.64$ nm。

二、等倾干涉

在折射率为 n_1 的空气中，用单色光照射厚度为 e、折射率为 n_2 的均匀平面薄膜（$n_1 < n_2$），由式(13-6)可知，上下表面的反射光之间的光程差为 $\delta = 2e\sqrt{n_2^2 - n_1^2 \sin^2 i} + \delta'$。由于 e 一定，光程差只与光的入射角 i 有关，即相同入射角 i 的各相干光的光程差相同。因此，具有相同入射倾角的光线形成同一条干涉条纹，入射倾角不同的光线形成不同的干涉条纹，这就是等倾干涉。等倾干涉形成的条纹，称为等倾干涉条纹。

图 13-12(a)为一观察等倾干涉装置的原理图。其中 S 为具有一定发光面积的单色光源，M 为倾斜 45°放置的半透半反射平面镜，L 为一透镜，屏幕位于透镜 L 的焦平面上。从 S 上任一点发出的光线中，以相同倾角入射到薄膜表面的光都处在同一个圆锥面上，而它们在薄膜上的反射光经透镜 L 会聚后，将在屏上形成同一个圆形干涉条纹。因此，屏幕上的等倾干涉条纹是一组明暗相间的同心圆环，如图 13-12(b)所示。

由式(13-6)可得到等倾干涉明环的条件为

$$\delta = 2e\sqrt{n_2^2 - n_1^2 \sin^2 i} + \delta' = k\lambda, k = 0,1,2,\cdots$$

暗环条件为

$$\delta = 2e\sqrt{n_2^2 - n_1^2 \sin^2 i} + \delta' = (2k+1)\dfrac{\lambda}{2}, k = 0,1,2,\cdots$$

面光源 S 上其他发光点也都会产生一组相应的干涉圆环，且倾角相同的入射光线都将会聚到屏幕上的同一圆周上。由于光源上不同点发出的光线彼此不相干，所有的干涉圆环将进行非相干叠加，从而提高了条纹的清晰度。

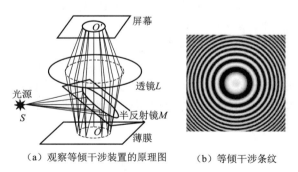

(a) 观察等倾干涉装置的原理图　　(b) 等倾干涉条纹

图 13-12　观察等倾干涉实验

13.5　劈尖　牛顿环　迈克耳孙干涉仪

上节讨论了发生在厚度均匀的薄膜上的一种薄膜干涉现象——等倾干涉。对于厚度不均匀的薄膜,当平行单色光以相同倾角入射到薄膜上时,将产生另一种薄膜干涉现象——等厚干涉。本节讨论两种典型的等厚干涉:劈尖和牛顿环。

一、劈尖

如图 13-13(a)所示,MN 和 MQ 为两块平面玻璃片,其一端相互接触,称为棱边,另一端被一细丝隔开(细丝的厚度极小,为便于观察,图中进行了放大),这样就在 MN 的下表面和 MQ 上表面之间形成一劈尖形状的空气薄层,叫做空气劈尖。劈尖在棱边处厚度为零,远离棱边其厚度增加,在平行于棱边的直线上厚度相等。图 13-13(b)为观察劈尖干涉的实验装置示意图,图中 M 为倾斜45°放置的半透半反射平面镜,L 为透镜,T 为显微镜。单色光源 S 发出的光经过透镜 L 后成为平行光,经 M 反射后垂直(入射角 $i=0$)射向劈尖,自劈尖上、下表面反射的光形成相干光,它们在空气膜的上方相遇而发生干涉现象,在显微镜 T 中可观察到明暗相间、均匀分布的干涉条纹,如图 13-13(c)所示。

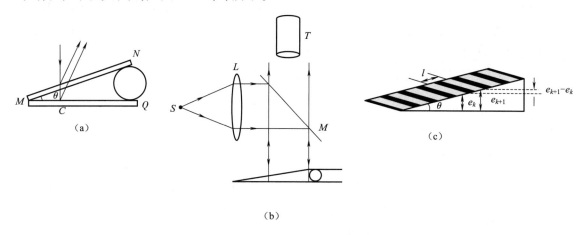

图 13-13　劈尖干涉

波长为 λ 的平行单色光垂直入射到劈尖上,在劈尖的上、下表面发生反射,两束相干的反射光在劈尖上方相遇并发生干涉,如图 13-13(a)所示。设劈尖内任一点 C 处对应的空气薄膜厚度为 e,则上下表面的反射光光程差为 $2ne$。由于劈尖空气层的折射率比上下玻璃片的折射率小,导致光在劈尖下表面反射时因有相位突变而产生附加光程差 $\lambda/2$。因此,在 C 处两束相干反射光相遇时总的光程差为

$$\delta = 2ne + \frac{\lambda}{2}$$

式中,n 为空气的折射率,劈尖干涉明暗条纹的条件为

$$\delta = 2ne + \frac{\lambda}{2} = \begin{cases} k\lambda & k=1,2,3,\cdots \text{ 明纹} \\ (2k+1)\dfrac{\lambda}{2} & k=0,1,2,\cdots \text{ 暗纹} \end{cases} \tag{13-7a}$$

从式(13-7a)可以看出,凡是劈尖厚度相同的地方,两相干光的光程差相同,形成同一级次的干涉明纹或暗纹。因此,劈尖的干涉图样是一系列平行于棱边的明暗相间的直条纹。厚度相等的地方干涉条纹的亮度相同,我们把这种与等厚线相对应的干涉称为等厚干涉。

棱边处劈尖厚度 $e=0$,对于空气劈尖,其光程差为 $\delta=\dfrac{\lambda}{2}$,因此在棱边处应为暗条纹。

需要说明的是,当劈尖为其他介质薄膜时,两反射光之间是否存在附加光程差,要视具体情况而定。习惯上把棱边处的干涉条纹定义为零级条纹,并据此来确定 k 的取值。当劈尖无附加光程差时,干涉明暗纹条件为

$$\delta = 2ne = \begin{cases} k\lambda & k=0,1,2,\cdots \quad \text{明纹} \\ (2k-1)\dfrac{\lambda}{2} & k=1,2,3,\cdots \quad \text{暗纹} \end{cases} \tag{13-7b}$$

此时,棱边处为明条纹。

根据以上讨论,不难求出两相邻明纹或暗纹间劈尖的厚度差。设第 k 级明纹处劈尖厚度为 e_k,第 $k+1$ 级明纹处的劈尖厚度为 e_{k+1},由式(13-7a)或式(13-7b)可得

$$\Delta e = e_{k+1} - e_k = \dfrac{\lambda}{2n} \tag{13-8}$$

设两相邻明纹或暗纹的间距为 l,则有

$$l\sin\theta = \Delta e = e_{k+1} - e_k = \dfrac{\lambda}{2n}$$

$$l = \dfrac{\lambda}{2n\sin\theta}$$

一般劈尖夹角 θ 很小,所以有 $\sin\theta \approx \theta$,则上式改写为

$$l = \dfrac{\lambda}{2n\sin\theta} \approx \dfrac{\lambda}{2n\theta} \tag{13-9}$$

由此可见,劈尖干涉条纹是等间距分布的,并且条纹间距与劈尖的夹角 θ 有关。θ 越小,干涉条纹越稀疏;θ 越大,干涉条纹越密集。当 θ 大到一定程度时,干涉条纹将因过于密集而无法区分。因此,只有在劈尖夹角很小时,才能观察到劈尖的干涉条纹。

劈尖干涉在实际生产中还有许多应用,下面列举两个例子。

1. 检查光学元件表面的平整度

由于劈尖干涉中每一条明纹或暗纹都代表一条等厚线,所以劈尖干涉可用于检测光学元件表面的平整度。在图 13-14(a)中,MN 为一具有理想光学平面的透明标准平板,MQ 为待测平板。若待测平板表面也是理想的光学平面,其干涉条纹则是一组间距为 l 的平行直条纹,如图 13-14(b)所示。若待测平板的表面凹凸不平,干涉条纹将出现不同程度的弯曲或畸变,如图 13-14(c)所示,其中 l' 为最大畸变量。根据某处条纹弯曲的最大畸变量 l' 和条纹的弯曲方向,可以判断待测平板在该处是凹陷还是凸起,并能求出凹陷深度或凸起高度。在图 13-14(c)中,分析干涉条纹向左弯曲的部分,可知原本应该在此处出现某一级干涉条纹的地方,现在已经被更高级次的干涉条纹所取代。前面所讲,干涉条纹级次越高,所对应的薄膜厚度越大。由此得知,平板上该处应该是下凹的,其深度可用下式求得:

$$\Delta t = \dfrac{l'}{l}\dfrac{\lambda}{2}$$

同理可知,图 13-14(c)中向右弯曲的条纹所对应的位置处,是向上凸起的。

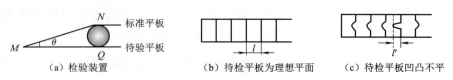

(a) 检验装置　　　　(b) 待检平板为理想平面　　　(c) 待检平板凹凸不平

图 13-14　光学元件表面的检测

2. 干涉膨胀仪

应用劈尖干涉的原理还可以测量物体微小的线度变化。若将空气劈尖的上表面(或下表面)向上(或向下)平移 $\lambda/2$ 的距离,则光线在劈尖上下表面间往返一次所引起的光程差将要增加(或减少) λ,原来的第 k 级干涉条纹将移到原来的第 $k-1$ 级(或 $k+1$ 级)干涉条纹的位置,劈尖上每一点处的干涉条纹都会发生明—暗—明(或暗—明—暗)的变化,好像干涉条纹在水平方向上向左(或向右)移动了一个条纹间距 l。如果劈尖的厚度改变 m 个 $\lambda/2$,则整个干涉图样就会水平移动 ml 的距离。因此,如果数出在视场中移过明纹或暗纹的数目,就能测得劈尖厚度的微小变化,干涉膨胀仪就是利用这个原理制成的,其结构如图 13-15 所示。图中套框是由线膨胀系数很小的石英制成的,框内放置一个上表面稍微倾斜的待测样品,框顶放一平板玻璃,这样在玻璃与样品的上表面之间构成一空气劈尖。由于套框的线膨胀系数很小,因此空气劈尖的上表面因温度变化的移动量可忽略不计。当样品受热膨胀时,空气劈尖下表面的位置升高,从而使干涉条纹移动,通过测量条纹移过的数目,就可算得样品的热膨胀系数。

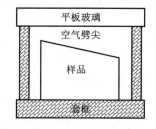

图 13-15　干涉膨胀仪结构

例 13-4　制造半导体元件时,常需要精确测定硅片上二氧化硅(SiO_2)薄膜的厚度。这时可用化学方法把 SiO_2 薄膜的一部分腐蚀成劈尖形,如图 13-16 所示。若单色光从空气垂直入射薄膜的劈尖部分,共看到 7 条明条纹。已知入射光波长 $\lambda = 589.3$ nm,SiO_2 的折射率为 1.50,Si 的折射率为 3.42,试求 SiO_2 薄膜的厚度。

解　这是一个劈尖的问题,可以利用明纹条件来计算薄膜厚度。

设 SiO_2 薄膜的厚度为 e,由于空气、SiO_2 薄膜、Si 的折射率依次增大,导致薄膜上下表面的反射光之间没有附加光程差,因此两相干反射光的总光程差为

$$\delta = 2ne$$

明纹条件为 $\delta = 2ne = k\lambda$,$k = 0, 1, 2, \cdots$。

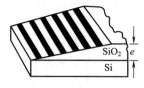

图 13-16　例 13-4

已知棱边处为零级明纹,第 7 条明纹对应 $k=6$,因此第 7 条明纹处的厚度,也即薄膜的厚度为

$$e_6 = \frac{k\lambda}{2n} = \frac{6 \times 589.3}{2 \times 1.50} = 1178.6 \text{ nm}$$

*二、牛顿环

牛顿环也是一种常见的等厚干涉装置,其示意图如图 13-17(a)所示。一块曲率半径很大

的平凸透镜放置在一平板玻璃上,在平凸透镜和平板玻璃之间形成一个上表面为球面、下表面为平面的空气薄膜。由单色光源发出的平行光,经半透半反镜后垂直射向空气薄膜,自空气层上下表面处反射的光将发生干涉现象,从而在显微镜中观察到图 13-17(b)所示的干涉图样。因其最早是被牛顿观察到的,故称牛顿环。牛顿环干涉中,因空气薄膜的等厚线为以接触点为圆心的圆环,同一等厚线对应同一条纹,因此,其干涉图样为一系列以接触点 O 为圆心的明暗相间的圆环。

在实验室,常用牛顿环干涉实验测定平凸透镜的曲率半径及入射单色光波的波长。在工业上,应用牛顿环还可精确检验光学元件表面的平整度、测量透镜表面曲率半径和液体折射率。

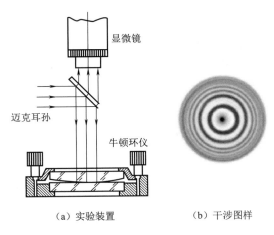

(a) 实验装置   (b) 干涉图样

图 13-17 牛顿环

*三、迈克耳孙干涉仪

1881 年,美国物理学家迈克耳孙(A. A. Michelson)为了研究光速问题,精心设计了一种干涉装置——迈克耳孙干涉仪。迈克耳孙干涉仪对物理学的发展曾起了巨大的促进作用。

图 13-18(a)、(b)分别是迈克耳孙干涉仪的实物图和结构简图。图中,M_1 和 M_2 是两块平面反射镜,分别放置于相互垂直的两臂上,其中 M_1 是固定的,M_2 由精密丝杆控制,可做微小的竖直移动。G_1 和 G_2 是两块相互平行放置的平板玻璃,G_1、G_2 与 M_1、M_2 成 45°。其中在 G_1 朝着 E 的一面上镀有一层薄薄的半透半反射银膜,使得照射在 G_1 上的入射光,一半透射为光线 1,一半反射为光线 2,故 G_1 称为分光板。G_2 为补偿板,作用是使光线 1 和 2 都能以相同的次数穿过相同厚度的玻璃板,避免光线 1 和光线 2 之间产生较大的光程差。

由面光源 S 经过透镜发出的平行光,在分光板 G_1 处分为两部分,一部分穿透 G_1 和 G_2 向着 M_1 前进,经 M_1 反射后再穿过 G_2 经 G_1 反射后向 E 处传播(图中的光线 1);另一部分经 G_1 反射后向 M_2 传播,经 M_2 反射后再穿过 G_1 也向 E 处传播(图中的光线 2)。由于这两束光是相干光,因此在 E 处的观察者将会看到干涉条纹。

在图 13-18(b)中,M_1' 是 M_1 经 G_1 形成的虚像,从 M_1 反射的光线 1 可看成从虚像 M_1' 发出来的。若 M_1 与 M_2 严格相互垂直,则 M_1' 与 M_2 严格相互平行,这时在 E 处将观察到圆环形的等倾干涉条纹。移动 M_2(即改变空气薄层厚度)时,环形条纹也跟着移动。而通常 M_1 与 M_2 并不严格垂直,那么 M_1' 与 M_2 也不严格平行,它们之间的空气薄层就形成了一空气劈尖,这时可观察到等厚干涉条纹。当 M_2 做微小移动时,也将引起等厚干涉条纹的移动。若入射单色光波长为 λ,每当 M_2 向前或向后移动 $\lambda/2$ 的距离时,就会看到干涉条纹平移过一条,因此,只要测出视场中移过的条纹数目 ΔN,就可以计算出 M_2 移动的距离

$$\Delta d = \Delta N \frac{\lambda}{2} \tag{13-10}$$

若已知光源波长,可通过上式测定移动距离;若已知移动距离,可通过上式测定光的波长。1892 年,迈克耳孙用自己设计的干涉仪测定了镉红线的波长。在温度 $t = 15\ ℃$ 和压强 $p = 1\ \text{atm}$ 的干燥空气中,测得镉红线的波长为 $\lambda = 643.846\ 96\ \text{nm}$。

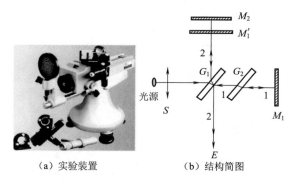

(a)实验装置　　　　(b)结构简图

图 13-18　迈克耳孙干涉仪

本 章 习 题

(一) 杨氏实验、光程和光程差

13.1　在双缝干涉实验中,屏幕 E 上的 P 点处是明条纹,若将缝 S_2 盖住,并在 S_1、S_2 连线的垂直平分面处放一反射镜 M,如图 13-19 所示,则此时(　　)。

A. P 点处仍为明条纹

B. P 点处为暗条纹

C. 不能确定 P 点处是明条纹还是暗条纹

D. 无干涉条纹

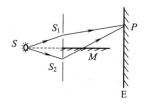

图 13-19　题 13.1

13.2　在杨氏双缝干涉实验中,如拉大光屏与双缝间的距离,则条纹间距将(　　)。

A. 不变　　　　B. 变小　　　　C. 变大　　　　D. 不能确定

13.3　在双缝干涉实验中,若初级单色光源 S 到两缝 S_1、S_2 距离相等,则观察屏上中央明条纹位于图 13-20 中 O 处,现将光源 S 向下微移到图中的 S' 位置,则(　　)。

A. 中央明条纹也向下移动,且条纹间距不变

B. 中央明条纹向上移动,且条纹间距不变

C. 中央明条纹向下移动,且条纹间距增大

D. 中央明条纹向上移动,且条纹间距增大

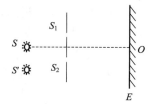

图 13-20　题 13.3

13.4 一单色光在真空中的波长为 λ,它射入折射率为 n 的媒质中由一点传播到另一点,相位改变 $3\pi/2$,则此光波在这两点间的光程差 δ 和几何路程差 Δr 分别为(　　)。

A. $\delta = 3\lambda/4n, \Delta r = 3\lambda/4$
B. $\delta = 3\lambda/4, \Delta r = 3n\lambda/4$
C. $\delta = 3n\lambda/4, \Delta r = 3\lambda/4$
D. $\delta = 3\lambda/4, \Delta r = 3\lambda/4n$

13.5 在一双缝装置的两个缝分别被折射率为 n_1 和 n_2 的两块厚度均为 e 的透明介质所遮盖,此时由双缝分别到屏上原中央极大所在处的两束光的光程差 δ = _____。

13.6 在双缝干涉实验中 $SS_1 = SS_2$,用波长为 λ 的光照射双缝 S_1 和 S_2,通过空气后在屏幕 E 上形成干涉条纹,已知屏幕上 P 点处为第三级明条纹,则 S_1 和 S_2 到 P 点的光程差为 _____,若将整个装置放于某种透明液体中,P 点为第四级明条纹,则该液体的折射率 n = _____。

13.7 如图 13-21 所示,在双缝干涉实验中,若把一厚度为 e、折射率为 n 的薄云母片覆盖在 S_1 缝上,中央明条纹将向 _____ 移动;覆盖云母片后,两束相干光至原中央明纹 O 处的光程差为 _____。

13.8 白色平行光垂直入射到间距为 $d = 0.25$ mm 的双缝上,距缝 50 cm 处放置屏幕,第一级明纹彩色带的宽度为 _____ mm,第五级明纹彩色带的宽度为 _____ mm。(设白光的波长范围是从 400 nm 到 760 nm。这里说的"彩色带宽度"指两个极端波长的同级明纹中心的距离)。

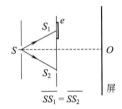

图 13-21　题 13.7

13.9 杨氏双缝间距 $d = 0.5$ mm,缝与屏相距 $D = 50$ cm,设以白光入射。

(1) 分别求白光中 $\lambda_1 = 400$ nm 和 $\lambda_2 = 600$ nm 的两种光各自的条纹间距。

(2) 这两种波长的干涉明纹在 λ_1 的第几级明纹处发生第一次重叠?

(3) 重叠处距中央明纹多远?

13.10 如图 13-22 所示,用 $\lambda = 6 \times 10^{-5}$ cm 的光入射杨氏双缝,光屏上 P 点为第五级明纹位置,现将 $n = 1.5$ 的玻璃片垂直插入从 S_1 发出的光束的途中,则 P 点变为中央明纹位置,求玻璃片的厚度。

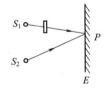

图 13-22　题 13.10

(二)薄膜干涉

13.11 一束波长为 λ 的单色光由空气垂直入射到折射率为 n 的透明薄膜上,透明薄膜放在空气中,要使反射光得到干涉加强,则薄膜最小厚度为(　　)。

A. $\lambda/4$
B. $\lambda/(4n)$
C. $\lambda/2$
D. $\lambda/(2n)$

13.12 用劈尖干涉法可检测工件表面缺陷,当波长为 λ 的单色平行光垂直入射时,若观察到的干涉条纹如图 13-23 所示,每一条纹弯曲部分的顶点恰好与其左边条纹的直线部分的连线相切,则工件表面与条纹弯曲处对应的部分(　　)。

A. 凸起,且高度为 $\lambda/4$
B. 凸起,且高度为 $\lambda/2$
C. 凹陷,且深度为 $\lambda/2$
D. 凹陷,且深度为 $\lambda/4$

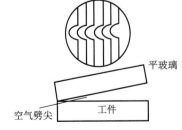

图 13-23　题 13.12

13.13 用波长为 λ 的单色光垂直照射到空气劈尖上,从反射光中观察干涉条纹,距顶点为 L 处是暗条纹,使劈尖角 θ 连续变大,直到该点处再次出现暗条纹为止,劈尖角的改变量 $\Delta\theta$ 是_____。

13.14 用波长为 λ 的单色光垂直照射图 13-24 所示的劈形膜($n_1 > n_2 > n_3$),观察反射光干涉。从劈形膜尖顶开始算起,第 2 条明条纹中心所对应的膜厚度 $e =$ _____。

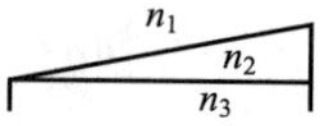

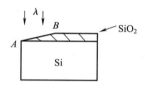

图 13-24 题 13.14

13.15 在 Si 的平表面上镀了一层厚度均匀的 SiO_2 薄膜,为了测量薄膜厚度,将它的一部分磨成劈形(见图 13-25 中的 AB 段),现用波长为 $\lambda = 600$ nm 的平行光垂直照射,观察反射光形成的等厚干涉条纹,在图中 AB 段共有八条暗纹,且 B 处恰好是一条暗纹,求薄膜的厚度(Si 的折射率为 3.42,SiO_2 的折射率为 1.50)。

图 13-25 题 13.15

13.16 一平面单色光垂直照射在厚度均匀的薄油膜上,油膜覆盖在玻璃板上,所用光源波长可以连续变化,观察到 500 nm 与 700 nm 这两个波长的光在反射中消失,油的折射率为 1.30,玻璃的折射率为 1.50,试求油膜的厚度。

13.17 两块折射率为 1.60 的标准平面玻璃之间形成一个劈尖,用波长 $\lambda = 600$ nm(1 nm = 10^{-9} m)的单色光垂直入射,产生等厚干涉条纹,假如要求在劈尖内充满 $n = 1.40$ 的液体时的相邻明纹间距比劈尖内是空气时的间距缩小 $\Delta l = 0.5$ mm,那么劈尖角 θ 应是多少?

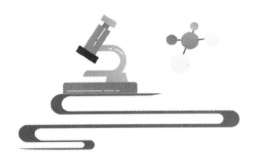

第14章 光的衍射

波在传播过程中遇到障碍物时偏离原来直线传播的现象,称为衍射。和干涉一样,衍射也是波的基本特征。光作为一种电磁波,也会发生衍射现象。本章学习光的衍射规律,首先介绍衍射中的基本理论——惠更斯-菲涅耳原理,然后研究夫琅禾费单缝衍射、光栅衍射以及夫琅禾费圆孔衍射。

14.1 光的衍射现象 惠更斯-菲涅耳原理

一、光的衍射现象

光在传播过程中遇到障碍物或小孔时,会偏离直线路径,绕到障碍物的阴影区里,这就是光的衍射现象。我们来看图 14-1 所示的圆孔衍射实验,点光源 S 发出的单色光通过一个直径可调的圆孔后照射到观察屏 E 上。当圆孔直径较大时,屏上出现一个亮度均匀的圆斑,这个圆斑就是圆孔的几何投影,如图 14-1(b)所示,此时表现为光的直线传播,没有衍射现象。逐渐减小圆孔的直径,屏上的圆斑也随之减小。当圆孔的直径小到可以和光的波长(可见光的波长约在 400~760 nm 之间)相比拟时,屏上圆斑的边缘开始变模糊,圆斑外围出现围绕圆斑的圆环。继续减小圆孔的直径,屏上圆斑的半径没有随之变小,反而不断增大,并在圆斑的外围出现一系列明暗交替的圆环,如图 14-1(c)所示,说明一部分透过圆孔的光波偏离直线路径进入阴影区,发生了明显的衍射现象。

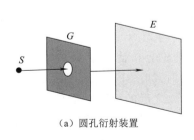
(a)圆孔衍射装置　　(b)圆孔直径较大时　　
(c)圆孔直径和波长相当时

图 14-1 圆孔衍射实验

二、惠更斯-菲涅耳原理

惠更斯首先创立光的波动理论,并提出惠更斯原理:波面上每一点都可以看作次级子波的波源,此后每一时刻,所有子波的包络面就是该时刻新的波阵面。应用惠更斯原理作图,可以定性地解释光波的衍射现象,但不能解释光在衍射后的光强分布,也不能解决倒退波不存在的问题。菲涅耳从波的干涉理论出发,发展了惠更斯原理。菲涅耳认为:波在传播过程中,同一波面上各点发出的子波都是相干波,这些相干子波在空间某点相遇时,该点的振幅是所有子波相干叠加的结果,并引入倾斜因子 $K(\theta)$。经过修正的惠更斯原理称为惠更斯-菲涅耳原理。

如图 14-2 所示,S 为 $t=0$ 时刻的某一波面,其初相位为零。任取 S 上一个面元 $\mathrm{d}S$ 并将其看作子波源,该面元发出的球面子波在 P 点的振幅与面元的面积 $\mathrm{d}S$ 成正比,与面元距 P 点的距离 r 成反比,同时还与面元法线方向 $\boldsymbol{e}_n$ 与 $\boldsymbol{r}$ 的夹角 θ 有关。因此,子波在 P 点引起的振动为

$$\mathrm{d}E = K(\theta)\frac{C}{r}\cos\left(\omega t - \frac{2\pi}{\lambda}r\right)\mathrm{d}S$$

式中,$K(\theta)$ 为倾斜因子。当 $\theta=0$ 时,代表子波沿原来的方向继续向前传播,此时子波的振幅最大,$K(\theta)=1$;随 θ 增大,$K(\theta)$ 逐渐减小,子波的振幅也随之减小;当 $\theta \geq \pi/2$ 时,$K(\theta)=0$[①]。P 点的合振动等于波面 S 上所有面元发出的子波在 P 点振动的叠加,即

$$E = \int_S K(\theta)\frac{C}{r}\cos\left(\omega t - \frac{2\pi}{\lambda}r\right)\mathrm{d}S \tag{14-1}$$

这就是惠更斯-菲涅耳原理的数学形式。利用惠更斯-菲涅耳原理,理论上可以计算光通过各种障碍物后的光强分布,但计算过程相当复杂。

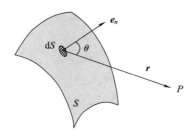

图 14-2 惠更斯-菲涅耳原理

三、衍射的分类

光的衍射实验一般由光源、障碍物(狭缝或小孔)和观察屏三部分组成。依照光源和观察屏相对障碍物的位置,可将衍射分为两类。一类是障碍物与光源或观察屏的距离为有限远的衍射,如图 14-3(a)所示,称为菲涅耳衍射,这种衍射的理论分析比较复杂,本书中不做讨论;另一类是障碍物与光源和观察屏的距离都是无限远的衍射,如图 14-3(b)所示,称为夫琅禾费衍射,其实质是:入射到障碍物之前的入射光和离开障碍物之后的衍射光都是平行光。在实验室中实现夫琅禾费衍射,只需将光源和观察屏分别放置在两个会聚透镜的焦平面上,如图 14-3(c)所示。夫琅禾费衍射的理论分析相对简单,且有许多重要的实际应用,本章中只讨论夫琅禾费衍射。

---

① 这是菲涅耳凭直觉做的猜测。后来基尔霍夫和索末菲从理论上导出 $K(\theta)$ 形式为 $K(\theta)=\dfrac{1}{2}(1+\cos\theta)$。

第14章 光的衍射

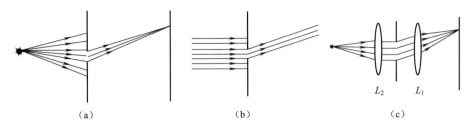

图 14-3　菲涅耳衍射和夫琅禾费衍射

14.2　单缝的夫琅禾费衍射

一、实验装置和衍射图样

单缝夫琅禾费衍射的实验装置如图 14-4(a)所示。线光源 S 放置在透镜 L_1 的焦平面上，观察屏 E 放置在透镜 L_2 的焦平面上。S 发出的光经过透镜 L_1 后转化为平行光，照射单缝 K 并发生衍射，衍射光经透镜 L_2 会聚到观察屏 E 上，在平行于狭缝的方向上出现明暗相间的衍射条纹，如图 14-4(b)所示。

衍射条纹呈现如下特点：观察屏中央为一条既宽又亮的明条纹，称为中央明纹；其他各级明条纹在中央明纹两侧对称分布，这些明条纹的亮度逐渐降低，宽度（定义相邻暗纹中心之间的距离作为明纹的宽度）约为中央明纹宽度的一半。

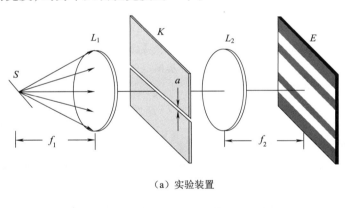

(a) 实验装置

(b) 衍射图样

图 14-4　夫琅禾费衍射实验

二、菲涅耳半波带法和条纹分布规律

图 14-5 为单缝夫琅禾费衍射的示意图。波长为 λ 的单色平行光垂直入射到缝宽为 a 的

单缝 AB 上。根据惠更斯-菲涅耳原理：单缝所在处的波面 AB 上，各点都相当于一个相干的子光源。每个子光源都向各个方向发射子光波，称为衍射光；衍射光线与单缝的法线之间的夹角 φ 称为衍射角，所有衍射角 φ 相同的一组平行衍射光线经过透镜会聚后，相遇于观察屏 E 上的 P 点，P 点的光振动就是这组衍射光相干叠加的结果。

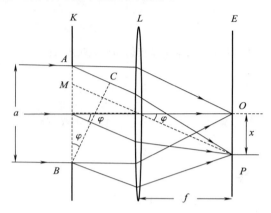

图 14-5 衍射示意图

首先考虑一个特例。沿原入射方向的一组衍射光，其衍射角 $\varphi = 0$。它们经过透镜后会聚到焦点 O，由于透镜不会引起附加光程差，所有光线的光程相等。波面 AB 上各点振动相位相同，这组衍射光到达 O 点时相位也相同，相互叠加时干涉加强。因此观察屏中心 O 点的光强最大，此处为中央明纹的中心。

下面考虑衍射角为 φ 的一组衍射光线。这组衍射光经透镜后会聚于 P 点[①]。过 B 点作垂直于光线 AP 的平面 BC，由于透镜不会引起附加光程差，从 BC 面上出发的光线到达 P 点光程相等。由图 14-5 可知，这组衍射光线之间的最大光程差为 AP − BP，即

$$AC = a\sin\varphi$$

P 点的振动情况完全取决于最大光程差 AC。

下面利用菲涅耳半波带法对 P 点的振动进行定性分析。如图 14-6 所示，对于一些特殊的衍射角 φ，如果恰好满足 $AC = a\sin\varphi = n\dfrac{\lambda}{2}$（n 为正整数），则可将 AC 分成相等的 n 份，每一份恰好为半个波长（$\lambda/2$）。过等分点作平行于 BC 的平面，与单缝处的波面 AB 相交于点 $A_1, A_2, \cdots$，将单缝 AB 分成面积相等的 n 个半波带 $AA_1, A_1A_2, \cdots$。在相邻的两个半波带上，任意两个对应点[见图 14-6(a)中的 G 和 G′]发出的子波在 P 点相遇时的光程差都是 $\lambda/2$，干涉相消。因此，相邻的两个半波带发出的所有子波在 P 点相遇后必然互相抵消。基于以上分析，可得出如下结论：当 AC 为 $\lambda/2$ 的偶数倍时，如图 14-6(a)所示，单缝 AB 将分成偶数个半波带，这些半波带成对的干涉相消，P 点光强出现极小值，为暗纹的中心；当 AC 为 $\lambda/2$ 的奇数倍时，如图 14-6(b)所示，单缝 AB 将分成奇数个半波带，这些半波带成对抵消后，还剩下一个半波带的子波会聚到 P 点，P 点光强出现极大值，为明纹的中心[②]。

---

① P 点位置的确定：过薄透镜光心的特殊光线 MP 不改变方向（见图 14-5），因此有 $\tan\varphi = x/f$。
② 半波带法得到的中央明纹中心位置和所有暗纹中心位置都是准确的，但其他明纹中心位置是近似结果。

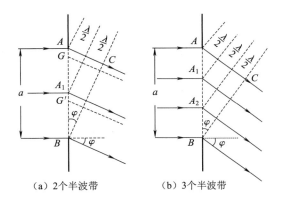

(a) 2个半波带　　(b) 3个半波带

图 14-6　菲涅耳半波带法

综上所述，单缝夫琅禾费衍射的条纹位置满足

$$a\sin\varphi = \begin{cases} 0 & （中央明纹中心） \\ \pm 2k\dfrac{\lambda}{2} & (k=1,2,3,\cdots，暗纹中心) \\ \pm(2k+1)\dfrac{\lambda}{2} & (k=1,2,3,\cdots，明纹中心) \end{cases} \quad (14\text{-}2)$$

式中，$k=1,2,3,\cdots$ 的衍射明（暗）条纹分别称为一级明（暗）纹、二级明（暗）纹……k 前的正负号表明各级条纹对称的分布在中央明纹的两侧。需要指出的是，对于任意的衍射角 φ，最大光程差 AC 一般不是 $\lambda/2$ 的整数倍，单缝不能分成整数个半波带，此时的光强介于极大值和极小值之间。因此，在观察屏上，衍射条纹的光强随衍射角的分布是连续变化的，如图 14-7 所示。此外，衍射角 φ 越大的明纹其衍射级次越高（k 越大），单缝被分成半波带的个数越多，未被抵消的半波带的面积越小，其光强越弱。

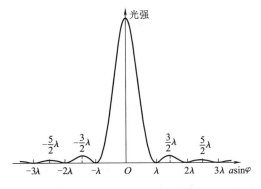

图 14-7　衍射条纹的光强分布

将正、负一级暗纹中心之间的区域定义为中央明纹，它所对应的衍射角的范围在 $-\varphi_1$ 和 φ_1 之间，如图 14-8 所示，则中央明纹的角宽度 $\Delta\varphi_0$ 为

$$\Delta\varphi_0 = 2\varphi_1 = 2\arcsin\dfrac{\lambda}{a} \quad (14\text{-}3)$$

在 φ 很小（$\varphi<5°$）时，有

$$\sin\varphi \approx \varphi \approx \tan\varphi$$

$$\Delta\varphi_0 \approx 2\frac{\lambda}{a} \tag{14-4}$$

已知透镜焦距为 f，有 $\tan\varphi = \frac{x}{f}$，则中央明纹的线宽度 Δx_0 为

$$\Delta x_0 = 2f\tan\varphi_1 \approx 2f\frac{\lambda}{a} \tag{14-5}$$

同理，k 级和 $k+1$ 级暗纹中心之间的区域为 k 级明纹，根据

$$\varphi_k \approx \sin\varphi_k = k\frac{\lambda}{a}, \quad \varphi_{k+1} \approx \sin\varphi_{k+1} = (k+1)\frac{\lambda}{a}$$

k 级明纹的角宽度 $\Delta\varphi$ 和线宽度 Δx 分别为

$$\Delta\varphi = \varphi_{k+1} - \varphi_k \approx \frac{\lambda}{a}, \Delta x \approx f\frac{\lambda}{a} \tag{14-6}$$

它们恰好是中央明纹宽度的一半。

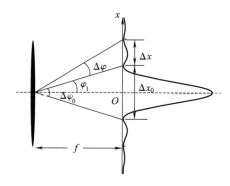

图 14-8 明条纹的宽度

从以上分析可知，对于 λ 一定的单色光：缝宽 a 越小，各级衍射条纹的宽度和衍射角 φ 越大，衍射现象越明显；相反，a 越大，各级衍射条纹的宽度和衍射角 φ 越小，这些条纹越密集并靠近中央明纹，逐渐分辨不清边界，衍射现象越不明显。在极限情况 $a \gg \lambda$ 时，$\varphi_k \to 0$，各级衍射条纹将全部并入中央明纹，形成一条亮线，这就是线光源 S 经透镜所成的像。此时通过单缝的光仍为平行光，表现为光的直线传播。

当缝宽 a 一定时，除中央明纹外，其他各级衍射条纹的衍射角都和波长有关。当白光入射时，除中央明纹仍是白色外，其两侧将依次呈现出由紫到红的各级衍射条纹。

例 14-1 在单缝夫琅禾费衍射实验中，单色光波长为 600 nm，缝宽为 0.3 mm，透镜焦距 $f = 0.5$ m。求：(1) 中央明纹宽度；(2) 中央明纹两侧的两个二级暗纹中心之间的距离；(3) 对于第二级和第三级明纹中心，可将单缝分为多少个半波带，每个半波带占据的宽度是多少？

解 (1) 中央明纹的宽度为正、负一级暗纹中心之间的距离，正一级暗纹条件为

$$\sin\varphi_1 = \frac{\lambda}{a} = 0.002$$

φ_1 很小，有 $\sin\varphi_1 \approx \varphi_1 \approx \tan\varphi_1$，于是中央明纹的线宽度为

$$\Delta x_0 = 2f\tan\varphi_1 \approx 2f\frac{\lambda}{a} = 2 \text{ mm}$$

(2) 第二级暗纹中心的条件为

$$a\sin \varphi = 2k\frac{\lambda}{2}, k=2$$

由于 φ 很小，$a\sin \varphi \approx a\dfrac{x_2}{f}$，第二级暗纹中心到中央明纹中心的距离为

$$x_2 = \frac{4\lambda f}{2a} \approx 2.0 \text{ mm}$$

两个二级暗纹中心之间的距离 $\Delta x = 2x_2 \approx 4.0 \text{ mm}$。

(3) 由 $a\sin \varphi = (2k+1)\dfrac{\lambda}{2}$，$k=2$、3，单缝被分成 5、7 个半波带，每个半波带的宽度为 $\dfrac{a}{5} = 60$ μm 和 $\dfrac{a}{7} = 43$ μm。

例 14-2 设一监视雷达位于路边 $d = 15$ m 处，天线出口宽度 $a = 0.20$ m，雷达波的波长为 30 mm，射束的中心线与公路成 15°角，如图 14-9 所示。试求处在该雷达监视范围内的公路长度 L。

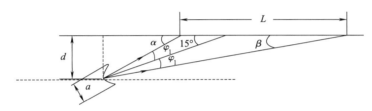

图 14-9 例 14-2

解 将天线出口看作单缝。由于雷达距离公路很远，雷达波束到达公路时接近平行波，可以用夫琅禾费单缝衍射计算。由于雷达波束能量主要集中在中央明纹内

$$a\sin \varphi_1 = \lambda, \quad \varphi_1 = \arcsin \frac{\lambda}{a} = 8.63°$$

由图可知 $\quad\quad\quad\quad\quad \alpha = 15° + \varphi_1 = 23.63°, \quad \beta = 15° - \varphi_1 = 6.37°$

因此 $\quad\quad\quad\quad\quad\quad\quad L = d(\cot \beta - \cot \alpha) \approx 100 \text{ m}$

14.3 光栅衍射

一、多缝衍射

单缝夫琅禾费衍射实验中，如果单缝的宽度大，衍射条纹亮度高，但条纹的间距小，不易分辨。反之，如果缝宽小，条纹间距大，但条纹的亮度低且宽度大，也不容易确定明（暗）条纹的中心位置。因此，不能利用单缝衍射进行精确的光学测量。

如果用多条靠得很近的平行狭缝代替单缝，就会得到间距大、亮度高且宽度小的衍射条纹。图 14-10 给出了不同缝数的多缝夫琅禾费衍射图样。当有 N 条缝时，在相邻的两条主明纹之间分布着 $N-1$ 条暗纹，相邻两条暗纹之间又存在次明纹，因此有 $N-2$ 条次明纹。随着缝数的增加，透过缝的总能量增加，条纹亮度增强，同时条纹宽度变窄。当缝数很大时，条纹既

窄又亮,而次明纹很弱,不容易被观察到,整体表现为在一个暗背景下出现间距很大的细亮线。因此,多缝衍射的特点有利于进行精确的光学测量。

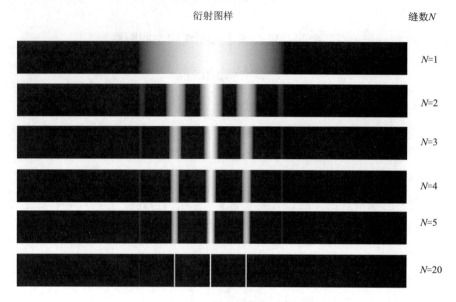

图 14-10　不同缝数的多缝衍射图样

二、光栅

光栅是由大量等宽、等间距的平行狭缝构成的光学器件,如图 14-11(a)所示。在一块平板玻璃上刻出大量等宽、等间距的平行刻痕,刻痕处因发生漫反射成为不透光部分,无刻痕的光滑部分可以透光,相当于狭缝,这种利用透射光衍射的光栅称为透射光栅,如图 14-11(b)所示,图中刻痕宽度为 b,光滑部分宽度为 a。也可在金属表面刻一系列等间距的平行且光滑的细槽,如图 14-11(c)所示,这种利用反射光衍射的光栅称为反射光栅。

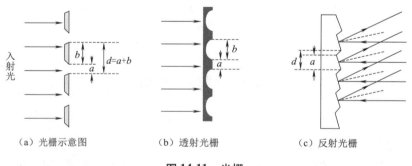

(a) 光栅示意图　　　(b) 透射光栅　　　(c) 反射光栅

图 14-11　光栅

若透射光栅的透光部分宽度为 a,不透光部分宽度为 b,$d = a + b$ 称为光栅常数。如果在 1 mm 的宽度上刻有 N 条刻痕,则光栅常数为 $1/N$ mm。常用的光栅,一般 1 mm 内刻有几百条甚至上千条刻痕,这在工艺上要求非常精密。

三、光栅衍射的计算

光栅衍射装置如图 14-12 所示,单色平行光垂直入射到透射光栅上,观察屏放置在透镜的焦平面上。根据惠更斯-菲涅耳原理,入射光首先在每条缝上发生衍射,即单缝夫琅禾费衍射,此时狭缝上的每一点都相当于一个子波源,向各个方向发出衍射光(子波)。经过各个狭缝衍射后,具有相同衍射角 φ 的一组平行光(子波)经过透镜后会聚到焦平面上的 P 点,又会发生多光束干涉。因此,光栅衍射是单缝衍射和多缝干涉的总效果。不同 φ 角的衍射光,会聚到观察屏上的不同点,最终在屏上出现细、亮且间距大的条纹。

1. 主明纹(主极大)

由图 14-12 可知,相邻两缝对应点的衍射光到达 P 点的光程差都相等,为 $\delta = (a+b)\sin\varphi$。当 δ 为波长的整数倍时,即

$$(a+b)\sin\varphi = \pm k\lambda, \quad k = 0,1,2,\cdots \qquad (14\text{-}7)$$

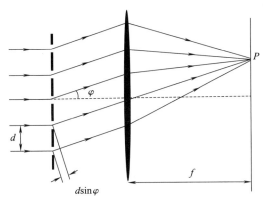

图 14-12 光栅衍射

则所有缝对应点的衍射光到达 P 点时的振动都是同相位的。因此,这些衍射光在 P 点干涉加强,形成明条纹。此时的明纹也称主明纹,和这些明条纹所对应的光强极大值称为主极大,式(14-7)称为光栅方程。由图 14-12 可知,衍射角 φ 的取值范围为 $|\varphi| < \pi/2$,由此可得主明纹的最大级数。

*2. 暗纹和次明纹

下面用振幅矢量法分析 P 点的振动。设光栅的总缝数为 N,每个狭缝的衍射光在 P 点引起的光振动的振幅矢量分别记为 $\boldsymbol{A}_1, \boldsymbol{A}_2, \cdots, \boldsymbol{A}_N$。$N$ 个振幅矢量的合矢量 $\boldsymbol{A} = \sum_{i=1}^{N} \boldsymbol{A}_i$ 即为 P 点的合振动,而合振动的振幅 A 就是合矢量 $\boldsymbol{A}$ 的大小。

在光栅方程给出的主明纹条件下,$\delta = \pm k\lambda$,相邻两缝光振动在 P 点的相位差为 $\Delta\phi = \pm 2k\pi$,其振幅矢量的合成如图 14-13(a)所示。此时,合振动的振幅 $A = NA_1$,P 点振幅最大,其光强(正比于 A^2)最强。

当 P 点合振动的振幅 $A = 0$(即 $\boldsymbol{A} = \sum_{i=1}^{N} \boldsymbol{A}_i = 0$)时,将出现暗纹。此时,$N$ 个振幅矢量 $\boldsymbol{A}_1$,$\boldsymbol{A}_2, \cdots, \boldsymbol{A}_N$ 将组成一个闭合图形,如图 14-13(b)所示,相邻两缝光振动在 P 点的相位差为

$$\Delta\phi = \frac{2\pi}{\lambda}\delta = \pm 2k\pi + \frac{n}{N}2\pi \quad (k=0,1,2,\cdots, n=1,2,\cdots,N-1)$$

因此,观察屏上出现暗纹的条件是

$$(a+b)\sin\varphi = \left(\pm k + \frac{n}{N}\right)\lambda, \quad (k=0,1,2,\cdots, n=1,2,\cdots,N-1) \tag{14-8}$$

式中，k 为主明纹的级数。显然，在 k 级主明纹和 $k+1$ 级主明纹之间，存在 $N-1$ 条暗纹。而在两条相邻暗纹之间，又一定存在一条明纹，这条明纹对应的 N 个振幅矢量没有完全抵消，其合振幅又远小于主明纹的振幅，光强很弱，称为次明纹。因此，在两条相邻主明纹之间存在 $N-2$ 条次明纹。

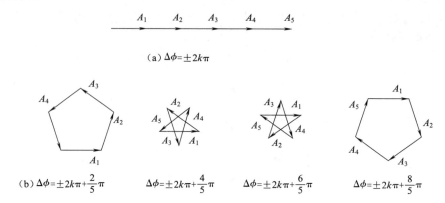

图 14-13 不同相位差下多缝（$N=5$）光振动的合成

缝数 N 增加时，次明纹的条数随之增加，宽度随之变窄，而光强又很弱。因此，次明纹不容易被观察到。光栅的缝数非常多，相邻主明纹之间分布着大量暗纹和光强很弱的次明纹，导致主明纹间距很大、很细，却集中了通过光栅的绝大部分能量，因此亮度很高。次明纹很细且很弱，难以分辨，主明纹之间实际成为一个暗区。光栅衍射图样整体表现为在一个暗背景下出现一系列间距很大又很细的亮线。

3. 缺级现象

光栅衍射是单缝衍射和多缝干涉的总效果，即照射到光栅的平行光首先在每个狭缝发生单缝衍射，然后 N 个缝的衍射光束再相互干涉。图 14-14 给出了光栅衍射的光强分布，其中 $N=5$，$a+b=3a$，图 14-14（a）为每个狭缝发生单缝衍射时的光强分布，图 14-14（b）为只考虑多缝干涉时的光强分布。显然，多缝干涉的光强要受到单缝衍射的调制，最终形成图 14-14（c）所示的光栅衍射图样。因此，要想观察到光栅衍射的主明纹，除满足光栅方程外，还要保证每个缝在发生单缝衍射后存在衍射光。

如果某个衍射角 φ 满足光栅方程，同时又恰好满足单缝衍射的暗纹条件，即

$$(a+b)\sin\varphi = \pm k\lambda, \quad k=0,1,2,\cdots$$
$$a\sin\varphi = \pm k'\lambda, \quad k'=1,2,\cdots$$

此时，由于各个单缝没有衍射光输出，这个主明纹不会出现，这一现象称为缺级。将两式相除，可得缺级的级数为

$$k = \frac{a+b}{a}k', \quad k' = \pm 1, \pm 2, \pm 3, \cdots \tag{14-9}$$

例如，当 $a+b=3a$ 时，缺级的级数为 $k = \pm 3, \pm 6, \cdots$，如图 14-14 所示，这些级次的主明纹并不存在。

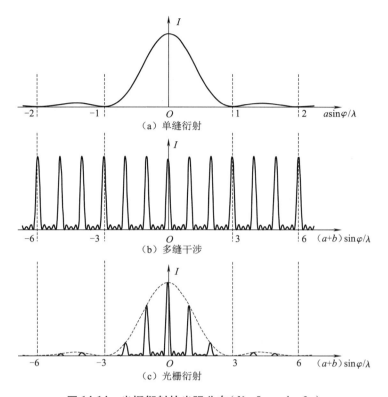

图 14-14 光栅衍射的光强分布($N=5, a+b=3a$)

四、光栅光谱

对于光栅常数一定的光栅,除中央主明纹($k=0$)外,其他各级主明纹的衍射角和入射光的波长有关。当用白光照射光栅时,中央主明纹仍为白色,其他各级主明纹的衍射角将随波长的增加而增加。从接收屏的中央明纹向两侧观察,同级主明纹($k=0$除外)将按波长由短到长的次序依次排列,这种按波长排列的谱线称为光栅光谱,如图 14-15 所示。每个级次都存在这样一组谱线,级次较高的光谱还可能发生重叠。

各种元素或化合物都有它们特定的光谱,通过测定光谱中各谱线的波长和相对强度,就可以确定该发光物质由哪些成分组成以及各成分的含量。这种分析方法称为光谱分析,在科学研究和工程技术中有着广泛的应用。

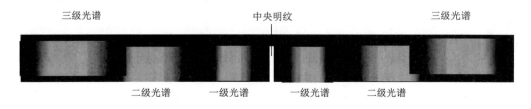

图 14-15 白光的光栅光谱

例 14-3 氦氖激光器发出的激光束波长为 630 nm,垂直照射到光栅上,观察到两个相邻主明纹分别出现在 $\sin\varphi_1 = 0.195$ 和 $\sin\varphi_2 = 0.30$ 处,且第四级缺级。求:(1)该光栅的光栅常数;(2) 光栅狭缝的最小宽度;(3) 能观察到的全部明纹的条数。

解 (1)根据光栅方程

$$(a+b)\sin\varphi_1 = k\lambda$$
$$(a+b)\sin\varphi_2 = (k+1)\lambda$$

解得光栅常数

$$a+b = \frac{\lambda}{\sin\varphi_2 - \sin\varphi_1} = \frac{630\times10^{-9}}{0.30-0.195}\text{ m} = 6.0\ \mu\text{m}$$

(2)由第4级为缺级,得

$$k = \frac{(a+b)}{a}k',\ k=4$$

当 $k'=1$ 时,缝宽最小,最小宽度为

$$a_{\min} = \frac{a+b}{4} = 1.5\ \mu\text{m}$$

(3)当 $\varphi = \frac{\pi}{2}$ 时,由光栅方程得最高级数

$$(a+b)\sin\frac{\pi}{2} = k_{\max}\lambda,\quad k_{\max} \approx 9.5$$

因此,实际观察到的最高级次为9,再考虑缺级条件 $k=4k'$,4级和8级为缺级,实际可以观察到 0、± 1、± 2、± 3、± 5、± 6、± 7、± 9 级共15条明纹。

例 14-4 已知白光的波长范围为 400~760 nm,一束白光垂直照射到光栅上,在观察屏上观察衍射光谱,求:(1)哪些级次的光谱是完整的,没有与其他级谱线重叠;(2)除中央明纹外,最先开始重叠的两条谱线的波长和级次。

解 (1)波长最短的紫光 $\lambda_1 = 400$ nm,波长最长的红光 $\lambda_2 = 760$ nm。根据光栅方程,在 k 级光谱中,紫光的衍射角 $\varphi_{1,k}$ 最小,红光的衍射角 $\varphi_{2,k}$ 最大,最先开始发生重叠的应该是红光的 k 级谱线(衍射角 $\varphi_{2,k}$)和紫光的 $k+1$ 级谱线(衍射角 $\varphi_{1,k+1}$)。如果第 k 级光谱是完整的,则应满足 $\varphi_{2,k} < \varphi_{1,k+1}$,利用

$$(a+b)\sin\varphi_{2,k} = k\lambda_2$$
$$(a+b)\sin\varphi_{1,k+1} = (k+1)\lambda_1$$

即

$$(k+1)\lambda_1 > k\lambda_2$$
$$400(k+1) > 760k$$

只有 $k=1$ 时,不等式才成立。因此,只有第一级光谱是完整的,从第二级光谱开始,就会发生重叠现象。

(2)从前面的分析可知,最先发生重叠的一定是第2级中某波长为 λ 的谱线和第3级的紫光。故

$$(k+1)\lambda_1 = k\lambda,\ k=2$$

解得

$$\lambda = \frac{3}{2}\lambda_1 = 600\text{ nm}$$

因此,第二级光谱中波长大于 600 nm 的光将与第三级光谱发生重叠。

*14.4 圆孔衍射 光学仪器的分辨本领

一、圆孔衍射

前两节讨论了狭缝的衍射。当光束照射圆孔时,也会发生衍射现象。光学仪器的主要元件(如透镜、球面镜和光阑等)多是圆孔形的,研究圆孔夫琅禾费衍射具有重要的意义。

圆孔夫琅禾费衍射装置如图14-16所示,平行光照射圆孔发生衍射,观察屏放置于透镜的焦平面上。屏上的圆孔衍射图样如图14-16所示,中央是一个亮斑,周围是一系列明、暗交替的同心圆环。中央亮斑亮度很高,光强约占通过圆孔总光强的84%,称为艾里斑。理论计算表明,第一级暗环中心(也是艾里斑的边界)的衍射角 θ(称为艾里斑的半角宽度)满足

$$\theta \approx \sin\theta = 1.22\frac{\lambda}{D} \tag{14-10}$$

式中,D 为圆孔的直径;λ 为入射光波长。可见,当 $D \gg \lambda$ 时,θ 趋于零,即光通过圆孔后仍沿原方向直线传播,所有平行光经透镜后会聚到焦点,这就是不考虑衍射时由几何光学得到的结论。

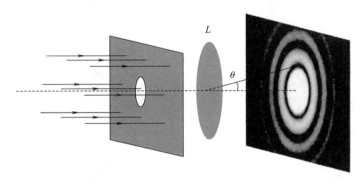

图 14-16 夫琅禾费圆孔衍射

二、光学仪器的分辨本领

在讨论光学仪器成像时,如果仅从几何光学的角度,一个物点发出的光经过成像系统会聚于像点,即一个物点对应一个像点。如果合理设计透镜的焦距和光路,显微镜就可以看得更小,望远镜就能看得更远。事实是否如此呢?实际上,光学仪器中的透镜和光阑等都相当于一个透光的圆孔。由于圆孔衍射,物点发出的光经透镜后所成的像并不是一个点,而是圆孔衍射图样,主要是中间的艾里斑,即一个物点对应一个艾里斑。用光学仪器观察两个物点时,所成的像就是两个艾里斑。如果两个物点距离很近,就会导致两个艾里斑大部分相互重叠而无法分辨,如图14-17(a)所示,这时的两个物点也就无法分辨了。相反,如果两个艾里斑足够小或相距较远,如图14-17(c)所示,则两个物点可以分辨。

瑞利给出了两个物点能够分辨的标准,称为瑞利判据:如果一个点光源(物点)的衍射图样的中心恰好与另一点光源(物点)的衍射图样的第一个暗环最暗处重合,此时两衍射图样重叠区的光强约为单个衍射图样最大光强的80%,人眼刚好能区分这两个点光源的像,两个物点恰好能被分辨。此时,如图14-17(b)所示,一个艾里斑的中心恰好处在另一艾里斑的边缘

处,两艾里斑中心之间的距离恰好等于艾里斑的半径。我们将这时两点光源对透镜光心的张角称为最小分辨角,记为 θ_0。对于直径为 D 的圆孔衍射,最小分辨角恰好等于艾里斑的半角宽度,即

$$\theta_0 = 1.22 \frac{\lambda}{D} \tag{14-11}$$

最小分辨角的倒数称为光学仪器的分辨率,记为 R

$$R = \frac{D}{1.22\lambda} \tag{14-12}$$

光学仪器的分辨率与仪器的孔径成正比,与光的波长成反比。天文望远镜的分辨率取决于物镜的直径,目前最大口径的光学望远镜为凯克望远镜,口径为 10 m。对显微镜而言,可以采用短波长的光照射来增加分辨率。因为电子具有波动性,在几万伏的加速电压下,电子的波长可达 0.1 nm,因此电子显微镜具有极高的分辨率,能直接观察某些重金属的原子和晶体中排列整齐的原子点阵。

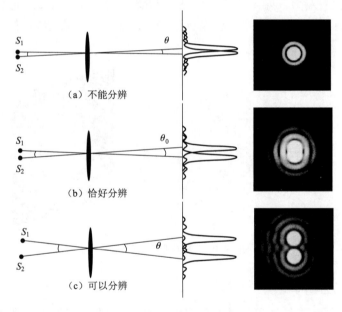

图 14-17 分辨两物点所成像

例 14-5 在通常亮度下,人眼瞳孔直径约为 3 mm,视觉感受最灵敏的光波长为 550 nm,试问:在教室的黑板上,等号"="的两横线相距 2 mm,坐在距黑板 10 m 处的同学能否看清?

解 设人眼的最小分辨角为 θ_0(见图 14-18),此时人距黑板的距离为 L 有

$$\theta_0 = 1.22 \frac{\lambda}{D} \approx \frac{s}{L}$$

由此得

$$L = \frac{sD}{1.22\lambda} = 8.9 \text{ m}$$

因此,坐在距黑板 10 m 处的同学不能分辨等号。

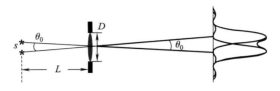

图 14-18　例 14-5

本 章 习 题

(一) 单缝的夫琅禾费衍射

14.1　一束波长为 λ 的平行单色光垂直入射到一单缝 AB 上,装置如图 14-19 所示,在屏幕 D 上形成衍射图样,如果 P 是中央明纹一侧第一个暗纹所在的位置,则 BC 的长度为(　　)。

A. λ　　　　B. $\lambda/2$　　　　C. $3\lambda/2$　　　　D. 2λ

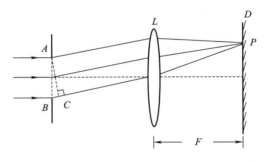

图 14-19　题 14.1

14.2　在图 14-20 所示的单缝夫琅和费衍射实验中,若将单缝沿透镜光轴方向向透镜平移,则屏幕上的衍射条纹(　　)。

A. 间距变大　　　　　　　　　　　　B. 间距变小
C. 不发生变化　　　　　　　　　　　D. 间距不变,但明暗条纹的位置交替变化

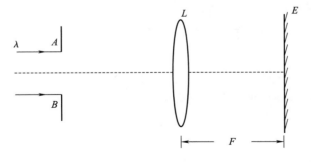

图 14-20　题 14.2

14.3　在夫琅禾费单缝衍射实验中,对于给定的入射单色光,当缝宽度变小时,除中央亮纹的中心位置不变外,各级衍射条纹(　　)。

A. 对应的衍射角变小　　　　　　　　B. 对应的衍射角变大

C. 对应的衍射角也不变   D. 光强也不变

14.4 在单缝的夫琅和费衍射实验中,屏上第三级暗纹对应的单缝处波面可划分为_____个半波带,若将缝宽缩小一半,则原来第三级暗纹处将是_____(填几级明纹或几级暗纹)。

14.5 波长为 600 nm 的单色平行光,垂直入射到缝宽为 $a = 0.60$ mm 的单缝上,缝后有一焦距 $f' = 60$ cm 的透镜,在透镜焦平面上观察衍射图样。则中央明纹的宽度为_____,两个第三级暗纹之间的距离为_____。

14.6 波长为 600 nm 的单色光垂直入射到宽度为 $a = 0.10$ mm 的单缝上,观察夫琅和费衍射图样,透镜焦距 $f = 1.0$ m,屏在透镜的焦平面处,求:

(1) 中央衍射明条纹的宽度 Δx;

(2) 第二级暗纹离透镜焦点的距离 x。

14.7 单缝夫琅和费衍射,缝宽 $a = 0.6$ mm,透镜焦距 $f = 40$ cm,单色光垂直入射,屏上第四级明纹中心与中央明纹中心距离为 1.4 mm,问:

(1) 对于第四级明纹,狭缝的波阵面分成几个半波带?

(2) 光的波长是多少?

(二) 光栅衍射

14.8 一衍射光栅对某一定波长的垂直入射光,在屏幕上只能出现零级和一级主极大,欲使屏幕上出现更高级次的主极大,应该( )。

A. 换一个光栅常数较小的光栅

B. 换一个光栅常数较大的光栅

C. 将光栅向靠近屏幕的方向移动

D. 将光栅向远离屏幕的方向移动

14.9 一束平行单色光垂直入射在光栅上,当光栅常数 $(a+b)$ 为下列( )情况时(a 代表每条缝的宽度),$k = 3、6、9$ 等级次的主极大均不出现。

A. $a + b = 2a$ B. $a + b = 3a$
C. $a + b = 4a$ D. $a + b = 6a$

14.10 某元素的特征光谱中含有波长分别为 $\lambda_1 = 450$ nm 和 $\lambda_2 = 750$ nm 的光谱线。在光栅光谱中,这两种波长的谱线有重叠现象,重叠处 λ_2 的谱线的级数将是( )。

A. 2,3,4,5,…   B. 2,5,8,11,…
C. 2,4,6,8,…   D. 3,6,9,12,…

14.11 波长 $\lambda = 550$ nm 的单色光垂直入射于光栅常数 $d = 2 \times 10^{-4}$ cm 的平面衍射光栅上,可能观察到的光谱线的最大级次为( )。

A. 2   B. 3   C. 4   D. 5

14.12 某单色光垂直入射到一个每毫米有 800 条刻线的光栅上,如果第一级谱线的衍射角为 $30°$,则入射光的波长应为_____。

14.13 一束单色光垂直入射在光栅上,衍射光谱中共出现 5 条明纹。若已知此光栅缝宽度与不透明部分宽度相等,那么在中央明纹一侧的两条明纹分别是第_____级和第_____级谱线。

14.14 光栅中不透光部分 b 与透光部分 a 之间的数量关系为 $b = 3a$。当单色光垂直入射到该光栅上时,在单缝衍射的中央明纹范围内共出现_____条明纹;在单缝的正、负一级明纹内各出现_____条明纹。

14.15 波长 $\lambda = 600$ nm 的单色光垂直入射到一光栅上,测得第二级主极大的衍射角为 $30°$,且第三级是缺级。

(1) 光栅常数 $(a+b)$ 等于多少?

(2) 透光缝可能的最小宽度 a 等于多少?

(3) 在选定了上述 $(a+b)$ 和 a 之后,求在屏幕上可能呈现的全部主极大的级次。

14.16 一束平行光垂直入射到某个光栅上,该光束有两种波长的光,$\lambda_1 = 440$ nm,$\lambda_2 = 660$ nm;实验发现,两种波长的谱线(不计中央明纹)第二次重合于衍射角 $\phi = 60°$ 的方向上,求此光栅的光栅常数 $(a+b)$。

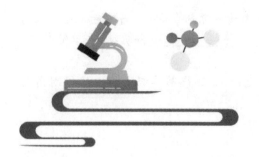

第 15 章
光的偏振

光的干涉和衍射现象表明光具有波动性。波在传播时，依据振动方向和传播方向的关系，可将波分为横波和纵波。光波中的光矢量振动方向与光的传播方向垂直，光的这一特征称为光的偏振，偏振现象表明光波是横波。光的电磁理论指出，光是特定频率范围内的电磁波。平面电磁波中电场和磁场的振动方向始终与传播方向垂直，光波中光矢量的振动就是电场的振动。电场在垂直传播方向的平面内振动，还具有不同的偏振状态。

本章学习光的偏振现象，包括光的几种偏振态、起偏和检偏、马吕斯定律、反射光和折射光的偏振等。

15.1 光的偏振状态

根据麦克斯韦电磁理论，如果空间某区域存在变化的电场（或磁场），则会在邻近区域激发变化的磁场（或电场）。这样，变化的电场和磁场交替产生，向外传播，形成电磁波，其中最简单、最基本的是平面简谐电磁波，其电场和磁场的空间分布如图 15-1 所示。由于电场强度 E 和磁感应强度 B 均与波的传播方向 u 垂直，电磁波为横波，同时 E 和 B 也相互垂直。沿特定方向 u 传播的电磁波，其电场和磁场分别在各自和 u 构成的平面内振动。光是特定频率范围内的电磁波，光波中引起人们视觉的主要是电场，将电场矢量 E 称为光矢量。光矢量 E 的方向和 u 垂直，但在垂直于 u 的平面内，E 还可以具有不同的振动状态。

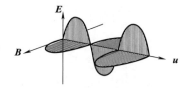

图 15-1 平面简谐电磁波

一、线偏振光

在光的传播过程中，光矢量 E 始终沿某一特定的方向振动，这种光称为线偏振光，或完全偏振光，如图 15-2(a) 所示。E 的振动方向和传播方向构成的平面称为振动面，E 始终在振动面内振动。线偏振光的图示法如图 15-2(b) 所示，射线代表光的传播方向，短线表示 E 在纸面内振动，而点表示 E 在垂直于纸面的方向振动。一个原子（或分子）一次发光所发出的光波列为线偏振光。

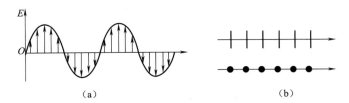

图 15-2 线偏振光

二、自然光

普通光源发出的光是由大量原子(或分子)发出的光波列组成的。每个原子一次发出的光波列是线偏振光,但对于不同原子、不同时刻发出的大量光波列而言,它们的相位都是随机的,光矢量的振动方向也是杂乱无章的。因此,在垂直于光传播方向的某一平面上观察,任一方向上都存在无规则且随时间快速变化的光振动,平均效果是光矢量 E 的分布相对传播方向是对称的,没有任何一个方向的振动更强,即 E 的振幅在所有方向上都相等,这样的光称为自然光,它是非偏振的,如图 15-3(a)所示。

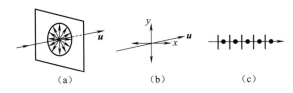

图 15-3 自然光

因为组成自然光的每个波列都是线偏振光,波列的光矢量 E 都可在任意的两个相互垂直的方向(x 和 y)上分解为两个分量。所有波列都在这两个方向分解之后,将所有波列的 x 和 y 方向分量分别叠加在一起,即为总光矢量在 x 和 y 方向的两个分量,如图 15-3(b)所示。由于每个波列的相位和振幅都是随机的,所以总光矢量的两个分量之间没有固定的相位关系。因此,自然光可以分解为两个相互垂直、振幅相等的线偏振光,每个线偏振光的强度都是自然光强度的一半。自然光的表示如图 15-3(c)所示,其中的黑点和短线分别代表两个互相垂直的光振动。

三、部分偏振光

如果将自然光中相互垂直的两个光振动中的一个强度减弱,就会得到两个相互垂直但强度不相等的光振动,这样的光称为部分偏振光,如图 15-4(a)所示。部分偏振光是介于自然光和线偏振光之间的偏振光,可以看成是自然光和线偏振光的混合,其表示如图 15-4(b)所示。

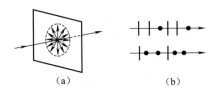

图 15-4 部分偏振光

*四、圆偏振光和椭圆偏振光

当一束光沿某一方向传播时,在垂直于传播方向的某一平面内观察,其光矢量 E 还可能绕着传播方向按一定频率匀速转动(左旋或右旋),如图 15-5(a)所示。如果 E 的端点形成的轨迹是一个圆,这种光称为圆偏振光,如图 15-5(b)所示;如果 E 的端点形成的轨迹是一个椭圆,这种光称为椭圆偏振光,如图 15-5(c)所示。根据 6.5 节中两个相互垂直的同频率简谐振动的合成可知,圆偏振光和椭圆偏振光都可以看作两个相互垂直且有固定相位差的线偏振光的合成。

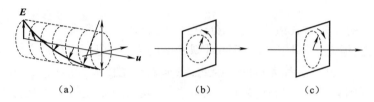

图 15-5　圆偏振光和椭圆偏振光

15.2　偏振片　起偏和检偏　马吕斯定律

一、偏振片

普通光源发出的光都是自然光,利用偏振片可以将自然光变为线偏振光。

有些物质(如电气石)对入射光的两个相互垂直的光振动的吸收不同,物质的这种特性称为二向色性。具有二向色性的物质内部都有一个特殊的方向,入射光中沿这一特殊方向的光振动吸收很小,几乎无衰减的透过物质,而与这一特殊方向垂直的光振动会被强烈地吸收。如果该物质足够厚,则可认为与特殊方向垂直的光振动被全部吸收,透射光中只保留沿特殊方向的光振动,这样就得到了线偏振光,这种物质薄片称为偏振片。偏振片只允许沿特殊方向的光振动通过,这一方向称为偏振化方向。

二、起偏和检偏

自然光入射到偏振片上,透射光就变为线偏振光。这种把自然光转化为偏振光的过程称为起偏,完成这一过程的装置称为起偏器。偏振片就是一种起偏器。如图 15-6 所示,自然光通过偏振片 P,P 的偏振化方向用一组平行虚线表示,透射光成为线偏振光,其光矢量的振动方向即为 P 的偏振化方向,强度为入射自然光强度的一半。

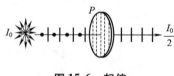

图 15-6　起偏

一束强度为 I_0 的线偏振光入射到偏振片 P 上,当 P 的偏振化方向与光矢量的振动方向平行时,透射光强度最强,仍为 I_0。旋转偏振片,透射光强度降低,当这两个方向互相垂直时,透射光消失,如图 15-7 所示。

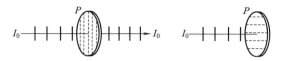

图 15-7 线偏振光通过偏振片

当自然光入射到偏振片时,旋转偏振片,透射光的强度没有变化;当部分偏振光入射时,旋转偏振片,透射光的强度发生变化,但强度不会为零。因此,旋转偏振片,通过观察透射光强度的变化,就可以确定入射光的偏振特点,这个过程称为检偏。偏振片还可以作为检偏器,如图 15-8 所示。

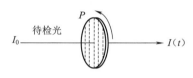

图 15-8 检偏

三、马吕斯定律

如图 15-9(a)所示,光强为 I_0 的线偏振光入射到偏振片上,当光矢量的振动方向和偏振片的偏振化方向的夹角为 α 时,透射的线偏振光的光强为

$$I = I_0 \cos^2 \alpha \tag{15-1}$$

式(15-1)称为马吕斯定律。其证明如下:如图 15-9(b)所示,设入射线偏振光的光矢量 E 的振动方向沿 OM,振幅为 A_0,偏振片的偏振化方向为 ON。将光矢量沿 ON 和垂直于 ON 的方向分解,只有沿偏振化方向的分量才能通过偏振片,透射光的振幅为 $A = A_0 \cos \alpha$。光强和振幅的平方成正比,因此透射光的强度为 $I = I_0 \cos^2 \alpha$。

由马吕斯定律可知,当 $\alpha = 0, \pi$ 时,即偏振片的偏振化方向和偏振光的振动方向一致时,透射光强最大($I = I_0$);当 $\alpha = \pi/2, 3\pi/2$ 时,即偏振片的偏振化方向和偏振光的振动方向垂直时,透射光强为零。

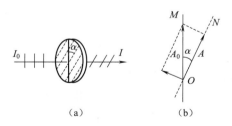

图 15-9 马吕斯定律

例 15-1 一束由自然光和线偏振光混合而成的部分偏振光通过一偏振片。旋转偏振片时,发现透射光的强度最大值是最小值的 3 倍。求线偏振光的强度和部分偏振光强度的比值。

解 设部分偏振光的强度为 I_p,其中的自然光强度为 I_n,线偏振光的强度为 I_l,则有

$$I_p = I_n + I_l$$

当线偏振光全部通过偏振片时,透射光强最大,其值为

$$I_{max} = \frac{I_n}{2} + I_l$$

当线偏振光无法通过时,透射光强最小,其值为

$$I_{min} = \frac{I_n}{2}$$

根据 $I_{max} = 3I_{min}$,可得 $I_l = I_n$,因此

$$\frac{I_l}{I_p} = \frac{1}{2}$$

例 15-2 如图 15-10 所示,在两块偏振化方向相互垂直的偏振片 P_1 和 P_3 之间插入另一块偏振片 P_2,P_2 和 P_1 的偏振化方向夹角为 α。强度为 I_0 的自然光垂直照射偏振片 P_1,转动 P_2,求通过 P_3 后光的最大强度。

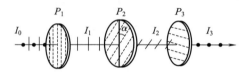

图 15-10 例 15-2

解 P_1 的作用是起偏,通过 P_1 后自然光变为线偏振光,强度为

$$I_1 = \frac{1}{2}I_0$$

根据马吕斯定律,通过 P_2 后光的强度为

$$I_2 = I_1 \cos^2\alpha$$

通过 P_3 后光的强度为

$$I_3 = I_2 \cos^2\left(\frac{\pi}{2} - \alpha\right) = I_2 \sin^2\alpha = \frac{1}{2}I_0 \cos^2\alpha \sin^2\alpha = \frac{1}{8}I_0 \sin^2(2\alpha)$$

因此,当 $\alpha = \frac{\pi}{4}$ 时,透射光最强,其强度为

$$I_3' = \frac{1}{8}I_0$$

四、应用

立体电影就是利用偏振光实现的,其原理如图 15-11 所示。如人用双眼看景物那样,用两台摄像机同时拍摄景物的图像。放映时,在左右两台放映机前各放置一个偏振片,它们的偏振化方向互相垂直。从两台放映机射出的光通过偏振片后,就成了两束振动方向互相垂直的线偏振光。观众使用对应上述偏振光的偏振眼镜观看,就可实现左眼只能看到左放映机的画面,右眼只能看到右放映机的画面,这样就会看到立体影像。

图 15-11 立体电影

15.3 光在反射和折射时的偏振

自然光入射到两种介质的分界面上,会发生反射和折射,反射光和折射光都不再是自然光,变为部分偏振光。如图15-12所示,将入射光、反射光和折射光中光矢量 E 的振动分解为两个相互垂直的分振动,振动方向分别沿平行于入射面(平行振动,用短线表示)和垂直于入射面(垂直振动,用黑点表示)。在反射光中垂直振动强于平行振动,即点多线少;在折射光中平行振动强于垂直振动,即线多点少。改变入射角 i,反射光和折射光中平行振动和垂直振动的比重也随之改变。

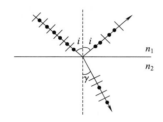

图15-12　自然光在反射和折射中的偏振

当入射角 i 等于某一特定角度 i_0 时,反射光成为线偏振光,其振动方向垂直于入射面,如图15-13所示。实验发现,此时的反射光线和折射光线相互垂直,即

$$i_0 + \gamma = \frac{\pi}{2} \tag{15-2}$$

设两介质的折射率分别为 n_1 和 n_2,根据折射定律 $n_1 \sin i_0 = n_2 \sin \gamma$,可得

$$n_1 \sin i_0 = n_2 \sin\left(\frac{\pi}{2} - i_0\right) = n_2 \cos i_0$$

即

$$\tan i_0 = \frac{n_2}{n_1} \tag{15-3}$$

式(15-3)称为布儒斯特定律,此时的入射角 i_0 称为布儒斯特角,也称起偏振角。当自然光以布儒斯特角 i_0 入射时,入射自然光中垂直于入射面的振动能量一部分被反射,另一部分被折射,而平行于入射面的振动能量全部被折射。因此,折射光仍为部分偏振光。当自然光从空气射向折射率为1.50的光学玻璃时,布儒斯特角 $i_0 \approx 56.3°$;从玻璃射向空气时,$i_0 \approx 33.7°$。

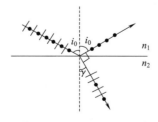

图15-13　布儒斯特角

一束自然光以布儒斯特角射向光学玻璃时,平行于入射面的光振动能量全部被折射,垂直

于入射面的光振动能量大部分被折射,约占 85%。因此,虽然反射光为线偏振光,但强度很弱。为了增加反射光的强度和折射光的偏振化程度,可以把许多玻璃片叠在一起,形成玻璃片堆。如图 15-14 所示,当自然光以布儒斯特角照射玻璃片堆时,光在每个玻璃片的上、下表面的入射角都是布儒斯特角,入射光中垂直于入射面的振动能量在各个表面不断被反射,反射光的强度不断增加。同时,折射光中垂直于入射面的光振动能量因反射而不断减小,折射光的偏振程度会越来越高。当玻璃片足够多时,折射光也接近线偏振光,振动方向平行于入射面。

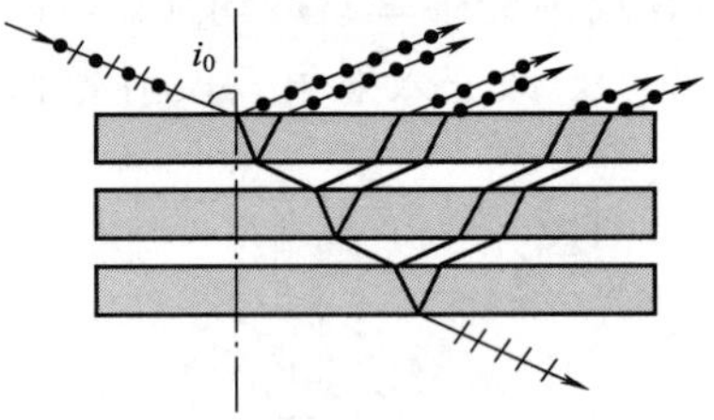

图 15-14 利用玻璃片堆产生线偏振光

利用布儒斯特定律,还可以测量不透明介质的折射率。把不透明介质表面加工成反光面,用自然光从空气($n_1 = 1$)入射。连续改变入射角,同时用偏振片检测反射光,当反射光是线偏振光时,入射角即为布儒斯特角 i_0,由此得介质的折射率为 $n_2 = \tan i_0$。

本章习题

自然光和偏振光、起偏和检偏　马吕斯定律

15.1　两偏振片堆叠在一起,一束自然光垂直入射其上时没有光线通过,当其中一偏振片慢慢转动180°时透射光强度发生的变化为(　　　)。

A. 光强单调增加

B. 光强先增加,后又减小

C. 光强先增加,后减小,再增加

D. 光强先增加,然后减小,再增加,再减小至零

15.2　光强为 I_0 的自然光垂直通过两个偏振片,它们的偏振化方向之间的夹角 $\alpha = 60°$。设偏振片没有吸收,则出射光强 I 与入射光强 I_0 之比为(　　　)。

A. 1/4　　　　B. 3/4　　　　C. 1/8　　　　D. 3/8

15.3　一束自然光自空气射向一块平板玻璃(见图 15-15),设入射角等于布儒斯特角 i_0,则在界面 2 的反射光(　　　)。

A. 光强为零

B. 是完全偏振光且光矢量的振动方向垂直于入射面

C. 是完全偏振光且光矢量的振动方向平行于入射面

D. 是部分偏振光

图 15-15　题 15.3

15.4　用相互平行的一束自然光和一束线偏振光构成的混合光垂直照射在一偏振片上,以光的传播方向为轴旋转偏振片时,发现透射光强的最大值为最小值的 5 倍,自然光强 I_0 与线偏振光强 I_1 之比为_____。

15.5 要使一束线偏振光通过偏振片之后振动方向转过90°，至少需要让这束光通过_____块理想偏振片，在此情况下，透射光强最大是原来光强的_____倍。

15.6 起偏器 a 与检偏器 b 的偏振化方向夹角 $\alpha = 30°$，用强度为 I_0 的自然光通过起偏器和检偏器。

(1) 出射光强度 I 为多少？

(2) 为使光强再减小一半，可在 b 后面平行地放一检偏器 c，问：b 与 c 的偏振化方向的夹角 q 应为多少？

15.7 有三个偏振片堆叠在一起，第一块与第三块的偏振化方向互相垂直，第二块和第一块的偏振化方向相互平行，然后第二块偏振片以恒定角速度 ω 绕光传播的方向旋转，如图 15-16 所示，设入射自然光的光强为 I_0，证明：此自然光通过这一系统后，出射光的光强为 $I = I_0(1 - \cos 4\omega t)/16$。

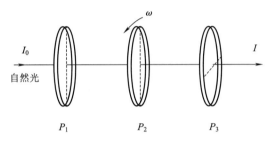

图 15-16 题 15.7

15.8 在图 15-17 中，(a)～(d)表示线偏振光入射于两种介质分界面上，图(e)表示入射光是自然光，n_1、n_2 为两种介质的折射率，图中入射角 $i_0 = \arctan(n_2/n_1)$，$i \neq i_0$。试在图上画出实际存在的折射光线和反射光线，并用点或短线把偏振状态表示出来。（只表示出偏振状态即可，无须考虑强度）

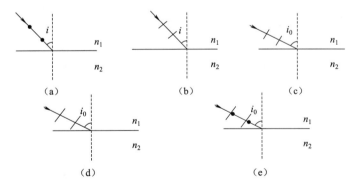

图 15-17 题 15.8

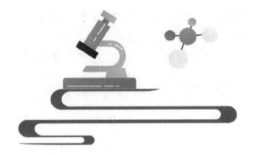

*第 16 章
量子物理简介

19世纪末，人类建立起了以经典力学、经典电磁学及经典热力学与统计物理为基础的经典物理学框架。在当时看来，物理学已经发展到了相当完善的阶段，甚至有人认为物理学的基本规律已经完备，剩下的工作只是将这些规律应用到各种具体问题中。就在这时，"物理学的天空飘来了两朵乌云"，一些无法用经典物理学解释的新实验现象引发了科学家们的思考与讨论，量子物理学发展的序幕就此揭开。

本章首先讨论黑体辐射实验与普朗克的能量子假说，然后介绍光电效应及氢原子的玻尔理论，最后讨论物质波、波函数的统计解释与不确定关系。

16.1 黑体辐射　普朗克能量子假说

一、黑体辐射

一切物体都在不停地对外热辐射，这种辐射实质上就是电磁波。同时，物体也会吸收或反射外来的辐射。如果一个物体能全部吸收投射在它上面的辐射而没有反射，就称这个物体为黑体。黑体是一个理想模型，一个开了小孔的空腔可以近似视为黑体（见图16-1）。

由小孔射入空腔的电磁波在腔内多次反射后，绝大部分能量都被腔壁吸收，不能再由小孔出射。所以，在小孔处探测到的电磁波就全是由空腔内壁发出的热辐射，没有外部辐射的反射。当研究由空腔小孔发出的电磁辐射强度随波长的变化时，得到的就是黑体辐射曲线（见图16-2）。

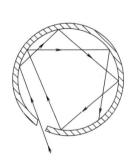

图16-1　开了小孔的空腔可以近似视为黑体

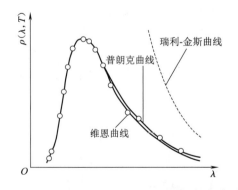

图16-2　黑体辐射曲线，图上小圆圈为实验数据点

实验研究表明,黑体辐射曲线跟空腔的形状、大小、材质等均没有关系,只跟空腔的温度有关系。很多科学家都对黑体辐射曲线进行了研究:维恩(Wien)由热力学出发,得出了一个经验公式,画出了维恩曲线,与实验数据的短波长部分较为符合,长波部分略有偏差;瑞利(Rayleigh)和金斯(Jeans)根据经典电动力学和统计物理学也得出了一个公式,画出了瑞利—金斯曲线,该曲线与实验数据的长波部分较为符合,而在短波部分完全不符。

二、普朗克能量子假说

黑体辐射问题是普朗克(Planck)在 1900 年引进量子概念后才得到解决的。普朗克研究并改进了前人的黑体辐射公式,得到了与实验结果符合得很好的黑体辐射公式:

$$\rho(\lambda, T) = \frac{8\pi hc}{\lambda^5} \cdot \frac{1}{\mathrm{e}^{\frac{hc}{\lambda k_B T}} - 1} \tag{16-1a}$$

式中,$\rho(\lambda, T)$ 是黑体在频率 λ 到 $\lambda + \mathrm{d}\lambda$ 之间的辐射能量密度;c 是光速;k_B 是玻尔兹曼常量;T 是热力学温度;h 是普朗克常量,其数值为 $h = 6.626 \times 10^{-34}$ J·s。

也可以将式(16-1a)改写为以频率为自变量的形式:

$$\rho(\nu, T) = \frac{8\pi h \nu^3}{c^3} \cdot \frac{1}{\mathrm{e}^{\frac{h\nu}{k_B T}} - 1} \tag{16-1b}$$

式中,$\rho(\nu, T)$ 是黑体在频率 $\nu \sim \nu + \mathrm{d}\nu$ 之间的辐射能量密度,其余物理量同式(16-1a)。

为了解释式(16-1),普朗克经过探索,发现若作出如下假设,就可以从理论上推出该公式:(1)黑体是由带电谐振子组成(即把组成空腔壁的分子、原子的振动看作线性谐振子),这些谐振子辐射电磁波,并和周围的电磁场交换能量;(2)这些谐振子不能像经典电磁理论认为的那样连续地发射或吸收能量,而只能以 $h\nu$ 为单位发射或吸收能量。$h\nu$ 称为能量子,其中 ν 为电磁波的频率,h 为普朗克常量。基于这样的能量量子化假设,普朗克很好地解释了黑体辐射实验。普朗克的理论开始突破了经典物理学在微观领域的束缚,开启了认识光的粒子性的研究进程。

16.2 光电效应 光的波粒二象性

一、光电效应

在光的照射下,电子从金属表面逸出的现象称为光电效应(实验装置见图 16-3),逸出的电子称为光电子。光电效应是赫兹于 1887 年首先发现的,之后人们做了大量的实验,总结出了光电效应的三条规律:

(1)对于某一种金属而言,只有当入射光的频率大于一个特定频率时,光电子才能逸出。称这个频率为截止频率。如果入射光的频率低于截止频率,那么无论光强多大,都没有光电子逸出。

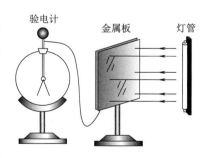

图 16-3 光电效应实验装置原理图

(2)只要入射光的频率大于截止频率,逸出光电子的数量就与照射光强度成正比,逸出光电子的最大初动能与入射光频率成线性关系。

(3)光电效应具有瞬时性,即只要入射光频率大于截止频率,无论光强大小如何,当光照射到金属表面时,几乎立刻就有光电子逸出,间隔时间极短。

基于经典电磁理论来解释光电效应的尝试都失败了,爱因斯坦发展了普朗克关于能量量子化的假设,很好地解释了光电效应。爱因斯坦认为,光束可以看成由某种微粒构成的粒子流,这种粒子称为光量子,也称光子。每个频率为 ν 的光子,其能量是 $h\nu$,都以光速运动。当频率为 ν 的入射光照射到金属表面时,每个电子同一时刻只能跟一个光子作用,只有光子的能量 $h\nu$ 大于该金属的逸出功时,才能使这个电子具有足够的能量逃逸出金属表面。经光电效应逃逸出金属表面的电子称为光电子。爱因斯坦给出了描述光电效应的方程:

$$h\nu = \frac{1}{2}mv^2 + A \tag{16-2}$$

式中,ν 是入射光的频率;A 是使电子逸出金属表面时克服束缚所需要做的功,称为逸出功;$\frac{1}{2}mv^2$ 是电子逸出后具有的最大初动能。

下面用爱因斯坦的理论来解释光电效应的三条规律。

(1)根据式(16-2),当光子的频率越来越低时,光电子的最大初动能也越来越低。截止频率就是令式(16-2)中初动能项为零时的光子频率 $\nu_0 = A/h$。若入射光低于截止频率 ν_0,则电子无法获得足够的能量,不能逃逸出金属表面,光电效应不能发生。

(2)入射光的频率大于截止频率时,光电效应可以发生,根据公式(16-2),逸出光电子的最大初动能 $\frac{1}{2}mv^2 = h\nu - A$,与入射光频率成线性关系。金属表面的电子数量是极多的,又因为每个电子同一时刻只能与一个光子作用,所以逸出光电子的数量就与照射光强度 $I = Nh\nu$ 成正比。

(3)光电效应中光子与电子的作用,不是按照经典电磁理论描述的那样,电子在电场和磁场中加速与偏转,电子能量的变化需要有一定时间来积累;而是电子直接吸收一个光子,获得该光子的能量,这是一个量子效应,作用时间极短,所以光电效应具有瞬时性。

二、光的波粒二象性

光的干涉、衍射等现象说明光是一种波,而黑体辐射、光电效应又说明光具有粒子性,那么光的本性到底是什么呢?科学家们经过长期的实验及理论研究,认为光具有"波粒二象性",即光既具有波动性,又具有粒子性;既不是纯粹的波,也不是纯粹的粒子。在不同的实验条件下可能会表现出不同的特征(波动性或粒子性),这就是光所具有的奇妙性质。在本章第4节我们会看到,光的粒子性和波动性可用德布罗意公式联系起来。

16.3 巴耳末公式 氢原子的玻尔理论

一、巴耳末公式

另一个经典物理学无法解释的重要问题是氢原子的光谱规律。氢原子在受到激发后,会发出线状光谱,即只在某些特定的波长上发光(见图 16-4)。1885 年,瑞士数学家巴耳末将氢原子在可见光部分的线状光谱归纳为如下公式,称为巴耳末公式:

$$\frac{1}{\lambda} = R\left(\frac{1}{2^2} - \frac{1}{n^2}\right), \quad n = 3,4,5,\cdots \tag{16-3a}$$

这部分光谱线称为巴耳末线系,后又发现紫外光区的莱曼线系,红外光区的帕邢线系、布拉开线系及普丰德线系等。可将这些线系的线状光谱统一归纳为如下公式:

$$\frac{1}{\lambda} = R\left(\frac{1}{k^2} - \frac{1}{n^2}\right), \quad k = 1,2,3\cdots; \quad n = k+1,k+2,k+3\cdots \tag{16-3b}$$

图 16-4 氢原子的巴耳末线系光谱

二、氢原子的玻尔理论

1911 年,卢瑟福通过 α 粒子散射实验提出了原子的有核结构模型,或称原子的行星模型。这一模型认为,原子是由原子核与核外电子构成,原子核带正电且体积很小,位于原子中心,核外电子带负电并绕原子核运动。但是,这一模型并不能解释氢原子的光谱规律,因为根据经典电磁理论,电子绕原子核运动的速度可以是任意值,这就意味着原子核的光谱应该是连续谱而非分立的线状光谱;同时,从经典电磁理论的角度来看,原子的有核模型是不稳定的,核外电子绕核运动有加速度,会辐射电磁波,则电子会持续损失能量,所以很快就会坠落到原子核上,这与原子稳定性的客观事实不符。

1913 年,丹麦物理学家玻尔受巴耳末公式的启发,在卢瑟福有核模型的基础上提出了玻尔氢原子理论(见图 16-5)。该理论包含三个假设:

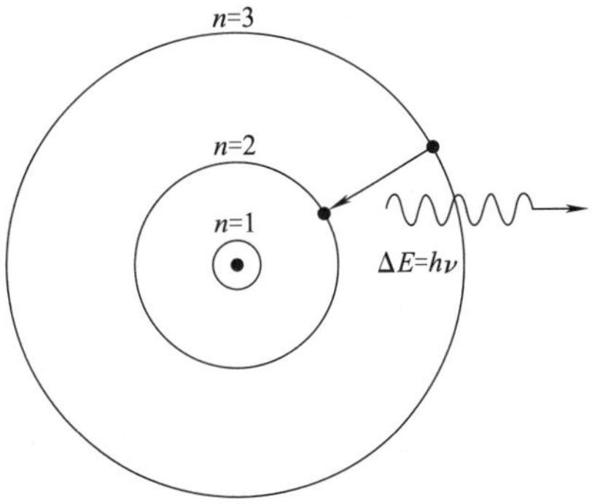

(1)定态假设:核外电子可以稳定地运行在一些特定的轨道上面,而不辐射电磁波。此时电子的状态称为定态,具有确定的能量 $E_1, E_2, E_3, \cdots$。

(2)跃迁假设:电子由较高能量(E_n)的轨道跃迁到较低能量(E_k)的轨道上时,会发射一个光子;而当电子由较低能量(E_k)的轨道跃迁到较高能量(E_n)的轨道上时,会吸收一个光子。这两种情况下光子的能量 $h\nu$ 均为两个轨道的能量差,即

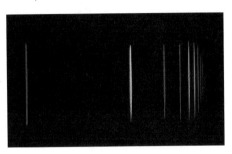

图 16-5 玻尔氢原子模型

$$h\nu = E_n - E_k \quad (n > k) \tag{16-4}$$

(3)量子化假设:电子以速度 v 在半径为 r 的圆周上绕核运动时,只有电子的角动量 L 等于 $h/2\pi$ 的整数倍的那些轨道才是稳定的,即

$$L = mvr = n\frac{h}{2\pi} \tag{16-5}$$

式中，h 为普朗克常量；$n = 1, 2, 3\cdots$ 称为主量子数。

根据上述假设，不仅可以解释氢原子的谱线规律，还可以计算出氢原子核外电子的轨道半径。设在氢原子中，电子质量为 m，电荷为 e，在半径为 r_n 的稳定轨道上以速率 v_n 做圆周运动，氢原子核对该核外电子的库仑力提供了向心力。则有

$$\frac{mv_n^2}{r_n} = \frac{1}{4\pi\varepsilon_0}\frac{e^2}{r_n^2}$$

再由量子化假设式(16-5)得到

$$v_n = \frac{nh}{2\pi m r_n}$$

代入可得

$$r_n = \frac{\varepsilon_0 h^2}{\pi m e^2}n^2 = r_1 n^2, \quad n = 1, 2, 3\cdots \tag{16-6a}$$

$$r_1 = \frac{\varepsilon_0 h^2}{\pi m e^2} \tag{16-6b}$$

上式中 ε_0、h、m 和 e 均为已知量，则可求得 $r_1 = 5.29 \times 10^{-11}$ m。r_1 就是氢原子电子的第一个轨道的半径，称为玻尔半径。

玻尔的氢原子理论很好地解释了氢原子光谱，但是具有很多局限性。例如，它只能解释氢原子或类氢离子的光谱规律，不能解释多电子原子的光谱，也不能说明谱线的强度、宽度等物理特征。我们现在称玻尔理论为旧量子论，它是在人们不断探索未知世界的过程中产生的，启发了现代量子力学的发展，具有重要的历史意义。

16.4 德布罗意波　不确定关系

一、德布罗意波

1924 年 11 月，法国物理学家德布罗意在其博士论文中指出：在研究光的历史上，人们过度重视了光的波动性而忽视了其粒子性；在对实物粒子的研究中则相反，人们可能过度重视了实物粒子的粒子性而忽视了其波动性。德布罗意提出，无论光还是实物粒子，都应既具有波动性也具有粒子性，统称为波粒二象性。

一般情况下，描述粒子属性的物理量是能量 E 与动量 p，描述波动属性的物理量是频率 ν 和波长 λ，德布罗意提出了将这两者联系在一起的公式：

$$\begin{cases} E = h\nu \\ p = \dfrac{h}{\lambda} \end{cases} \tag{16-7}$$

式中，h 是普朗克常量。这个公式称为德布罗意公式。按照这个公式，如果有一个动量为 p 的实物粒子，就可以算出它的波长为 $\lambda = h/p$。这种波称为德布罗意波，也称物质波。

图 16-6　电子透过晶体的衍射图案

德布罗意关于实物粒子具有波动性的理论假设很快就被电子透过多晶薄片时的衍射实验所证实（见图 16-6）。这个实验是英国物理学家 G. P. 汤姆孙在 1927 年完成的。

关于德布罗意波的物理含义，历史上有很多争论。目前科学界普遍认可的是哥本哈根学派的统计解释，即在某处德布罗意波的强度与粒子在该点出现的概率成正比。因此，德布罗意波是一种概率波。

二、不确定关系

在经典力学体系中，实物粒子的坐标和动量是可以同时确定的。在量子力学中，微观粒子具有波粒二象性，实物粒子还能同时具有确定的坐标和动量吗？

作为类比，我们先从光的单缝衍射实验开始分析。在这个实验中，狭缝越窄，我们对光通过的空间位置就越确定，而最终打到屏幕上的光斑就越宽，也就是说，光的角分布越宽，光通过狭缝后的方向越弥散。

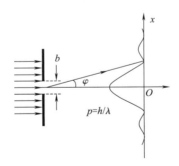

图 16-7　用电子单缝衍射说明不确定关系

而在图 16-7 所示的电子单缝衍射实验中，电子穿过一道狭缝后打到屏幕上，因为电子具有波动性，也会有跟光的单缝衍射类似的现象。当 x 方向狭缝宽度 b 越窄时，电子从狭缝穿过，其 x 方向空间位置的不确定程度（即 b）越小，而从狭缝出射的电子角分布 φ 越宽，即电子通过狭缝后的 x 方向动量越弥散，也就是说，电子 x 方向动量的不确定程度越大。当狭缝宽度 b 变大时，电子穿过狭缝的空间位置的不确定程度（即 b）变大，狭缝出射的电子角分布 φ 变小，即电子空间位置的不确定度变大，而动量的不确定度则变小。

德国物理学家海森堡在 1927 年提出了测量微观粒子坐标及动量不确定度的关系式：

$$\Delta x \cdot \Delta p \geq \frac{h}{4\pi} \tag{16-8}$$

式中,Δx 是测量微观粒子坐标的不确定度;Δp 是测量微观粒子动量的不确定度。这个关系式就是著名的不确定关系,它告诉我们不可能同时精确地测定微观粒子的坐标和动量,这是微观粒子具有波粒二象性的必然结果。

本章习题

16.1 已知某单色光照射到一金属表面产生了光电效应,若此金属的逸出电势是 U_0,则此单色光的波长 λ 必须满足( )。

A. $\lambda \leq hc/(eU_0)$ B. $\lambda \geq hc/(eU_0)$
C. $\lambda \leq eU_0/(hc)$ D. $\lambda \leq eU_0/(hc)$

16.2 关于光电效应有下列说法:
(1)任何波长的可见光照射到任何金属表面都能产生光电效应;
(2)对于同一金属如有光电子产生,则入射光的频率不同,光电子的初动能不同;
(3)对于同一金属由于入射光的波长不同,单位时间内产生的光电子数目不同;
(4)对于同一金属若入射光的频率不变而其强度增加一倍则饱和电流也增加一倍。
其中正确的是( )。

A. (1)、(2)、(3) B. (2)、(3)、(4)
C. (2)、(3) D. (2)、(4)

16.3 由氢原子理论知,当大量氢原子处于 $n=3$ 的激发态时,原子跃迁时将发出( )。

A. 一种波长的光 B. 两种波长的光
C. 三种波长的光 D. 连续光谱

16.4 电子显微镜中的电子从静止开始,通过电势差为 U 的静电场加速后,其德布罗意波长为 0.04 nm,则 U 约为( )。

A. 150 V B. 330 V C. 630 V D. 940 V

16.5 当一个质子俘获一个动能 $E_K = 13.6$ eV 的自由电子组成一个基态氢原子时,所发出的单色光频率是_____。(基态氢原子的能量为 -13.6 eV,普朗克常量 $h = 6.63 \times 10^{-34}$ J·s)

16.6 某实验需要德布罗意波长为 0.1 nm 的电子,则需要的加速电压为_____V。(普朗克常量 $h = 6.63 \times 10^{-34}$ J·s,电子质量 $m_0 = 9.11 \times 10^{-31}$ kg)

16.7 钨的红限波长是 230 nm,用波长为 180 nm 的紫外光照射时,从表面逸出的电子的最大动能为_____eV。(普朗克常量 $h = 6.63 \times 10^{-34}$ J·s,基本电荷 $e = 1.60 \times 10^{-19}$ C,1 eV $= 1.60 \times 10^{-19}$ J,即电子经 1 V 电压加速所获得的能量)

16.8 已知氢原子光谱的某一线系的极限波长为 364.7 nm,其中有一谱线波长为 656.5 nm,试由玻尔氢原子理论,求与该波长相应的初态与终态能级的能量。($R = 1.097 \times 10^7$ m^{-1})

附录 教材内容与思政元素的融合

大学物理是理工科专业学生所必修的一门基础课程,具有受益面广、蕴含丰富自然的思政素材、理论实践相得益彰等特点,对帮助大学生正确认识客观世界,形成正确的理想信念、价值理念和道德观念,发展创新思维和提升科学素养有着其独特的优势。教材编写团队紧紧围绕"价值塑造、能力培养、知识传授"三位一体的教学目标,挖掘出了四个课程思政着力点:一是以辩证唯物主义哲学观为着力点,帮助学生发展辩证思维;二是以社会主义核心价值观为着力点,帮助学生提升思想道德素质与爱国情怀;三是以科学素养为着力点,帮助学生培养科学态度和科学精神;四是以创新为着力点,帮助学生激发创新意识与创新精神。

课程思政元素与教学内容的融合不是简单的一加一等于二,而是需要教师和学生在教学过程中共同参与,使每一个思政元素的融入活起来。这里,教材编写团队教师在教学实践中梳理出了一些课程内容和思政元素的切入点(参见下表),以期为使用该教材进行大学物理教学和学习的师生起到抛砖引玉的作用,如有不妥之处,敬请提出宝贵意见。

章次	教学内容	载体	思政元素
第1章 质点 运动学	1.1 参考系和坐标系 质点	质点	辩证哲学观:主要矛盾和次要矛盾的关系 科学素养:理想模型抽象
	1.2 质点运动状态的描述	加速度,速度,位移和运动方程	辩证哲学观:初始条件、动力和持之以恒都是决定结果的重要因素
	1.3 曲线运动的描述	圆周运动	核心价值观:约束与规范——没有规矩不成方圆
	1.4 相对运动	运动描述的相对性	创新意识:用不同视角认识世界 核心价值观:文化自信——例"坐地日行八万里,巡天遥看一千河"等
第2章 质点 运动学	2.1 牛顿运动定律	牛顿定律	辩证哲学观:内因与外因;合力与分力;普遍联系
	2.2 动量 定理守恒定律	动量定理 动量守恒定律	辩证哲学观:量变与质变等 核心价值观:聚小成大,积少成多 科学素养:生产生活应用实例分析 创新精神:科技发展和工匠精神
	2.3 功与能	保守力做功与势能	核心价值观:聚势而为,量力而行,苦尽甘来等
	2.4 功能原理 机械能守恒定律	能量转化和守恒定律	创新意识:能源危机引发的新能源研发的创新使命

续表

章次	教学内容	载　体	思 政 元 素
第3章 刚体的转动	3.1 刚体运动的描述	刚体	辩证哲学观:认识世界的普遍规律——从(质)点到(刚)体,从简单到复杂
	3.2 力矩 转动定律	牛顿定律与转动定律	科学素养:方法论——类比;举一反三
	3.3 角动量 角动量守恒定律	角动量守恒定律	科学素养:生产生活应用实例——科技发展和工匠精神
	3.4 刚体绕定轴转动的动能定理	质点平动动能和刚体转动动能的关系	辩证哲学观:普遍联系的观点
第4章 气体动理论	4.1 平衡态 理想气体状态方程	平衡态	辩证哲学观:平衡是动态的
	4.2 理想气体的压强公式	压强的统计解释	核心价值观:个体与集体关系
	4.3 理想气体的温度公式	温度的统计意义	科学素养:宏观现象蕴含微观本质
	4.4 能量均分定理 理想气体的内能	能量均分定理	科学素养:碰撞与平均
	4.5 麦克斯韦气体分子速率分布律	速率分布律	科学素养:微观无序与宏观规律
	4.6 分子平均碰撞频率和平均自由程	分子碰撞与自由城	核心价值观:曲折道路与人生方向
第5章 热力学基础	5.1 准静态过程 功 热量 内能	准静态过程	科学素养:理想模型抽象
	5.2 热力学第一定律及其应用	第一类永动机	核心价值观:不劳而获和无中生有是行不通的
	5.5 循环过程 卡诺循环	循环过程 卡诺循环	核心价值观:可持续性发展观念 我国发动机技术的发展和创新
	5.6 热力学第二定律 卡诺定理	热力学过程的不可逆性	核心价值观:生命过程的不可逆性与珍爱生命
	5.7 热力学第二定律的统计意义 熵	熵增加原理与热寂说	科学素养:规律应用的局限性
第6章 机械振动	6.1 简谐振动	简谐振动模型	科学素养:方法论——模型的近似方法
	6.3 简谐振动的旋转矢量图表示法	旋转矢量法	辩证哲学观:运动的关联性
	6.5 简谐振动的合成	简谐振动的合成	辩证哲学观:由简到繁,繁中蕴简

附录　教材内容与思政元素的融合

续表

章次	教学内容	载　体	思 政 元 素
第7章 机械波	7.1 机械波的基本概念	机械波的传播是振动状态和能量的传播	科学素养:眼见不一定为实,透过现象看本质
	7.3 波的能量		
	7.4 惠更斯原理和波的衍射	衍射现象与原理	核心价值观:我国通信技术的发展和创新 科学素养:隔墙有耳
	7.5 波的叠加原理与波的干涉	波的干涉	科学素养:技术应用与发展——干涉降噪
	7.6 驻波和半波损失	驻波现象	核心价值观:我国古代技术成就——鱼洗和古乐器等
第8章 狭义相对论概述	8.1 伽利略变换 经典力学时空观	坐标变换	创新思维:突破固有思维模式
	8.2 洛伦兹变换 狭义相对论时空观	经典时空观和相对论时空观	核心价值观:我国核能利用和发展
第9章 真空中的静电场	9.1 电荷 库仑定律 电场强度	点电荷模型 场强叠加原理	科学素养:类比法——质点、力的叠加;抽象理想化模型
	9.2 高斯定理及其应用	高斯定理	科学素养:物理问题的数学抽象——云层放电,静电预防
	9.3 静电场的环路定理 电势能	环路定理 静电力做功 电势能	科学素养:类比法——力学重力做功,重力势能
	9.4 电势 等势面 电势梯度	等势面 电势梯度	科学素养:类比法——地理学中等高线,高度梯度
第10章 静电场中的导体 电容	10.1 静电场中的导体	导体带点性质	科学素养:静电屏蔽应用实例的原理分析
	10.2 电容 电容器	电容器	科学素养:电路中电容应用实例原理分析
第11章 电流与磁场	11.1 电流 电动势	电流 电动势	科学素养:类比法——水流,水泵
	11.2 电流的磁场	电流元	科学素养:抽象理想化模型
	11.3 磁通量 磁场的高斯定理	磁通量 磁场的高斯定理	科学素养:类比法——电通量 静电场的高斯定理
	11.4 安培环路定理	安培环路定理	科学素养:类比法——静电场的环路定理
	11.5 磁场对载流导线的作用	磁场对载流导线的作用	科学素养:电能与动能的转换应用实例
	11.6 带电粒子在磁场中的运动	磁约束,磁聚焦	核心价值观、科学素养与创新意识:我国磁约束、磁聚焦技术的应用与发展

续表

章次	教学内容	载 体	思 政 元 素
第12章 电磁感应	12.1 法拉第电磁感应定律 楞次定律	法拉第电磁感应定律	科学素养:水电站应用实例原理分析 核心价值观:我国电力发展现状
	12.2 动生电动势	动生电动势	科学素养:生产生活实例原理分析
	12.3 感生电动势 感生电场	感生电动势 感生电场	科学素养:生产生活实例原理分析
	12.4 自感和互感	自感和互感	科学素养:生产生活实例原理分析
第13章 光的干涉	13.1 光源 光的相干性	相干光的获得	科学素养:方法论——一分为二思想
	13.2 杨氏双缝干涉实验及其它常见干涉实验装置	杨氏双缝干涉实验	科学素养:实验原理分析和工程技术应用实例原理分析
	13.3 光程和光程差	光程	
	13.4 薄膜干涉	薄膜干涉	
	13.5 劈尖 牛顿环 迈克耳孙干涉仪	劈尖 牛顿环 迈克耳孙干涉仪	
第14章 光的衍射	14.1 光的衍射现象 惠更斯-菲涅耳原理	衍射现象与直线传播关系	辩证哲学观:一般与特殊
	14.2 单缝的夫琅禾费衍射	菲涅尔半波带法	科学素养:几何抽象思维
	14.3 光栅衍射	光栅衍射原理	辩证哲学观:一般与特殊,对立与统一
	14.4 圆孔衍射 光学仪器的分辨本领	光学仪器的分辨本领	核心价值观:我国光学仪器的技术发展和创新——望远镜(例:天眼),电子显微镜
第15章 光的偏振	15.2 偏振片 起偏和检偏 马吕斯定律	偏振的技术应用	科学素养:偏振在技术中的应用与创新
	15.3 光在反射和折射时的偏振	光在反射和折射时的偏振	科学素养:自然现象中的物理原理分析
第16章 量子物理简介	16.1 黑体辐射 普朗克能量子假说	普朗克能量子假说	科学素养:新理论诞生的普遍规律
	16.2 光电效应 光的波粒二象性	光的波粒二象性	辩证哲学观与科学素养:对立统一——易经"阴阳"关系
	16.3 巴耳末公式 氢原子的玻尔理论	氢原子的玻尔理论的创新性和局限性	科学素养:新理论诞生的普遍规律
	16.4 德布罗意波 不确定关系	德布罗意波	类比法——光的波粒性